He.
S.P.
St.
T.
Ri.
Ko.
D
V.
Kö.
Da.
Mi.
Wa.
k
j
Pr.
7
W.
Bra.
a.
Bu.
Lj.
Za.
l
Bl.
Sj.
9
Po.
Pri.
Sk.
Ti.
So.
11
Bk.
10
Ki.
K.
m
Ch.
Do.
Mo.
Ks.
o
Pe.
2
n
Wo.
K
L
Is.
J
At.
I
4
W0022468

# Diercke Erdkunde

## Saarland

## Einführungsphase

*Moderatoren:*
Erika Heit, Rilchingen-Hanweiler
Michael Ernst, Köllerbach

*Autoren:*
Ruwen Bubel, Kirkel
Michael Ernst, Köllerbach
Erika Heit, Rilchingen-Hanweiler
Thomas Krämer, Heiligenwald

Westermann Schroedel Diesterweg Schöningh Winklers GmbH, Braunschweig
www.westermann.de



Druck A1 / Jahr 2016
Alle Drucke der Serie A sind inhaltlich unverändert.

Verlagslektorat: Brigitte Mazzega
Umschlaggestaltung: Thomas Schröder
Druck und Bindung: westermann druck GmbH, Braunschweig

ISBN 978-3-14-**114628**-8

# Endogene Kräfte

M1 Ausbruch des Vulkans Eyjafjallajökull auf Island im Jahr 2010

# Der Schalenbau der Erde

M1 Die Kontinentale Tiefbohrung (KTB) in Deutschland

## Ein Blick ins Erdinnere

Das Kontinentale Tiefbohrprogramm der Bundesrepublik wurde von 1987 bis 1995 durchgeführt. Bei Windischeschenbach (Bayern) wurde ein über 9100 Meter tiefes Loch gebohrt. Dort traf man bei 265 °C auf Gestein, das sich verformte, sodass aus Zeit- und Kostengründen nicht weiter gebohrt wurde. Die gewonnenen Proben brachten neue Erkenntnisse zum Bau der Erdkruste und zur Erdgeschichte. Ein direkter Blick in das Erdinnere ist aber nur begrenzt möglich: Selbst die weltweit tiefste Bohrung auf der russischen Halbinsel Kola reichte „nur" 12262 Meter tief – ein Mückenstich im Vergleich zum etwa 6370000 Meter großen Erdradius. Das Erdinnere lässt sich durch Bohrungen nicht erforschen.

Auch die Untersuchung von **Vulkanen**, von Lava oder Vulkangasen, bringt nur punktuelle Erkenntnisse.

Den Blick ins Erdinnere verdanken wir der Erforschung von **Erdbeben**, der Seismologie. Denn die Messung und Auswertung seismischer Wellen durch Seismografen lässt Rückschlüsse auf physikalische Eigenschaften und damit auf die Materialbeschaffenheit zu. Demnach steigen zum Erdinneren hin Druck und Temperatur schnell an und die Dichte ändert sich an bestimmten Stellen sprunghaft. Diese Tatsachen bilden die Grundlage für das Modell vom **Schalenbau der Erde**. Unterschieden werden Erdkruste, Erdmantel und Erdkern. Im Wesentlichen gilt: Die schwersten Elemente bilden den Erdkern, die leichtesten bilden die Erdkruste.

Die ***Erdkruste*** besteht aus festem Gestein und ist zwischen 10 (Ozeanboden) und 30 Kilometern (Landflächen) mächtig. Unterhalb von Gebirgen können es auch 70 Kilometer sein.

Der ***Erdmantel*** wird in einen oberen und einen unteren Mantel unterteilt. Die oberste Schicht des Erdmantels bildet zusammen mit der Erdkruste die **Lithosphäre**. Unterhalb dieser erstreckt sich die zähplastische und etwa 200 Kilometer mächtige **Asthenosphäre**.

Der ***Erdkern*** besteht vor allem aus Metallen, die im äußeren Erdkern flüssig vorhanden sind. Hier entsteht das Erdmagnetfeld. Durch zunehmenden Druck werden die Metalle schließlich zu einem festen, inneren Erdkern zusammengepresst.

INFO

### P- und S-Wellen (seismische Wellen)

Bricht bei einem Erdbeben das Gestein im Untergrund, entstehen Energiewellen, sogenannte seismische Wellen.
Seismometer (auch Seismografen) zeichnen die Wellen in Seismogrammen auf. Da an den Grenzen der einzelnen Erdschalen die Dichte sprunghaft ansteigt, werden die Wellen gebrochen und reflektiert.
Bei der Auswertung von Seismogrammen stellt man unterschiedliche Wellenarten fest: Zuerst erscheinen die Primärwellen (auch P-Wellen genannt); darauf folgen die langsameren Sekundärwellen (S-Wellen). Weil diese sich in festen Körpern, aber nicht in Flüssigkeiten ausbreiten können, konnte man flüssige Bereiche im Erdinneren dadurch erkennen, dass dort keine S-Wellen laufen. Schließlich gibt es auch Wellen, die an die Erdoberfläche gelangen.

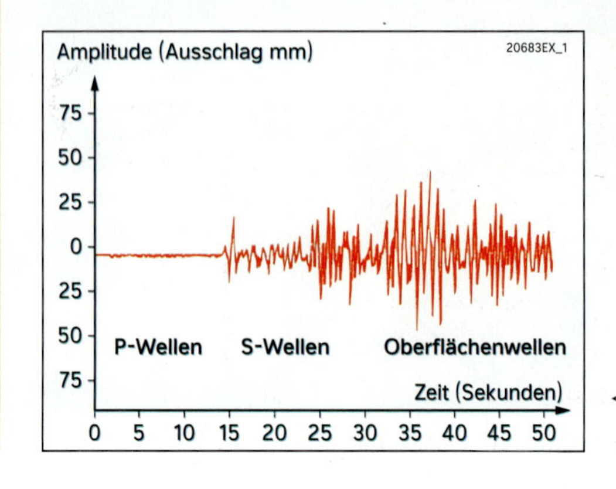


◁ M2 Beispiel für ein Seismogramm

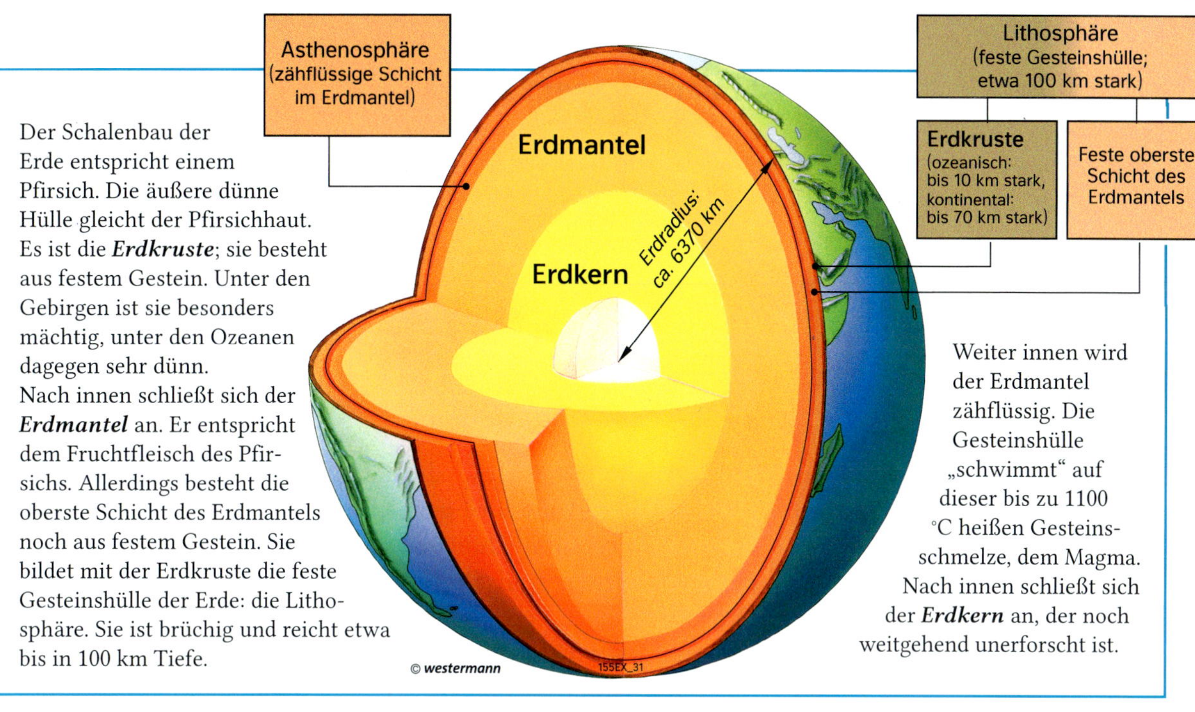


Der Schalenbau der Erde entspricht einem Pfirsich. Die äußere dünne Hülle gleicht der Pfirsichhaut. Es ist die ***Erdkruste***; sie besteht aus festem Gestein. Unter den Gebirgen ist sie besonders mächtig, unter den Ozeanen dagegen sehr dünn.
Nach innen schließt sich der ***Erdmantel*** an. Er entspricht dem Fruchtfleisch des Pfirsichs. Allerdings besteht die oberste Schicht des Erdmantels noch aus festem Gestein. Sie bildet mit der Erdkruste die feste Gesteinshülle der Erde: die Lithosphäre. Sie ist brüchig und reicht etwa bis in 100 km Tiefe.

Weiter innen wird der Erdmantel zähflüssig. Die Gesteinshülle „schwimmt“ auf dieser bis zu 1100 °C heißen Gesteinsschmelze, dem Magma. Nach innen schließt sich der ***Erdkern*** an, der noch weitgehend unerforscht ist.

M3 Der Schalenbau der Erde

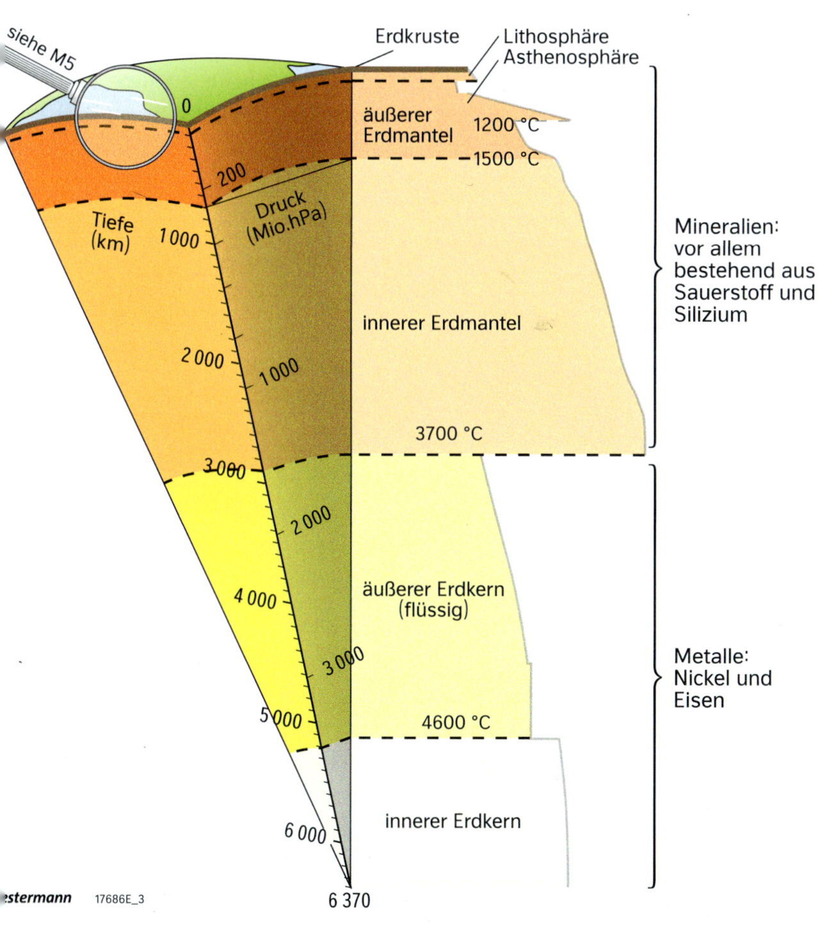


M4 Schnitt in die Erde und ihre Zusammensetzung

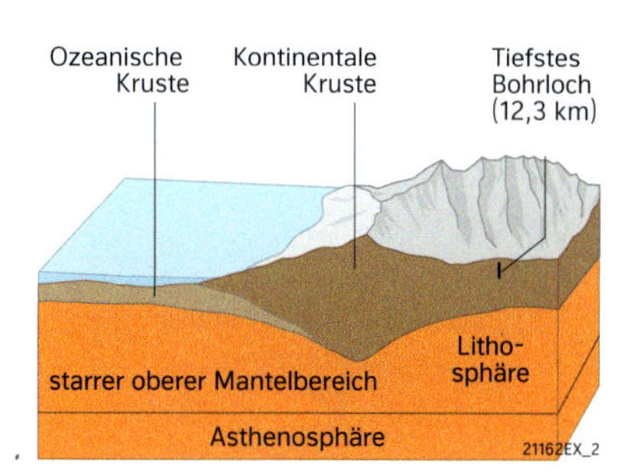


M5 Der Aufbau der Lithosphäre

## AUFGABEN

**1** **Beschreiben Sie den Aufbau der Erde.**

**2** **Begründen Sie, warum der Mensch bislang die Erde nur „angeritzt“ hat.**

**3** **Erklären Sie den Unterschied zwischen P- und S-Wellen.**

**4** **Erläutern Sie die Aussage: „Erdbeben sind Schlüssel zum Erdinneren“.**

**5** **Die Lithosphäre gleitet auf einer zähflüssigen Schicht. Überlegen Sie, welche Folgen das haben kann.**

# Von der Kontinentalverschiebung zur Plattentektonik

M1 Einige der von Wegener beschriebenen Hinweise auf eine Kontinentalverschiebung

## Superkontinent Pangäa

*„Wenn wir eine Weltkarte betrachten, so fällt auf, dass die Ränder der Westküste Afrikas und der Ostküste Südamerikas wie zwei Puzzleteile aussehen, die man aneinanderschieben kann!“*

(Alfred Wegener 1911)

Überlegungen wie diese dürften den Forscher Alfred Wegener (1880 – 1930) auf die Idee gebracht haben, dass die Kontinente früher einmal zusammenhingen und im Laufe von Jahrmillionen auseinandergedriftet sind. Dafür fand er bei seinen Studien vielfältige Hinweise (M1).
Wegener entwickelte die These, dass die Erdoberfläche vor Millionen von Jahren aus einem einzigen Superkontinent bestand, der von einem gewaltigen Ozean umgeben war. Er nannte den Kontinent Pangäa, das heißt „Ganzerde“. Im Laufe der Erdgeschichte, so Wegener, sei dieser Kontinent auseinandergebrochen. Die neu entstandenen Erdteile bewegten sich dann langsam bis in ihre heutige Position. Da Wegener jedoch nicht erklären konnte, welche Kräfte diese sogenannte **Kontinentalverschiebung** verursachten, wurde seine These zunächst nicht anerkannt.

M2 Die Verschiebung der Kontinente im Laufe der Zeit

## Plattentektonik – ein neues Bild der Erde

In den 1940er-Jahren begannen Wissenschaftler, die Ozeanböden zu erforschen. Dabei machten sie unerwartete Entdeckungen: Auf dem Grund der Meere erstrecken sich zwischen den Kontinenten über Tausende Kilometer hinweg riesige Gebirge. Dort tritt aus tiefen Spalten Lava aus, die sich zu beiden Seiten der Spalten ablagert. Es bildet sich ständig neues Gestein, neuer Ozeanboden. Weitere Untersuchungen zeigten, dass das Gestein in wachsender Entfernung von den Spalten immer älter wurde. War die Oberfläche der Erde also in Bewegung? Diese Frage wurde schließlich durch die Forschung bestätigt und Wegeners These der Kontinentalverschiebung zur Theorie der **Plattentektonik** weiterentwickelt. Diese besagt, dass die Lithosphäre entlang von **Plattengrenzen** in große und kleine **Lithosphärenplatten** zerbrochen ist. Diese Platten bewegen sich auf der verformbaren Asthenosphäre. Sie driften an **Konvergenzzonen** aufeinander zu, an **Divergenzzonen** voneinander weg oder sie driften aneinander vorbei. Als Antrieb gelten Konvektionsströme im oberen Erdmantel (M4). Seit einigen Jahren werden jedoch auch andere Ursachen diskutiert (Info).

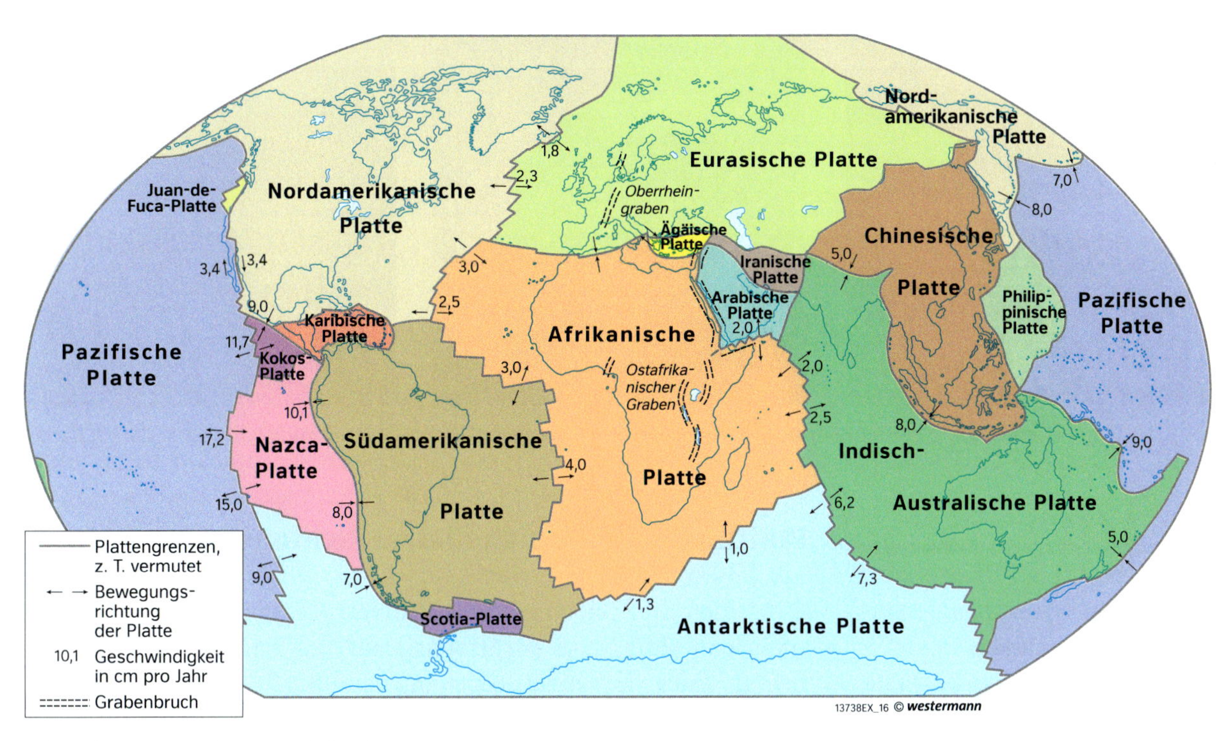


M3 Lithosphärenplatten und ihre Bewegungen

INFO

## Konvektionsströme

Wie genau die Plattenbewegungen zustande kommen, ist bis heute nicht geklärt. Als sicher gilt, dass Temperaturunterschiede zwischen dem heißen Erdinneren und den kühleren, äußeren Bereichen der Erde eine Rolle spielen müssen. Dadurch werden wahrscheinlich Konvektionsströme (Ausgleichsströmungen von Wärme) in Gang gesetzt. Heiße Gesteinsschmelzen (Magma) steigen aus dem Erdmantel auf, kühlen unterhalb der Lithosphäre ab und fließen seitlich weg, bevor sie wieder nach unten sinken.
Es werden jedoch auch Alternativen diskutiert: Womöglich treten an den Plattengrenzen selbst Sog- und Druckkräfte auf. Platten könnten beispielsweise durch ihr eigenes Gewicht in Konvergenzzonen in die Tiefe gezogen werden.
Die Lithosphärenplatten bewegen sich in der Regel langsam, das heißt nur einige Zentimeter im Jahr. Bei schweren Erdbeben können sie sich aber innerhalb von Sekunden auch um Meter bewegen.

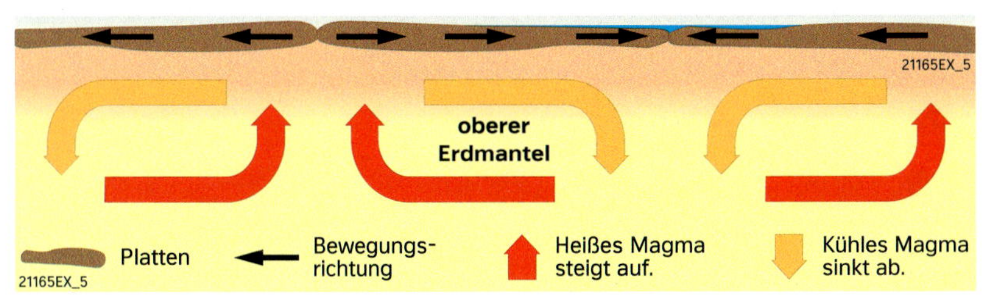


M4 Konvektionsströme

## AUFGABEN

**1** **a) Nennen Sie Fakten, mit denen Wegener die Kontinentalverschiebung belegt hat (M1).**
**b) Finden Sie weitere Beispiele für Konturen von Kontinenten, die zueinander passen (Atlas).**

**2** **Beschreiben Sie, wie sich die Kontinente in den letzten 250 Millionen Jahren bewegt haben (M2).**

**3** **Erläutern Sie die Theorie der Plattentektonik.**

**4** **Erläutern Sie die derzeit diskutierten Ursachen für die Plattenbewegungen (Info).**

# Plattenbewegungen und ihre Folgen

M1 Beispiele für Folgen der Plattentektonik: Verwerfung (A), Faltengebirge (B), Grabenbruch (C)

## AUFGABEN

**1 a) Ordnen Sie die Texte und Zeichnungen in M4 einander zu.**
**b) Verorten Sie die passenden Paare auf der Karte.**

**2 Beschreiben Sie die Arten von Plattenbewegungen und ihre Folgen (M2–M4).**

**3 Erklären Sie, warum die Plattengrenzen Gebiete für Erdbeben und Vulkanismus darstellen.**

## Platten bewegen sich in drei Richtungen

Es werden drei verschiedene Arten von Plattenbewegungen unterschieden (M3). Diese verursachen an den Plattengrenzen Vulkanismus sowie Erd- und Seebeben (siehe S. 22). Die Verteilung der Vulkane und Bebenherde auf der Erde wird daher durch die Plattentektonik erklärt.
Die Art der Plattenbewegung sowie die Art des beteiligten Lithosphärenbereiches (kontinental oder ozeanisch) verursachen an den Grenzen jeweils typische Folgen für das Relief: In den Ozeanen entstehen an auseinanderdriftenden Lithosphärenplatten die **mittelozeanischen Rücken**. Stoßen hingegen eine ozeanische und eine kontinentale Platte aufeinander, so bilden sich **Subduktionszonen** mit den typischen Tiefseegräben.

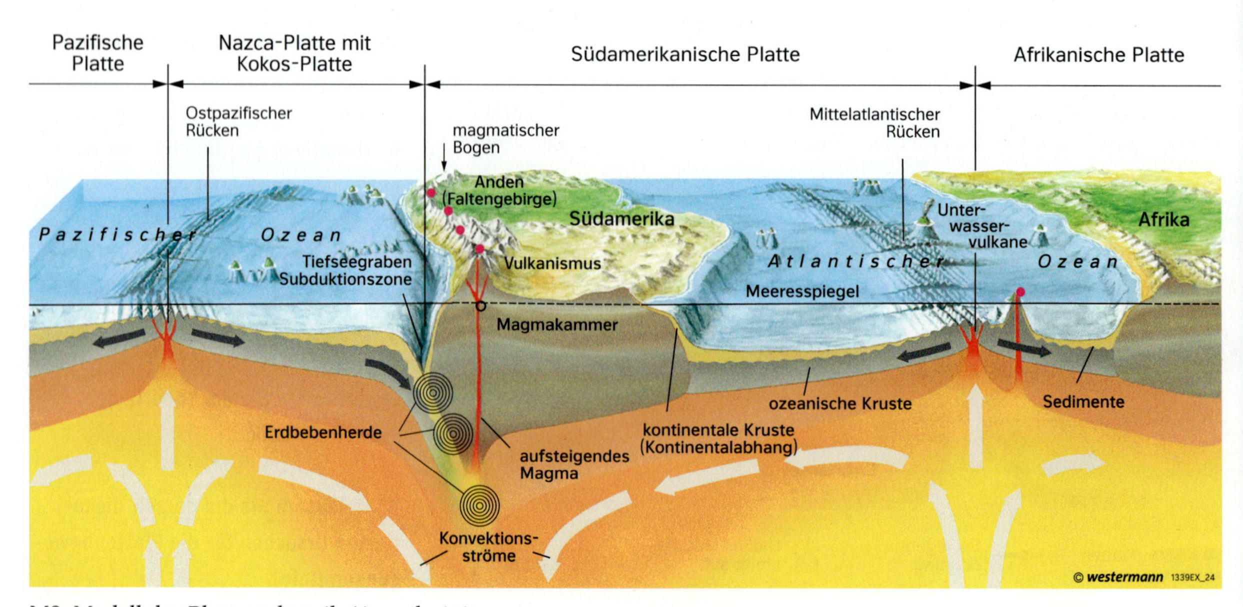


M2 Modell der Plattentektonik (Ausschnitt)

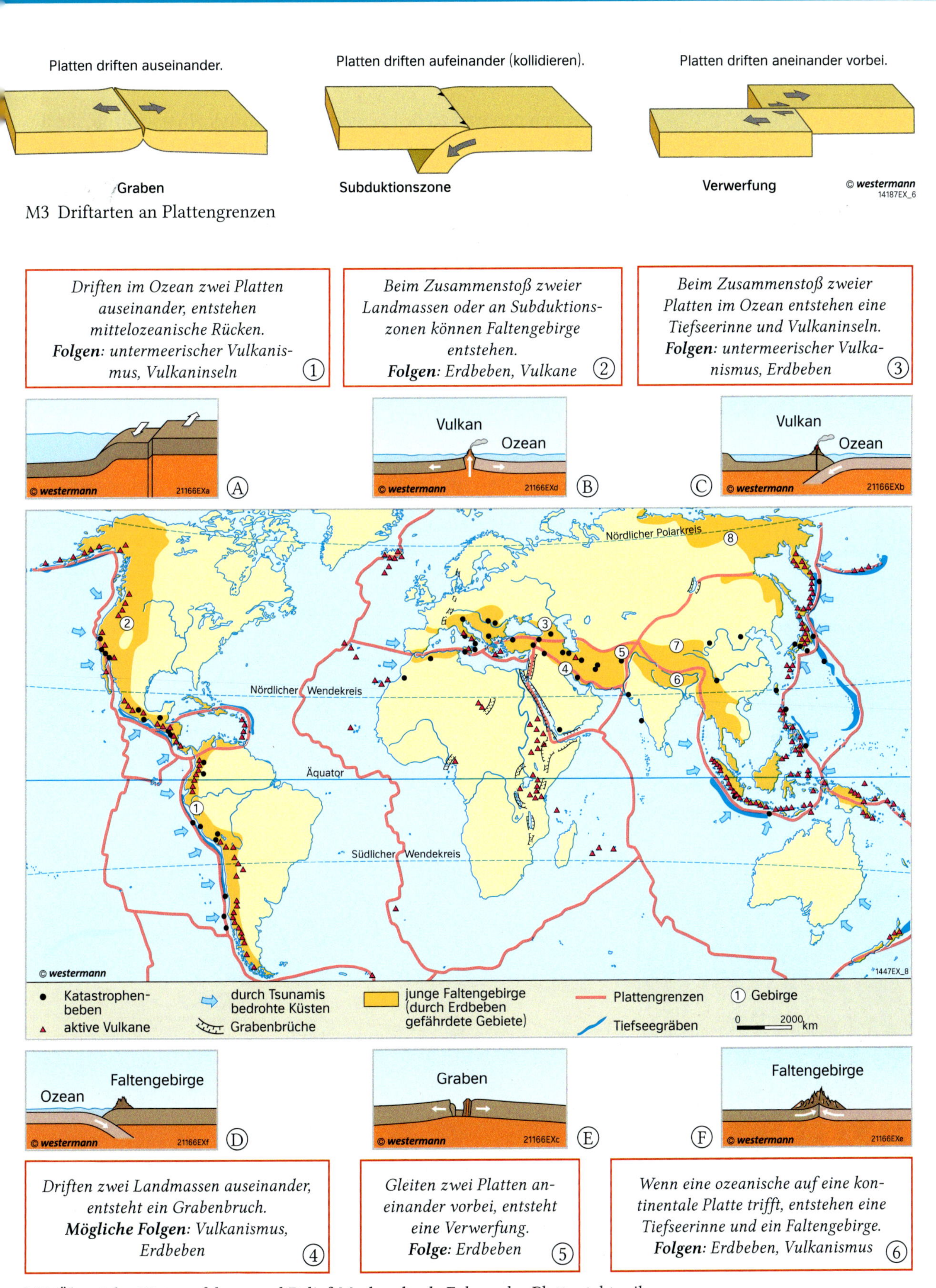


M3 Driftarten an Plattengrenzen

M4 Übersicht: Naturgefahren und Relief-Merkmale als Folgen der Plattentektonik

# Erdbeben – ungeahnte Kräfte

M1 Erdbeben in Katmandu (Nepal) 2015

## Wenn die Erde bebt

Erdbeben gehören zu den gewaltigsten **Naturkatastrophen**, die die Menschen heimsuchen können. Sie kündigen sich meist nicht an, treffen die Bewohner daher unvorbereitet und können in wenigen Sekunden ganze Städte zerstören. Mehr als hundertmal pro Jahr kommen auf der Welt Erdbeben vor, die auf der **Richterskala** eine Stärke bis zu sieben erreichen. Wann und wo die Erde beben wird, versuchen Wissenschaftler zu ermitteln. Jedoch sind die Vorgänge im Erdinneren zu kompliziert für eine genaue Vorhersage, zumindest nach dem gegenwärtigen Stand der Forschung.

## AUFGABEN

**1** **Erklären Sie die Entstehung von Erdbeben und nennen Sie Folgen.**

**2** **Berichten Sie über das Erdbeben in San Francisco 1906 (M4, Internet).**

**3** **Legen Sie eine Tabelle von weltweiten großen Erdbeben mit dem Ausmaß der Katastrophe und Hilfsmaßnahmen an (Internet).**

## INFO

### Richterskala

Die Richterskala gibt die Stärke eines Erdbebens an. Benannt ist sie nach ihrem Erfinder Charles Francis Richter. Sie ist „nach oben hin offen“, denn niemand kann voraussagen, wie stark Erdbeben wirklich sein können.
Je mehr Energie bei einem Erdbeben freigesetzt wird, desto höher ist die Erdbebenstärke. Der geringste Wert sind 0,1 Punkte. Jeder Punkt vor dem Komma entspricht einer zehnfachen Steigerung. Ein Beben mit der Stärke 7,0 ist demnach 10-mal stärker als ein Beben der Stärke 6,0.

### Epizentrum

Das Epizentrum ist der Punkt auf der Erdoberfläche, der genau über dem Herd eines Erdbebens liegt. An diesem Punkt treten die größten Erdbebenwellen auf; bei einem starken Erdbeben sind hier die Schäden am größten.

M2 Orangenhain an der San-Andreas-Spalte

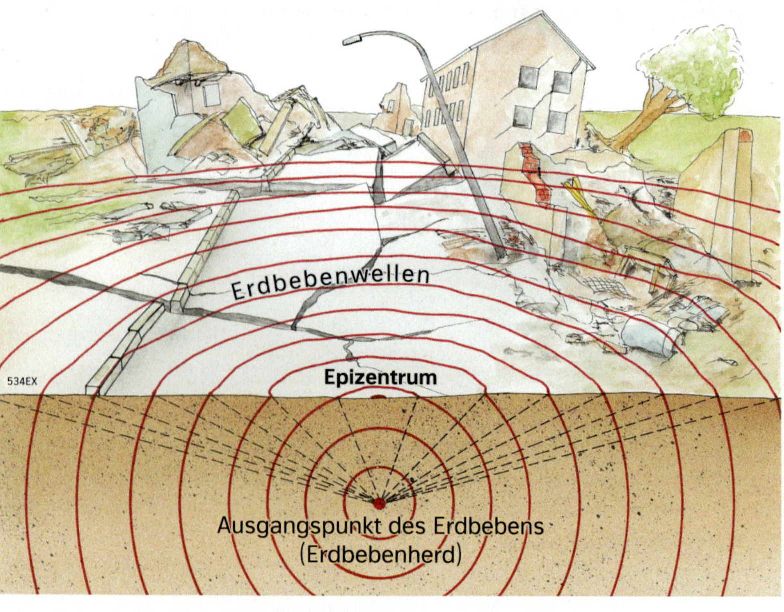


M3 Ausbreitung von Erdbebenwellen (nicht maßstabsgetreu)

M4 In San Francisco 1906 nach dem Erdbeben

## Kalifornien – Leben mit der Gefahr

Im Jahr 1906 erschütterte ein gewaltiges Erdbeben San Francisco. Tausende Menschen starben, die Stadt wurde zu 80 Prozent zerstört. Das nächste große Beben könnte bald eintreten. Den Millionenstädten San Fancisco, Los Angeles und San Diego drohen verheerende Verwüstungen.
Entlang der Küste verläuft die San-Andreas-Spalte. Zwei Lithosphärenplatten driften hier aneinander vorbei. Immer wieder verhaken sich die Platten und bauen eine Spannung auf, die sich dann ruckartig und mit großer Gewalt entladen kann. Bei dem Erdbeben 1906 rückte die Pazifische Platte (siehe S. 9 M3) über eine Strecke von etwa 400 km in nur einer Minute sechs Meter vorwärts.

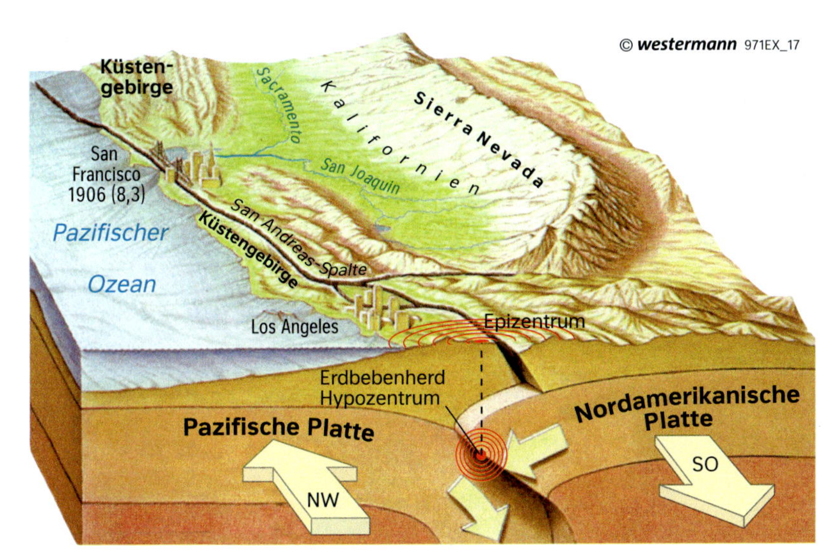


M5 Grenze von zwei Lithosphärenplatten

Gegen drei Uhr morgens war es mit dem Schlaf in der Millionenmetropole vorbei. Ein Erdbeben der Stärke 7,0 auf der Richterskala hat den Süden Kaliforniens erschüttert. [...] Das Epizentrum lag etwa 170 Kilometer nordöstlich von Los Angeles in der dünn besiedelten Mojawewüste [...]. Aus diesem Grund habe das Beben offenbar nicht so große Schäden angerichtet, wie es bei dieser Stärke in einem dichter besiedelten Gebiet der Fall gewesen wäre. [...] Dem starken Erdstoß um 2:46 Uhr (Ortszeit) folgten mindestens neun Nachbeben von geringerer Stärke.
Ein Zug, der in der Nähe des Epizentrums unterwegs war, entgleiste. [...] Das Beben hatte viele Menschen in Südwest-Kalifornien aus dem Schlaf gerissen. Nach Berichten von Einwohnern war die Erschütterung auch in Las Vegas, San Diego und Palm Springs zu spüren. Ein Polizist in Palm Springs sagte, es sei ein recht wuchtiger Stoß gewesen. [...] Andere Augenzeugen sprachen von kurzzeitigen Stromausfällen [...].
(Spiegel online, 16.10.1999)

M6 Erdbeben in Los Angeles

Das gefürchtete „Big One" kommt innerhalb der nächsten zwei Jahrzehnte. Das ist das Ergebnis einer Studie des Geologischen Dienstes der USA. Die Wahrscheinlichkeit für ein Erdbeben der Stärke 6,7 bis zum Jahr 2036 liegt bei 99,7 Prozent. Ein Beben der Stärke 7,5 oder mehr ist zu 46 Prozent wahrscheinlich.

M7 „The Big One" („das große Beben") droht.

# Vulkanausbrüche – Signale aus dem Erdinneren

INFO

**Schichtvulkane und Schildvulkane**

Es gibt zwei unterschiedliche Vulkantypen:
Beim **Schichtvulkan** gleicht der innere Aufbau einem Sandwich. Schichten von zähflüssiger, längst erkalteter Lava und Vulkanasche, die so hart geworden sind wie Beton, wechseln sich ab. Seine Hänge sind steil. Ein Beispiel für einen Schichtvulkan ist der Ätna.
Beim **Schildvulkan** sind die Hänge dagegen flach. Aus seinem Krater quillt nur dünnflüssige Lava. Sie verteilt sich auf einer sehr großen Fläche, bevor sie erstarrt. Deshalb hat der Schildvukan einen weitaus größeren Durchmesser und viel flachere Hänge als der Schichtvulkan.
Der größte aktive Vulkan der Erde, der Schildvulkan Mauna Loa auf Hawaii, hat einen Durchmesser von über 300 km, der Ätna von rund 30 km.
Beide Vulkantypen haben jedoch eines gemeinsam: Ihr „Herz“, die Magmakammer, liegt so tief in der Erde, dass sie für uns Menschen nicht zugänglich ist.

## Wenn die Erde Feuer speit

Auf der Erde gibt es über 600 Vulkane, die in den letzten Jahren ausgebrochen sind. Sie sind nicht gleichmäßig über die Erde verteilt, sondern bündeln sich in bestimmen Regionen. Hier treten auch häufig Erdbeben auf (Atlas, Karte: Erdbeben und Vulkanismus). Gelegentlich gibt es ganze Vulkanketten, die wie auf einer Perlenschnur aufgereiht liegen, so wie im sogenannten „Pazifischen Feuergürtel“ rings um den Pazifischen Ozean.
Wenn ein Vulkan ausbricht und eine Fontäne mehrere hundert Meter in den Himmel schießt, kann man auf die Verhältnisse im Erdinneren schließen: Das glutflüssige Magma im Erdmantel steht unter großem Druck und bahnt sich seinen Weg durch die Spalten und Klüfte der Lithosphäre nach oben. Durch den Schlot des Vulkans tritt es als Lava an die Erdoberfläche. Der Druck kann so gewaltig sein, dass die Lava in feinste Teilchen zerrissen wird, als Vulkanasche in die Luft geschleudert wird und sich weiträumig niederschlägt. Sie verwittert zu einem sehr fruchtbaren Boden.

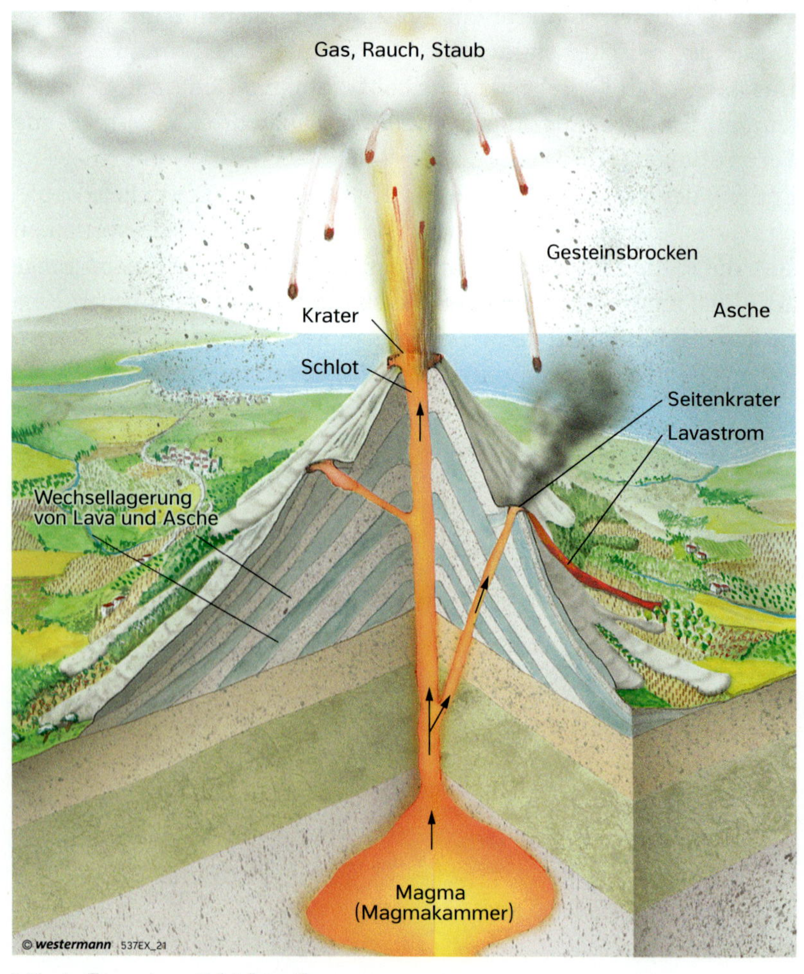


M1 Aufbau eines Schichtvulkans

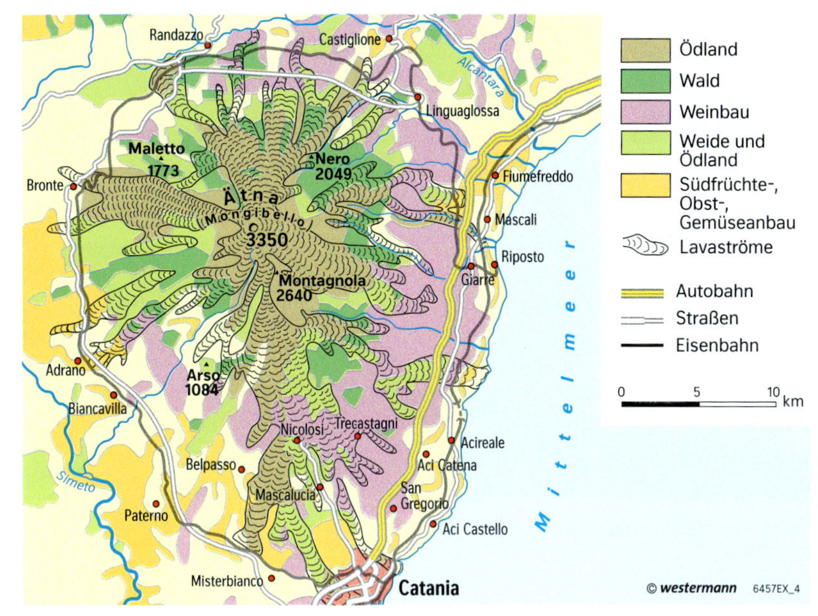


M2 Bodennutzung am Ätna

N.
V.
S.
T.
Mittelmeer
Co.
Liparische Inseln
S.
Vu.
R.
P.
M.
Ätna
C.
0 100 km
Sy.
Sizilien
© westermann 6226EX_9

M5 Vulkane in Süditalien

## Leben am Vulkan

Der Ätna an der Ostküste von Sizilien ist mit rund 3350 m der höchste Vulkan Europas. Trotz seiner Ausbrüche wie 2006, verbunden mit Erdbeben, leben hier viele Menschen. Bauern haben Felder angelegt. Ackerbau wird bis auf etwa 900 m Höhe betrieben. Die Bauern bauen Wein, Apfelsinen, Oliven und Gemüse an. Wegen der fruchtbaren Vulkanerde sind die Erträge so gut, dass die Menschen die ständige Bedrohung in Kauf nehmen. Oberhalb von 900 m folgt Wald bis etwa 1900 m; darüber liegt eine fast vegetationsfreie Zone. Die höchsten Lagen sind den größten Teil des Jahres über schneebedeckt.

Eine riesige Aschewolke lag über Catania. Die Schulen blieben geschlossen, für Mopeds und Motorräder galt wegen der Unfallgefahr ein Fahrverbot. Auch der Flughafen wurde gesperrt. Die Einwohner erhielten Atemschutzmasken.
Gesteinsbrocken schossen Hunderte Meter hoch. Über die Hänge des Ätna wälzten sich glühende Lavamassen. Sie knickten drei Stützpfeiler der Seilbahn wie Streichhölzer um.

M3 Der Ätna-Ausbruch 2006

M4 Der Bauer Alfio Borzi gehört zu den Leidtragenden eines Ätna-Ausbruchs. Die Hälfte seiner Felder und Obstgärten hat die Lava begraben.

## AUFGABEN

1 **Ermitteln Sie die Namen in M5 sowie von sechs Staaten, die durch Vulkanausbrüche und Erdbeben betroffen sein können (Atlas).**

2 **Popocatépetl, Fujisan, Ararat: Ermitteln Sie, welcher Vulkan nicht zum „Pazifischen Feuergürtel" gehört (Atlas).**

3 **Erläutern Sie den Aufbau eines Schichtvulkans im Vergleich zum Schildvulkan (Info, M1).**

4 **Erklären Sie die Bedeutung des Schalenbaus der Erde (S. 7) für die Entstehung von Vulkanen.**

5 **Beschreiben Sie die landwirtschaftliche Nutzung am Ätna (M2).**

6 **Beschreiben Sie die Folgen eines Vulkanausbruchs (M3, M4).**

7 **Erklären Sie den Satz: „Der Ätna gibt und nimmt."**

# Eine virtuelle Exkursion zu den Vulkanen d

M1 Der Vulkan Pico del Teide auf Teneriffa (Screenshot aus dem „Diercke Globus Online")

Um den „Diercke Globus" benutzen zu können, rufen Sie auf: www.diercke.de. Dann können Sie das Zugangsprogramm kostenlos herunterladen, wenn Sie als Kennwort die Nummer des Onlineschlüssels eingeben, die vorn im Diercke Weltatlas eingedruckt ist.

**Das können Sie tun:**
- über jeden Ort der Erde fliegen und den Flug speichern: in Senkrecht- und in Schrägansichten;
- die Höhe auswählen: von 15 km bis 12800 km;
- vom Satellitenbild auf Kartendarstellung umschalten;
- Informationen zuschalten (Verkehrswege, Namen);
- Tages- und Jahreszeiten simulieren;
- und vieles mehr

## Rundflüge über Vulkaninseln und Krater

Ätna, Vesuv, Cotopaxi, Mount St. Helens – immer wieder hört man gespannt von den „schlafenden Monstern". Immer wieder liest man von glühenden Lavaströmen, die Dörfer verschütten, und von abenteuerlichen Exkursionen zu den Kratern. Wäre es nicht einmal spannend, selbst eine Exkursion zu einem Vulkankrater zu machen und selbst einen Vulkan zu besteigen? Und das völlig ungefährlich! Mithilfe des Internets können Sie das. Auf diesen Seiten erfahren Sie, wie man mit dem Flugzeug jeden Vulkan der Erde umfliegen oder an Expeditionen auf Vulkane selbst teilnehmen kann – natürlich virtuell.

## Diercke Globus – ein virtueller Globus

Der „Diercke Globus Online" bietet Ihnen die Möglichkeit, jeden Ort aus maximal 12800 km Höhe zu betrachten. Sie können sich dabei die Namen von Städten, Gebirgen und Flüssen anzeigen oder einfach eine Karte aus dem Atlas einblenden. Besonders spektakulär ist es jedoch, die Krater, Schluchten und Gebirge dreidimensional zu sehen. Dies können Sie auf dem Bildschirm einstellen. Dabei können Sie auch die Höhenunterschiede deutlicher machen, Sie können sie „überhöhen". Das heißt, Sie lassen die Berge zweimal, dreimal oder fünfmal so hoch erscheinen. In einem Flugmodus können Sie dann über die Landschaften fliegen, Berge umrunden oder in Schluchten hinabschauen. Probieren Sie es einmal aus!

M2 Die Erde aus 12800 km ▷ Höhe (Screenshot aus dem „Diercke Globus Online")

M3 Eine von vier virtuellen Wanderungen auf den Vulkan Stromboli

**Darauf sollten Sie achten.**
**Das können Sie erkunden:**
Wo liegt der Vulkan (Kontinent, Land, Geozone)?
Auf welcher Route besteigen Sie ihn (von Süden, Westen ...)?
Wie hoch steigen Sie?
Wie verändert sich die Vegetation mit der Höhe, mit der Himmelsrichtung?
Welche Spuren des Vulkanismus können Sie erkennen (z. B. alter Lavastrom)?
Wo siedeln die Menschen?
Gibt es Anzeichen, dass der Vulkan aktiv ist?

## Hinauf zu den Kratern

Stromboli ist eine kleine Vulkaninsel im Norden des Ätna. Sie gibt ihren Namen einer Internetseite, auf der alle interessanten Informationen über Vulkane weltweit erreicht werden können: Seiten von Wissenschaftlern, von Fotoreportern, von Erdbeben-Messstationen usw. „Stromboli online" wird von vulkanbegeisterten Lehrkräften und Vulkanologen betrieben. Jedes Jahr erscheinen neue Informationen. Zu mehreren Vulkanen können Sie virtuelle Exkursionen unternehmen.

M4 Bei der Erforschung des Ätna können Sie wählen zwischen zwei Besteigungen im Winter, einer im Herbst und einer Fahrt mit der Bahn um den Berg. ▷

INFO

**Virtuelle Exkursion**

Im Internet sind zu vielen interessanten Orten der Erde Materialien (Fotos, Karten, Berichte) zusammengestellt, mit deren Hilfe man sehr gut eine Wanderung oder eine Bergbesteigung nachvollziehen kann.

INTERNET

www.swisseduc.ch/stromboli/index-de.html
Klicken Sie auf „Virtuelle Exkursionen", dann können Sie direkt losmarschieren. Sie haben die Wahl zwischen den Vulkanen Stromboli, Ätna, Vesuv, Mount St. Helens (USA), Kilauea (Hawaii), Tongariro (Neuseeland), Kamtschatka (Russland) und anderen.

AUFGABE

1 **Besteigen Sie virtuell einen Berg Ihrer Wahl. Berichten Sie, was Sie gesehen haben. Gliedern Sie Ihren Bericht nach zunehmender Höhe.**

# Erdbeben und Vulkane in Deutschland

**Wieder Erdbeben in Südhessen: Epizentrum erneut in der Nähe von Darmstadt**

DARMSTADT – Ein Erdbeben hat das südliche Hessen am Sonntag erneut leicht erschüttert. Es war das dritte spürbare Beben in Hessen innerhalb weniger Monate. [...] Das Deutsche Geoforschungszentrum (GFZ) in Potsdam gab die Stärke mit 3,2 an. [...]
Bereits Mitte Mai hatte die Erde in Südhessen mit einer Stärke von 4,2 gebebt. Es war nach Angaben des Landesamtes das stärkste Beben in Hessen seit fast 20 Jahren. Bürger hatten weit über 100 Schäden gemeldet – Risse in der Fassade, herabgefallene Dachziegel, instabile Kamine. Verletzt wurde niemand. [...] Erdbeben sind in dieser Region nicht ungewöhnlich. Grund ist der Spannungsabbau im Oberrheingraben.

(www.allgemeine-zeitung.de vom 08.06.2014)

M1 Medienbericht

| Datum | Ort | Richterskala |
|---|---|---|
| 2001 | Lauterbach (Warndt) | 3,8 |
| 2001 | Kerkrade (NL) bei Aachen | 4,0 |
| 2002 | Alsdorf bei Aachen | 4,8 |
| 2003 | Zollernalbkreis | 4,2 – 4,5 |
| 2004 | Waldkirch im Breisgau | 5,2 |
| 2008 | Saarwellingen | 4,0 – 4,5 |
| 2011 | Nassau | 4,4 |
| 2014 | Darmstadt | 4,2 |

M2 Erdbeben in Deutschland (Auswahl)

## Erdbeben und Vulkane in Deutschland

Naturgefahren durch Erdbeben und Vulkane sind in Deutschland nicht so deutlich ausgeprägt wie in Japan. Aber es gibt sie. Denn Erdbeben treten in ganz Mitteleuropa auf, der Raum zwischen Köln und Aachen ist besonders betroffen. Die Folgen von Erdbeben in Deutschland sind jedoch weitaus geringer als in anderen Teilen der Welt. Denn Erdbeben richten Katastrophen erst bei einer Stärke ab 7,0 auf der Richterskala an.
Weltweit sind 90 Prozent aller Erdbeben Folgen der Plattentektonik. In Deutschland sind aber auch sogenannte Einsturzbeben (Gebirgsschläge) von Bedeutung. Sie betreffen einen begrenzten Raum in Bergbaugebieten. Daher treten sie vor allem im Saarland und im Ruhrgebiet auf. Mit der Eifel und dem Vogtland liegen zwei vulkanisch geprägte Regionen in Deutschland, in denen Wissenschaftler langfristig wieder Aktivität erwarten. Hier künden regelmäßig kleine Erdbeben von Magmabewegungen. Die **Maare** in der Eifel sind ehemalige Vulkankrater (siehe S. 20).

*INFO*

### Grabenbruch in Deutschland

Die Niederrheinische Bucht und der Oberrheingraben weisen eine große Erdbebenhäufigkeit auf. Vor langer Zeit gab es dort auch Vulkanismus. Das liegt an den Spannungen in der Lithosphäre: Die Afrikanische und die Ägäische Platte bewegen sich nach Norden und die Eurasische Platte nach Süden (siehe S. 9 M3).
Unter diesen Spannungen falten sich Teile Mitteleuropas einerseits auf oder senken sich andererseits ab. Außerdem hat sich in Jahrmillionen ein **Grabenbruch** herausgebildet. Dieser erstreckt sich von Norddeutschland über den Nieder- und Oberrhein bis zum Rheingraben. An den Grabenrändern driften der Schwarzwald und die Vogesen auseinander. Wissenschaftler rechnen damit, dass in Jahrmillionen Europa am Rhein auseinanderbricht und dort ein Meer entsteht.

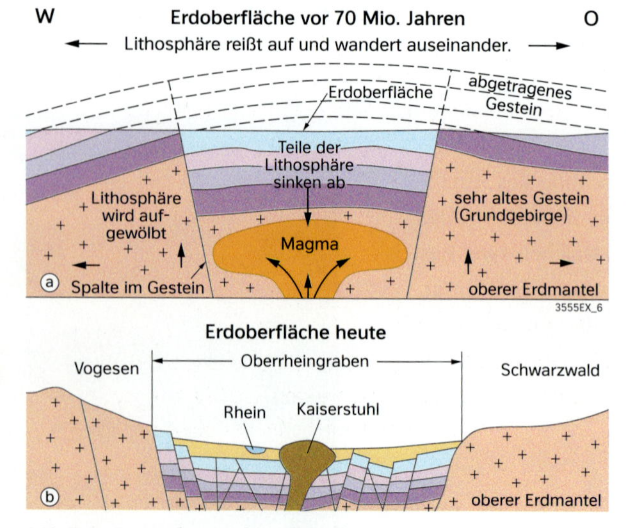


M3 Die Entstehung des Oberrheingrabens

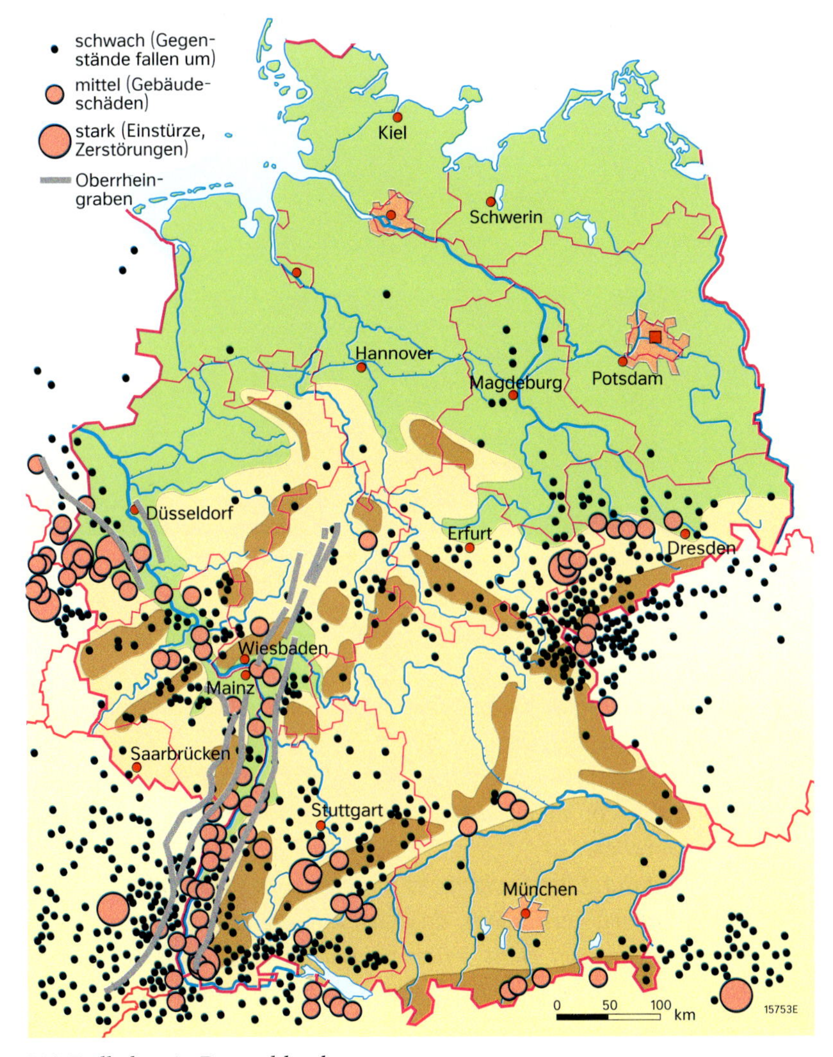


M4 Erdbeben in Deutschland

## AUFGABEN

1 **Beschreiben Sie die Verteilung von Erdbeben in Deutschland (M4) und erläutern Sie deren Ursachen.**

2 **Markieren Sie auf einer skizzierten Deutschland-Karte die Lage der Erdbeben in M2 und benenne die aufgetretenen Schäden (Internet).**

3 **Nutzen Sie die Internetverweise, um sich über Naturgefahren in der Eifel zu informieren. Berichten Sie über ihre Ergebnisse.**

## INTERNET

wikipedia.org/wiki/Liste_von_Erdbeben_in_Deutschland
www.bgr.bund.de/DE/Themen/Erdbeben-Gefaehrdungsanalysen
www.scinexx.de (Stichwort: Erdbeben)
www.vulkanpark.com
www.eifel.info

Geologen sind sich einig, dass es in der Eifel wieder zu Eruptionen kommen wird. Doch niemand kann sagen wann: Womöglich vergehen noch Jahrtausende; es kann aber auch schon sehr bald so weit sein.
Vor 12 900 Jahren kam es zu einer gigantischen Eruption in der Eifel (siehe S. 20). Asche gelangte mit dem Südwestwind bis nach Schweden. Nachdem sich das Magma-Reservoir am Ort der Eruption geleert hatte, stürzte der Boden ein – die Kuhle füllt heute der Laacher See.
In der Eifel finden sich Spuren Hunderter Vulkanausbrüche. 50 kleine Krater zeugen von Magma-Explosionen. Die sogenannten Eifel-Maare bilden heute eine reizvolle Seenlandschaft.

M5 Forscher warnen vor Vulkan-Gefahr in der Eifel.

M6 Ein ehemaliger Vulkankrater: Maar in der Eifel

# Vulkanausbrüche in Rheinland-Pfalz?

M1 Der Kaltwassergeysir von Andernach in der Eifel ist der weltweit höchste Kaltwassergeysir. Er schleudert sechs bis acht Minuten lang eine bis zu 60 m hohe Wasserfontäne in die Luft. Dieses Ereignis wiederholt sich etwa alle zwei Stunden. In Andernach ist das Innere der Erde noch nicht zur Ruhe gekommen.

M2 Laacher See mit Kloster Maria Laach

## Vulkan ausgebrochen!

*Mit einer schier unglaublichen Explosion ist in Rheinland-Pfalz ein Vulkan ausgebrochen. Asche, die aus dem Vulkankrater 20 km hoch in die Atmosphäre geschleudert wurde, hat den Flugverkehr zum Erliegen gebracht. Außerdem haben meterhohe Ascheschichten die Landschaft unter sich begraben.*

*An der Einmündung des Brohlbachs in den Rhein staut sich der Fluss. Ascheablagerungen verhindern, dass der Rhein wie gewohnt abfließt. Das Neuwieder Becken steht unter Wasser. In den Städten Neuwied und Andernach ragen nur noch die Kirchtürme und die höchsten Gebäude aus dem Wasser. Es ist nur eine Frage der Zeit, bis der Damm*

Ein Maar entsteht, wenn glühende Magma bis dicht unter die Erdoberfläche aufsteigt und mit Wasser in Berührung kommt. Dann verdampft das Wasser innerhalb weniger Sekunden (1 Liter Wasser ergibt etwa 1500 Liter Wasserdampf!). Es entwickelt sich ein ungeheurer Druck, der sich explosionsartig entlädt. Ein Krater wird aus der Erdoberfläche herausgesprengt. Gesteinstrümmer und Asche lagern sich rings um den Krater ab. In der Tiefe des runden Explosionstrichters dichten Vulkangestein und Vulkanasche den Trichter ab. Er füllt sich nach und nach mit Wasser aus Niederschlägen.

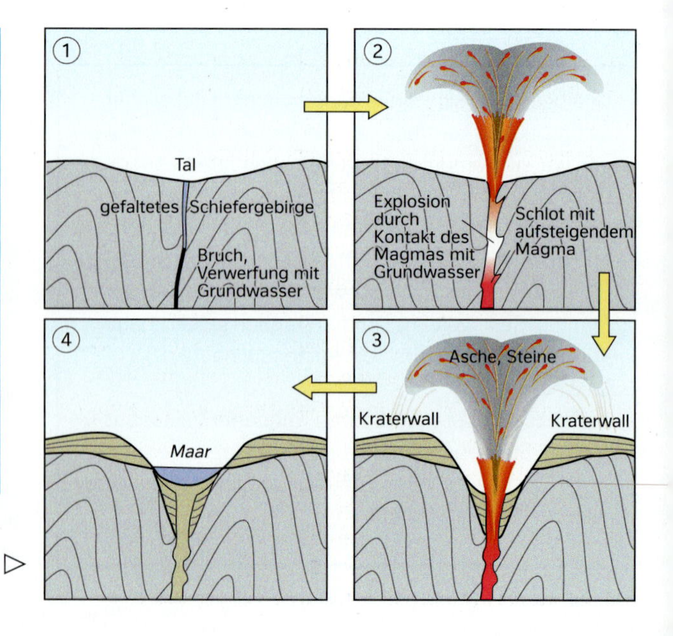


△ M3 So entsteht ein Maar. ▷

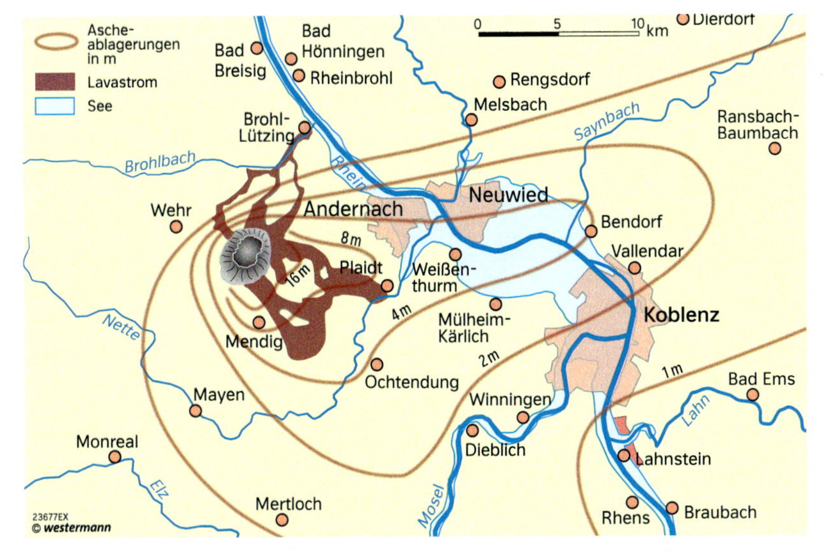


M4 Der Ausbruch des Laacher-See-Vulkans, projiziert in eine heutige Karte

*bei Brohl-Lützing bricht. Dann wird eine zehn Meter hohe Flutwelle die Stadt Bonn überfluten. Feuerwehrleute haben bereits 20 000 Einwohner evakuiert.*

Ein solches Ereignis fand vor 12 900 Jahren in der Eifel statt. Der Laacher-See-Vulkan brach aus. Damals gab es natürlich noch keine Dörfer und Städte. In der Umgebung des Vulkans lebten einzelne Menschengruppen ohne feste Behausungen als Jäger und Sammler. Wahrscheinlich ist niemand beim Vulkanausbruch ums Leben gekommen, denn es wurden in der Region um den Laacher See beim Abbau von Bims keine menschlichen Überreste gefunden.

## AUFGABEN

1 **Erläutern Sie die Entstehung des Laacher Sees.**

2 **Planen Sie einen Tagesausflug in die Eifel, um das Thema Vulkanismus anschaulich zu erarbeiten (Atlas, Internet).**

3 **a) Recherchieren Sie, welche Rohstoffe für die Produktion von stonewashed Jeans, Pflastersteinen und Pflanzkübeln verwendet werden (M6, Internet).**
**b) Stellen Sie die wirtschaftliche Bedeutung vulkanischer Rohstoffe dar (M5).**

4 **Zeichnen Sie eine Kartenskizze mit den jungen Vulkangebieten Deutschlands (Atlas).**

5 **Entwickeln Sie Evakuierungspläne für den Fall, dass der Laacher See-Vulkan nochmals ausbrechen sollte. Präsentieren Sie Ihre Arbeitsergebnisse.**

Aus Lava und vulkanischen Aschen entstanden wertvolle Rohstoffe, die abgebaut werden.

- Basalt: dunkles Gestein aus gasreichem, hochexplosivem Magma, das in der Luft schlagartig erstarrte.
  Eigenschaften: schwer, hart, witterungsbeständig.
  Verwendung: Straßenbelag, Bodenplatten, Bausteine, Straßen- und Eisenbahnbau.
- Bims: helles Gestein aus gasreichem, hochexplosivem Magma, das in der Luft schlagartig erstarrte.
  Eigenschaften: porös, sehr leicht, schwimmt auf Wasser, raue Oberfläche, isoliert gut.
  Verwendung: Mauersteine, Gartenmauern, Hornhautsteine.
- Tuff: helles Gestein, das aus Vulkanasche entstand.
  Eigenschaften: leicht, speichert Wärme, gut zu bearbeiten.
  Verwendung: Fassadenverkleidungen, Beton, Zement.

M5 Vulkanische Rohstoffe und ihre Verwendung

M6 Verwendungsmöglichkeiten vulkanischer Rohstoffe

# Tsunami – Riesenwelle nach einem Seebeben

M1 Ein Tsunami erreicht die japanische Stadt Miyako (März 2011).

## AUFGABEN

1 **Erläutern Sie die Entstehung und Ausbreitung eines Tsunamis.**

2 **Ermitteln Sie die Küstengebiete der Erde, die durch Tsunamis besonders gefährdet sind (Atlas).**

3 **Vergleichen Sie die Fotos vor und nach dem Tsunami (M2).**

4 **Stellen Sie durch eine Internetrecherche Informationen zu dem Tsunami zusammen, der im Dezember 2004 vor Sumatra entstand.**

## Eine Wand aus Wasser

Ein **Tsunami** entsteht meist an den Subduktionszonen der Erde. Dort treten besonders häufig Vulkanausbrüche und Erdbeben auf, die den Tsunami auslösen. Das bei einem **Seebeben** über dem Epizentrum liegende Wasser wird innerhalb weniger Sekunden emporgehoben. Bis zu 30 km³ Wasser können das sein. Von diesem Wasserberg breiten sich kreisförmig Wellen aus.

Im offenen Meer sind diese Wellen wegen ihrer geringen Höhe zunächst nicht als gefährlich erkennbar. Erst im flachen Wasser türmt sich der Tsunami zu einer hohen Flutwelle auf, die an Land über 30 Meter Höhe erreichen kann und eine enorme Zerstörungskraft besitzt; riesige Flächen werden überschwemmt. Einen direkten Schutz vor den Flutwellen gibt es nicht. Frühwarnsysteme sind die einzige Maßnahme, um die Tragweite einer solchen Katastrophe zu begrenzen.

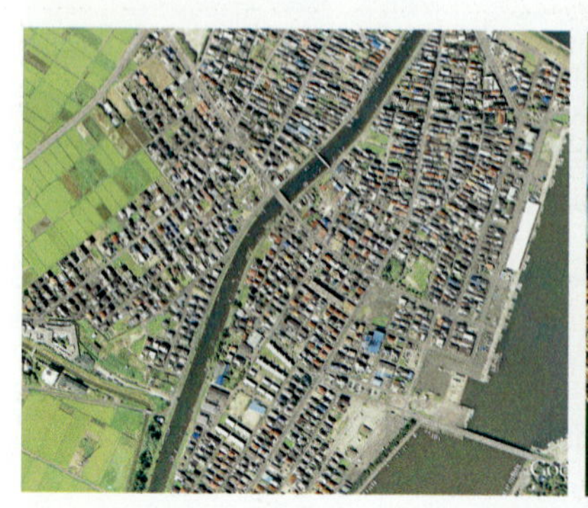

◁ M2 Der Ort Yuriage bei Sendai (Japan) vor und nach dem Tsunami im März 2011

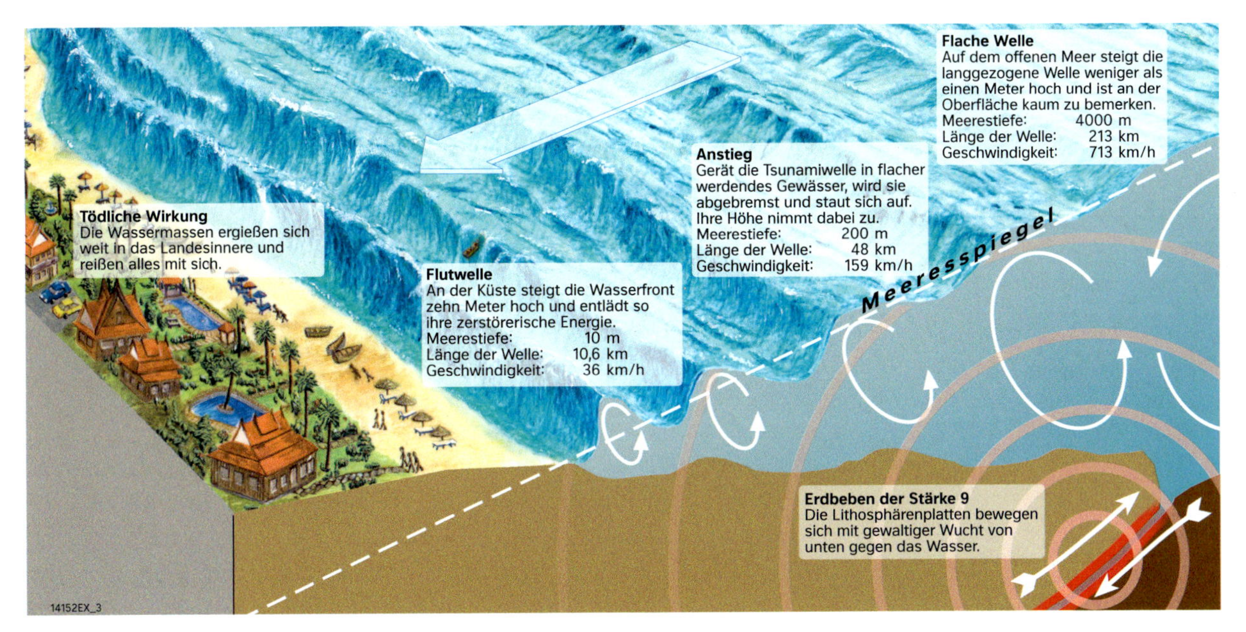


M3 Entstehung und Ausbreitung eines Tsunamis

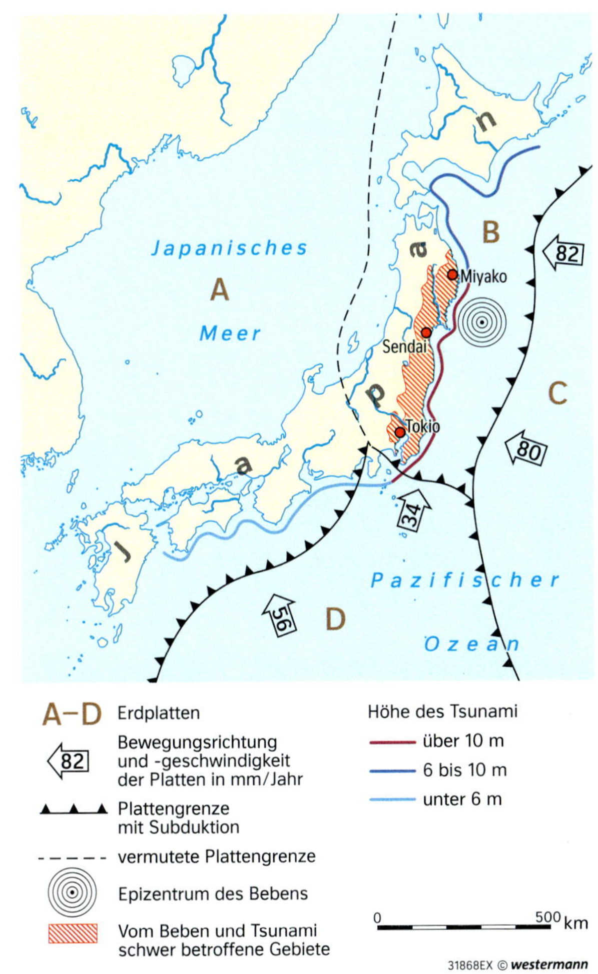


M4 Japan – Tsunami 2011

## INFO

### Tsunami

Der Begriff Tsunami kommt aus dem Japanischen und bedeutet „große Welle im Hafen“. Geprägt haben ihn japanische Fischer, die bei ihrer Rückkehr in den Heimathafen die Dörfer verwüstet vorfanden, obwohl sie während ihrer Zeit auf offener See keine größeren Wellen bemerkt hatten.

| Datum | Region | Stärke Richter-skala | Wellen-höhe | Opfer |
|---|---|---|---|---|
| 2011 | Japan | 9,0 | 10–15 m | 10000 |
| 2006 | Java | 7,7 | 4,00 m | 700 |
| 2004 | Indonesien, Thailand, Sri Lanka, Indien u.a. | 9,0 | 34,90 m | 283100 |
| 1998 | Papua-Neuguinea | 7,0 | 15,00 m | 2182 |
| 1992 | Südpazifik, Indonesien | 7,5 | 26,20 m | 1000 |
| 1976 | Philippinen | 8,1 | 5,00 m | 5000 |
| 1964 | Alaska (Berghänge rutschten ins Meer) | 9,2 | 70,00 m | 123 |
| 1960 | Chile | 9,5 | 25,00 m | 1260 |
| 1958 | Alaska (Berghänge rutschten ins Meer) | 8,3 | 520,00 m | 5 |
| 1956 | Griechenland | 7,5 | 20,00 m | 50 |
| 1946 | Alaska | 7,3 | 35,00 m | 165 |

M5 Tsunamis (Auswahl) im 21. und 20. Jahrhundert

# Ein Faltengebirge – der Himalaya

M1 Querschnitt durch den Himalaya

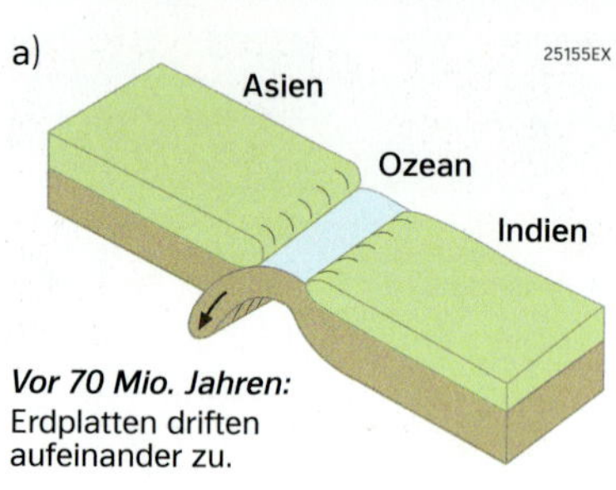


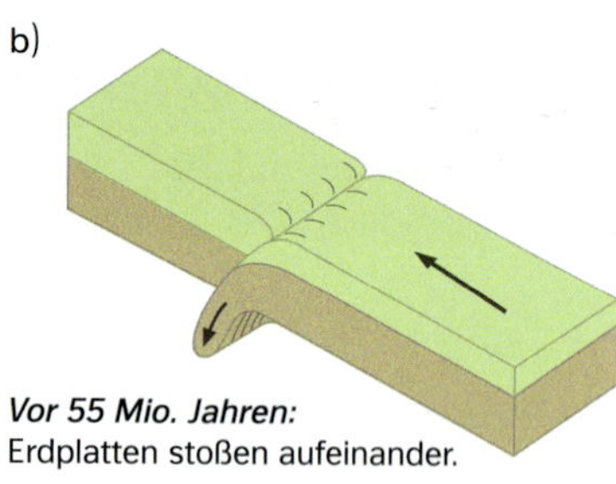


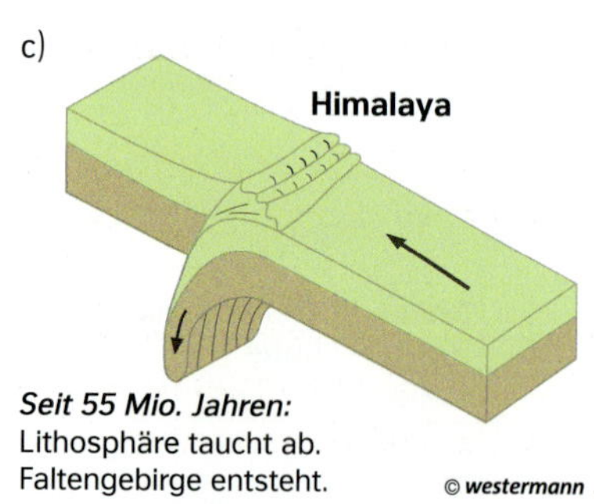


M2 Entstehung des Himalayas

## Entstanden aus der Kollision zweier Lithosphärenplatten

***Vor etwa 200 Mio. Jahren:*** Der Urkontinent Pangäa zerbricht. Seitdem driftet die Indische Platte als ein Teilstück davon nordwärts in Richtung Eurasischer Platte. Zwischen beiden Platten befindet sich zunächst ein Ozean. Dieser wird immer weiter eingeengt, da die ozeanische Lithosphäre in einer Subduktionszone in die Asthenosphäre versinkt. Die im Ozean lagernden Sedimente werden zusammengeschoben und gefaltet.

***Vor etwa 55 Mio. Jahren:*** Es kommt zur **Kollision**, dem frontalen Zusammenstoß, der kontinentalen Platten. Dabei wird der Südabschnitt der Eurasischen Platte stark angehoben. Er bildet heute das Hochland von Tibet. Wie der Balg eines Akkordeons falten sich die

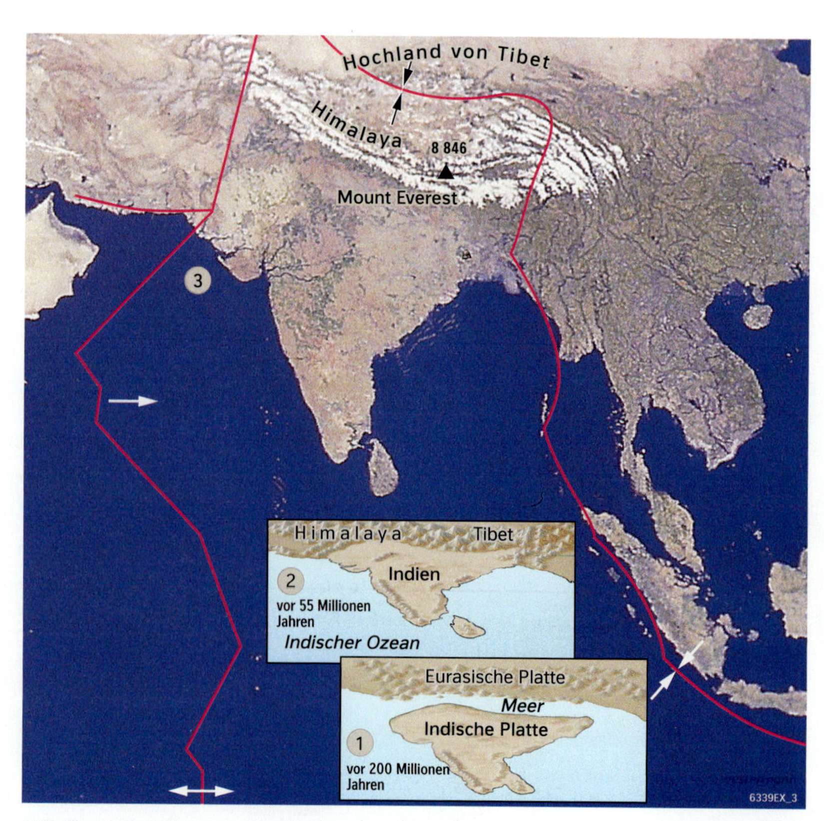


M3 Der Himalaya – entstanden durch endogene Kräfte

## INFO
### Trogtal (U-Tal)

Den Ursprung eines Trogtals stellt meist ein fluvial geformtes Tal dar. Durch Gletscherströme wurde das Tal zu einer trogartigen Form mit breiter Talsohle ausgeschürft. Das Trogtal hat steile Wände und einen flachen Talboden.

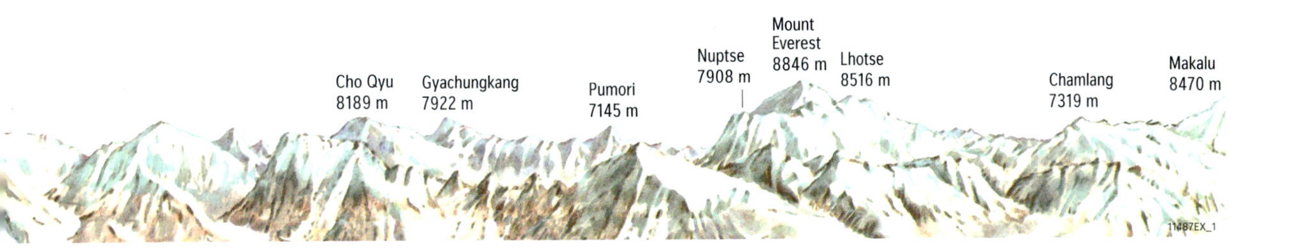


randlichen Gesteinsschichten beider Platten zusammen und werden zu einem **Faltengebirge**, dem heutigen Himalaya, emporgepresst. Das Eindringen der Indischen in die Eurasische Platte und damit auch die **Orogenese** (Gebirgsbildung) dauern bis heute an. Hebung und Abtragung sind im Gleichgewicht. Obwohl der Himalaya jährlich um rund fünf Zentimeter durch **endogene Kräfte** (erdinnere Kräfte) gehoben wird, bleibt die Gipfelhöhe weitestgehend unverändert. Gesteine werden an der Erdoberfläche durch physikalische und chemische Prozesse zerkleinert (Verwitterung, siehe S. 32) und durch **exogene Kräfte** (erdäußere Kräfte) wie Wasser, Eis und Wind sowie die Schwerkraft bewegt. Der Gesteinsschutt wird in die Täler transportiert und dort abgelagert. Der Himalaya weist typische Hochgebirgsformen auf: scharfe Grate, steile Wände, Schutthalden und U-Täler.

M4 Gefaltete Gesteinsschichten im Himalaya ▷

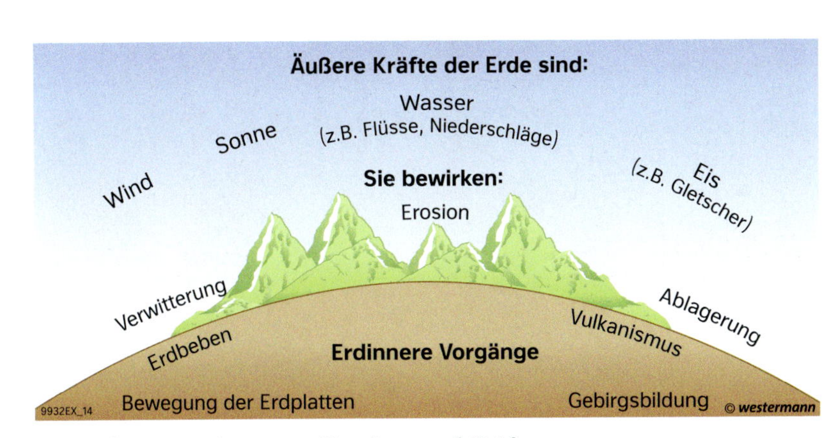


M5 Endogene und exogene Vorgänge und Kräfte

M6 Mount Everest

## AUFGABEN

1 **Beschreiben Sie die Phasen der Gebirgsbildung beim Himalaya.**

2 **Die Alpen sind in ähnlicher Weise wie der Himalaya entstanden. In Millionen von Jahren soll das Mittelmeer verschwunden sein. Versuchen Sie, dafür eine Erklärung zu finden.**

3 **Belegen Sie die folgende Aussage mit Beispielen: Die gewaltigen Gebirge der Erde entstanden und entstehen immer an gleicher Stelle, an der Nahtstelle zweier Lithosphärenplatten.**

4 **Begründen Sie den Zusammenhang von endogenen und exogenen Prozessen bei der Orogenese.**

5 **Beschreiben Sie die Entstehung eines Trogtales.**

M1 Plattengrenze auf Island

## Vulkanismus – in Island allgegenwärtig

Tatsächlich kann man an mancher Stelle auf Island mit einem Bein in Amerika und mit dem anderen in Europa stehen, jedenfalls plattentektonisch betrachtet. Island liegt auf dem mittelatlantischen Rücken auf der Grenze zweier Lithosphärenplatten (siehe S. 9 M3). Die ältesten Teile der Insel sind erst vier Millionen Jahre alt und die Insel wächst ständig weiter.

Der Ausbruch des Eyjafjallajökull-Vulkans im März 2010 (siehe Foto S. 4/5) war allerdings außergewöhnlich:

Der Vulkan liegt unter dem Gletscher Eyjafjallajökull. Aus verschiedenen Schloten des Vulkans taute ausfließende Lava das Eis des Gletschers auf. Das Magma in den Schloten kam in Kontakt mit eindringendem Wasser; es entstand eine hohe Explosionskraft. Davon zeugt die bis zu 8000 m hohe Eruptionssäule.

Der Ausbruch betraf die gesamte Nordhalbkugel. Auf Island selbst mussten zwar Menschen evakuiert werden und auch Straßen wurden überschwemmt, die Auswirkungen dort waren aber kaum aufsehenerregend. Dieser Vulkan war in vergangenen Jahrhunderten selten aktiv und eruptierte nun Aschepartikel bis in eine Höhe von acht Kilometern.

Die meisten Vulkane sehen wir nicht. Die größten Flächen auf der Erde werden von Ozeanen eingenommen. Könnten wir das Wasser zur Seite schieben, täte sich eine fast gleichgroße Fläche der Erdkruste auf, die ausschließlich aus Basalt besteht, gespeist aus Lavaströmen, die an langen Spaltensystemen der Ozeanischen Rücken aufreißen. Hier wird fortwährend neue ozeanische Kruste gebildet, die an beiden Seiten weg vom Rücken gezogen wird. Die Folge ist eine immense Produktion von Lava [...].

Auf Island ist dieser Vorgang direkt zu beobachten. Hier treffen die Produktion von Magma eines ozeanischen Rückens und die eines Hot Spots [siehe S. 28/29] zusammen.

(Nach: Ulrich Schreiber: Vulkane. Freiburg 2011, S.15 f)

M2 Vulkanismus an mittelozeanischen Rücken

Jede vulkanisch aktive Region hat spezielle Voraussetzungen. Es ist nicht so, dass man überall auf der Erde nur tief genug bohren müsste und schon hätte man Magma im Bohrloch. [ ... ] Oft reicht die Energie des in einem Schlot aufsteigenden Magmas nicht aus, sich wie ein Schneidbrenner durch mehrere Kilometer Gestein durchzuschweißen. Hierfür muss eine bestimmte Tektonik vorhanden sein.

(Nach: Ulrich Schreiber: Vulkane. Freiburg 2011, S.15 f)

M3 Muss man nur tief genug bohren ...?

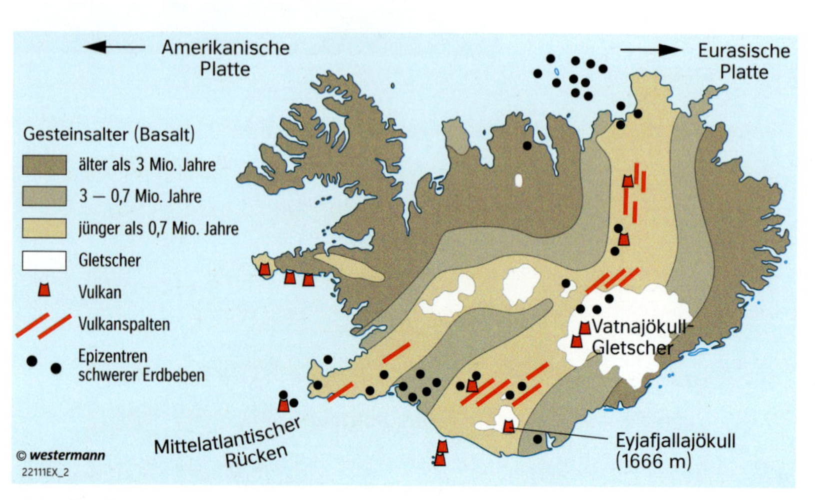


M4 Island

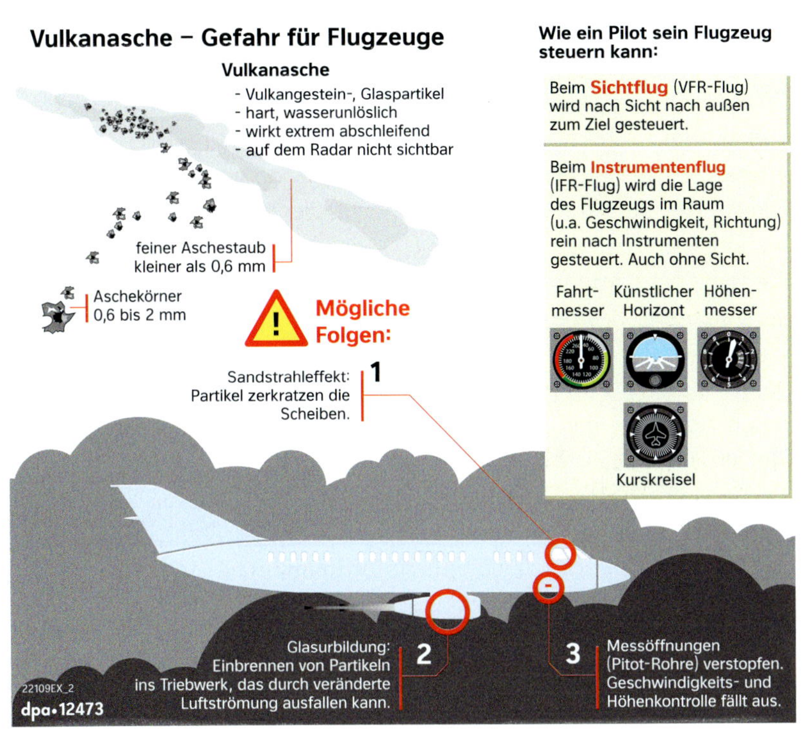


M5 Vulkanasche – Gefahrenquelle für den Flugverkehr

M8 Schließung europäischer Flughäfen im April 2010

Im europäischen Luftraum wurden mehr als 10 000 Flugverbindungen gestrichen. Allein die Fluggesellschaften hatten einen Umsatzausfall von 1,3 Mrd. Euro. In der Industrie wurden Produktionsausfälle beklagt, weil dringend benötigte Lieferungen nicht pünktlich per Luftfracht eintrafen. Wegen der tagelangen Luftraumsperrungen konnten an deutschen Flughäfen rund 50 000 t Luftfracht nicht befördert und knapp 3 Mio. Passagiere nicht abgefertigt werden.

M6 Wirtschaftliche Folgen: Schäden in Milliardenhöhe

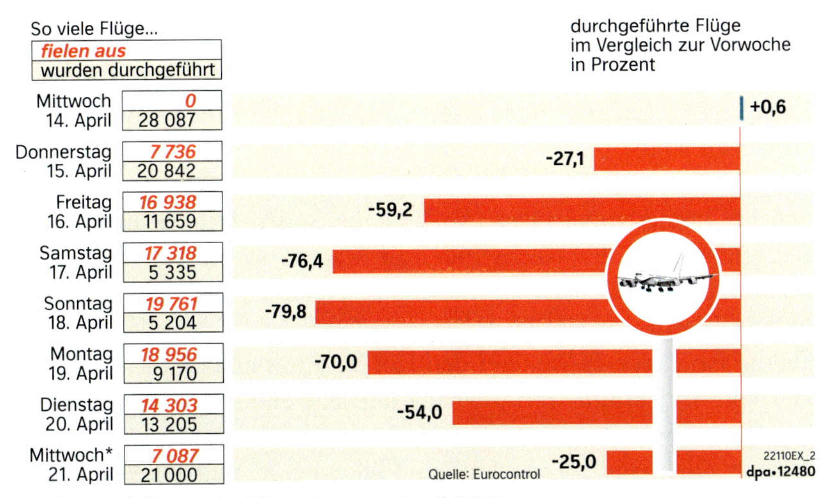


M7 Entwicklung der Flugreisen im April 2010

## AUFGABEN

1 **Erläutern Sie anhand von S. 9 M3 sowie M1 und M4, inwiefern die Plattentektonik die Ursache für Vulkanismus und Erdbeben in Island darstellt.**

2 **Verfassen Sie zum Ausbruch des Eyjafjallajökulls eine aussagekräftige Zeitungsmeldung.**

3 **Stellen Sie die Folgen des Ausbruchs des Eyjafjallajökulls übersichtlich in einem Wirkungsschema dar.**

4 **Arbeiten Sie mit dem Atlas: Erstellen Sie eine Übersicht von Regionen, die besonders stark von Vulkanismus betroffen sind. Erklären Sie die Bezeichnung „Pazifischer Feuerring".**

# Hot Spots – Brennpunkte der Erde

M1 Die Hawaii-Inseln

## AUFGABEN

*1* **Zeichnen Sie eine Skizze einer Vulkaninsel und eines Seamounts.**

*2* **a) Erklären Sie Alter und Entstehungsprozess der Hawaii-Inseln.**
**b) Erklären Sie, inwiefern die Existenz von Hot Spots als Beleg für die Kontinentalverschiebung gelten kann.**

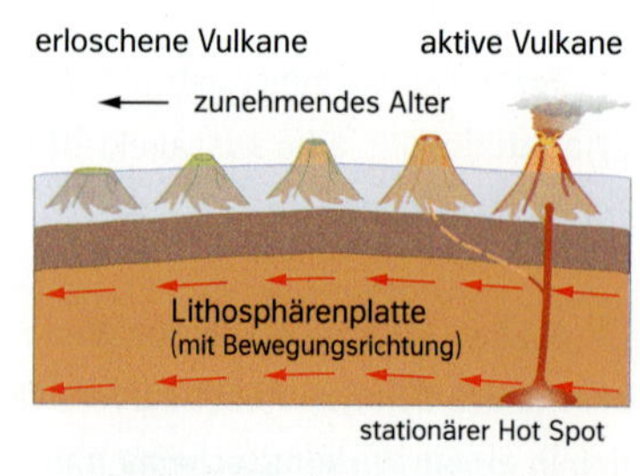


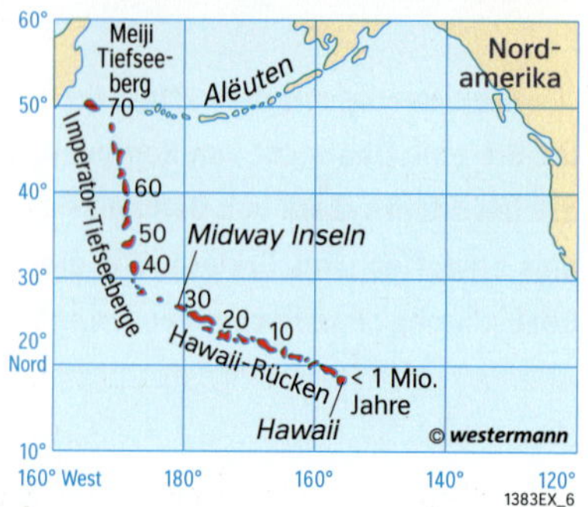


M2 Wandernde Vulkaninseln

## Schildvulkane entstehen wie am Fließband

Mitten im Pazifischen Ozean liegen die Hawaii-Inseln. Sie sind vulkanischen Ursprungs und auf manchen Inseln, wie auf der größten Insel Hawaii, gibt es aktive Vulkane. Lange Zeit wurde darüber gerätselt, warum ausgerechnet dort Vulkane entstehen konnten. Denn erloschene und aktive Vulkane treten normalerweise nur an den Plattengrenzen wie am „Pazifischen Feuerring“ auf. Die Hawaii-Inseln liegen jedoch inmitten der Pazifischen Platte. Gibt es dafür eine Erklärung?
Geologen haben entdeckt, dass sich tief unter dem Meeresboden des Pazifischen Ozeans ein **Hot Spot** befindet, ein „heißer Fleck“. Er ist im unteren Erdmantel verankert und durchtrennt die darüber liegende feste Gesteinshülle wie ein Schweißbrenner. Aus dem Hot Spot steigen schubweise große dünnflüssige Magmamassen im Abstand von mehreren Millionen Jahren auf und treten am Meeresboden aus. Die Lava breitet sich wie Brei großflächig aus. Es entstehen flache Schildvulkane, die aus zahlreichen Lavadecken aufgebaut sind.
Die meisten Schildvulkane produzieren nicht genug Lava und bleiben für immer untermeerische Vulkane, sogenannte **Seamounts**. Bei anderen ist der Nachschub von Magma jedoch so stark und beständig, dass sie sich zu mächtigen Vulkanen entwickelt haben und als Inseln aus dem Meer herausragen.
Da die Pazifische Platte über den Hot Spot mit einer Geschwindigkeit von 9,6 Zentimetern pro Jahr hinweggleitet, entstehen immer wieder neue Schildvulkane am Meeresboden. Sie werden geradezu wie am Fließband „produziert“ und bilden eine Vulkankette. Reißt der Kontakt zum Hot Spot ab, erlischt ein Vulkan.

◁ M5 Der 4169 m hohe Mauna Loa auf der Insel Hawaii (im Vordergrund ein Observatorium). Die Lavamenge des Vulkans (80 000 km³) würde ausreichen, um die gesamte Schweiz mit einer 1 km dicken Schicht zu bedecken. Die Lava aus hawaiischen Schildvulkanen ist dünnflüssig und fließt langsam. Sie stellt kaum eine Gefahr für den Menschen dar.

Die Kette der Vulkaninseln und Seamounts von Hawaii setzt sich mit einem Knick nach Norden in einem Tiefseerücken fort, den Imperator-Tiefseebergen, die im Osten von den Alëuten begrenzt werden.
Die meisten Wissenschaftler erklären diesen Knick damit, dass sich die Bewegungsrichtung der Pazifischen Platte im Laufe der Erdgeschichte verändert hätte. Der Hot Spot unter den Inseln hätte sich dagegen immer an der gleichen Stelle befunden. Die Lithosphärenplatte müsste deshalb über längere Zeit von Süden nach Norden gedriftet sein.
Einige wenige Forscher erklären diesen Knick allerdings auf andere Weise. Sie vermuten, dass sich die Lage des Hot Spots im Laufe der Erdgeschichte verändert hat. Der Hot Spot sei von Norden nach Süden gewandert und hätte dabei den Tiefseerücken geschaffen. Dann erst sei der Hot Spot zum Stillstand gekommen. Seitdem würde er an seiner heutigen Position verharren. Die Pazifische Platte hätte sich immer in die gleiche Richtung bewegt.

M3 Zwei Theorien

Zu den ältesten Vulkanen des Hawaii-Rückens zählen die Midway-Inseln; sie sind etwa 30 Millionen Jahre alt. Dann werden die mehr als 90 Hawaii-Inseln nach Süden immer jünger bis zur Hauptinsel Hawaii, die auch „Big Island" genannt wird. Sie ist „nur" etwa 800 000 Jahre alt und aus fünf Vulkanen entstanden.
Loihi heißt der jüngste Schildvulkan, der sich am Meeresboden 35 km südöstlich der Hauptinsel Hawaii gebildet hat. Sein Gipfel reicht bis 975 m unter den Meeresspiegel. Wächst der Seamount so schnell weiter wie bisher, wird er sich in 50 000 Jahren als vorläufig letztes Glied in die Kette der Hawaii-Inseln einreihen und mit der Hauptinsel Hawaii zusammenwachsen.

M4 „Nachwuchs" kündigt sich an.

## AUFGABEN

**3 Begründen Sie, dass sich anhand der Lage und des Alters der Hawaii-Inseln beweisen lässt, in welche Richtung sich die Pazifische Platte bewegt (M2, M4).**

**4 Überprüfen Sie, welche dieser Inseln / Inselgruppen und Berge / Gebirge Hot Spot-Vulkane sind: Kapverden, Tahiti, Kerguelen, Vesuv, Osterinsel, Elbrus, Tibesti (Atlas).**

M6 Der Aufbau der Hauptinsel Hawaii begann vor etwa 800 000 Jahren mit dem heute schon sehr stark erodierten Vulkan Kohala. Vor etwa 350 000 Jahren entstand der Hualalai, vor etwa 300 000 Jahren der Mouna Kea (mit 4205 m ü.NN die höchste Erhebung von Hawaii) und anschließend der Mouna Loa und der Kilauea.

M1 Das Tal der Ardèche, ein rechter Nebenfluss der Rhône (Mündung ca. 40 km nördlich von Avignon)

INFO

### Verwitterung

Die häufigste flächenhafte Wirkung exogener Kräfte ist die Verwitterung. Dabei werden Gesteine an der Erdoberfläche durch physikalische Prozesse (mechanische Zertrümmerung) und chemische Prozesse (Lösungsverwitterung) zerkleinert bzw. zersetzt und von Wasser, Wind und Eis sowie der Schwerkraft bewegt. Die Akkumulation (Ablagerung) des Gesteinsmaterials erfolgt nach dem Transport des Materials an einem anderen Ort.

M2 Frostsprengung

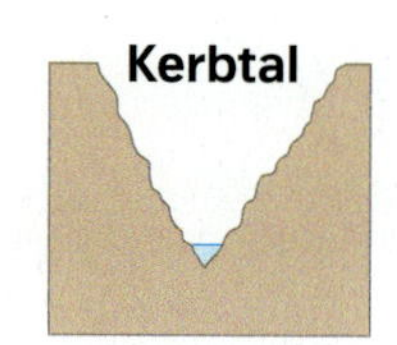


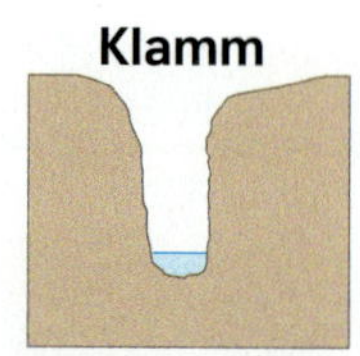


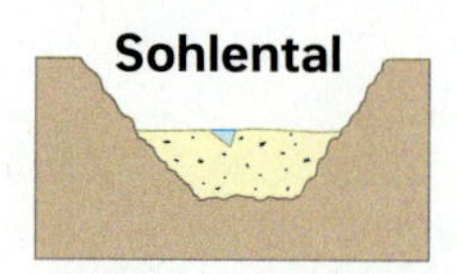


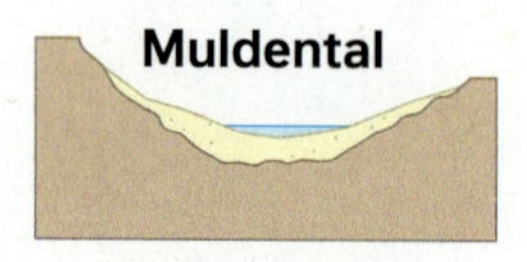


M1 Flüsse bilden Talformen aus.

## Die exogenen Kräfte

Exogene Kräfte gestalten die Erdoberfläche von außen. Sie bewirken Stoffumlagerungen, die durch die Prozesse **Verwitterung**, **Erosion**, Transport und **Akkumulation** gekennzeichnet sind.
Zu den exogenen Kräften zählen Wasser, Eis, Wind und die Sonneneinstrahlung.

***Wasser***: Fließendes Wasser (Flüsse, Bäche) gestaltet die Erdoberfläche. Im Erosionsgebiet entstehen je nach Gesteinsbeschaffenheit und Fließkraft unterschiedliche Talformen. Bei nachlassender Fließgeschwindigkeit wird das erodierte und transportierte Material akkumuliert (abgelagert). Es können Aufschüttungsebenen, Deltamündungen und Schwemmfächer entstehen. In humiden und semihumiden Gebieten sind die Voraussetzungen für die Schaffung solcher Formen gegeben.

***Eis:*** In den Abtragungsgebieten schuf das Eis als Erosionsformen Trogtäler (siehe S. 24), Fjorde (siehe S. 40), Rundhöcker und Schären (siehe S. 40), in den Akkumulationsgebieten dagegen große Teile der glazialen Serie (siehe S. 34/35). Viele durch das Eis entstandene Formen stammen aus der Eiszeit. Heute verändern vor allem die Gletscher der Hochgebirge, Grönlands und der Antarktis das Relief.

***Wind:*** Vor allem vegetationslose Flächen werden durch Auswehung von Material erodiert. Sand- oder Staubstürme haben Dünen und Lössdecken als typische Akkumulationsformen zur Folge (M3).
Des Weiteren führen Meereswellen, die durch den Wind angetrieben werden, zu einer ständigen Veränderung der Küsten (siehe S. 42/43).

Auch der Mensch wirkt aufgrund seiner Eingriffe in die Landschaft (z. B. Bergbau, Landwirtschaft) als exogene Kraft.

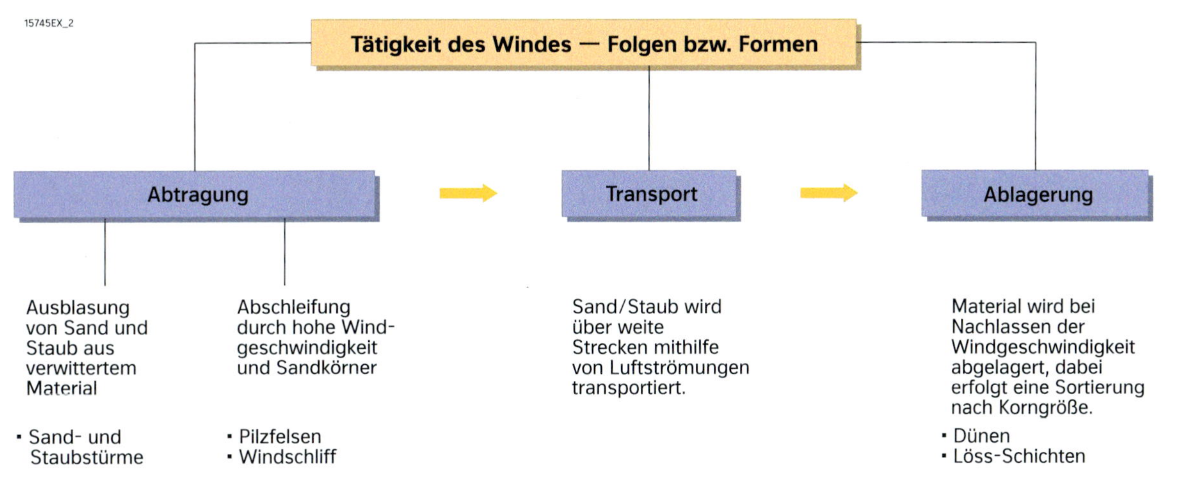


M3 Schema zur Tätigkeit des Windes

M4 Pilzfelsen, entstanden durch Winderosion

## AUFGABEN

**1** **Beschreiben Sie Ergebnisse des Wirkens der exogenen Kräfte Wasser, Wind, Eis und Mensch. Gehen Sie dabei auch auf Erosion, Transport und Akkumulation ein.**

**2** **Der Natur abgeschaut: Mithilfe von Sandstrahlgebläsen werden Rost oder Farben von Oberflächen entfernt. Erläutern Sie.**

M5 Der Mensch greift in die Landschaft ein: Kupfermine und Terrassenfeldbau

M1 Findling in der Lüneburger Heide

## AUFGABEN

1 **Beschreiben Sie die Ausdehnung der letzten Vereisung in Europa und vergleichen Sie sie mit der heutigen Lage von Gletschern (Atlas).**

2 **Erklären Sie die Entstehung der einzelnen Elemente der glazialen Serie sowie der Lössablagerungen während einer Eiszeit (M3).**

3 **Erläutern Sie Zusammenhänge zwischen der heutigen Bodennutzung in Norddeutschland und dem Wirken des Eises.**

## Landschaftselemente im Norddeutschen Tiefland

*15 000 Jahre v. Chr.: Über Skandinavien liegt schon seit vielen Tausenden von Jahren ein bis zu 4000 m mächtiger Eispanzer, dessen Ausläufer sich als Gletscher in Richtung Mitteleuropa vorschieben. Leben ist in Norddeutschland unter den polaren bis subpolaren Klimabedingungen kaum möglich.*

Im Laufe der Erdgeschichte veränderte sich das Klima immer wieder. Gerade in den letzten zwei Millionen Jahren wechselten sich **Eiszeiten** und Warmzeiten häufig ab. **Gletscher** reagieren sehr empfindlich auf solche Klimaschwankungen. Im Allgemeinen gilt, dass sich bei Niederschlägen Schnee auf der Gletscheroberfläche (Nährgebiet) anhäuft, der mit der Zeit durch sein zunehmendes Gewicht verfestigt und schließlich zu Gletschereis wird. Der Druck sorgt auch für ein langsames Abfließen der Eismasse in wärmere Gebiete, wo sie dann an der Gletscherzunge abschmilzt (Zehrgebiet). Wird es kälter, sammeln sich mehr Schneemassen auf dem Gletscher, er wird größer und stößt weiter vor. Bei einer Klimaerwärmung dagegen schmilzt das Eis des Gletschers im Zehrgebiet ab und die Gletscherzunge verlagert sich zurück.

Norddeutschland war mehrfach von Eis bedeckt. Das Landschaftsbild und die Nutzungsmöglichkeiten des Norddeutschen Tieflandes in der heutigen Warmzeit sind das Ergebnis dieser Eiszeiten.

Die Gletscher schoben aufgrund ihrer Masse einen als Endmoräne bezeichneten Wall vor sich her. Unter dem Eis befand sich die sogenannte Grundmoräne. Das Moränenmaterial bestand aus Lehm mit Steinen und wird als „Geschiebe“ bezeichnet. Zum Teil wurde es über Tausende Kilometer vom Gletschereis transportiert und dabei mehr oder weniger zerkleinert. So wurden auch die teilweise riesigen, tonnenschweren **Findlinge** in der Eiszeit aus Skandinavien nach Norddeutschland transportiert. Die starken Schmelzwasserströme der Gletscher spülten Feinmaterial aus den Moränen und lagerten es vor den Endmoränen ab. Meist handelte es sich um vom Wasser sortierten Kies und Sand, sodass diese Akkumulationsgebiete Sander genannt werden. Die Abflussrinnen vereinigten sich zu großen Strömen, die durch ein Urstromtal zum Meer flossen. Elbe und Weser fließen beispielsweise in ihrem Unterlauf durch ehemalige Urstromtäler.

Diese typische Abfolge der Landschaftselemente Grundmoräne, Endmoräne, Sander und Urstromtal wird als **glaziale Serie** bezeichnet.

Von den kalten Gletscheroberflächen wehte ständig ein Wind bis weit ins Vorland herab. Er blies aus den Sanderflächen und Überschwemmungsgebieten der Urstromtäler Gesteinsstaub aus, der sich als Löss ablagerte.

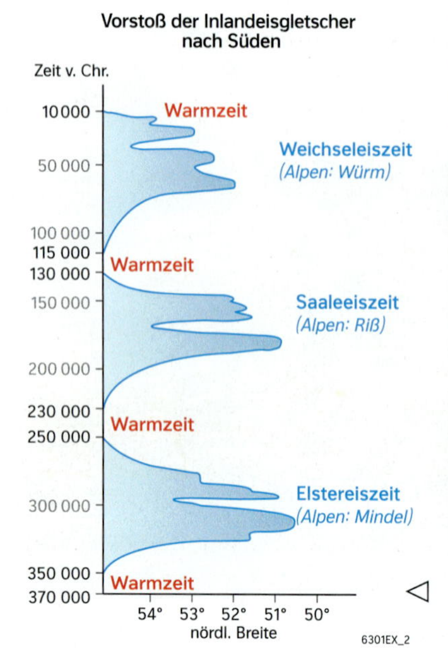


◁ M2 Wechsel von Eiszeiten und Warmzeiten in der neueren Erdgeschichte

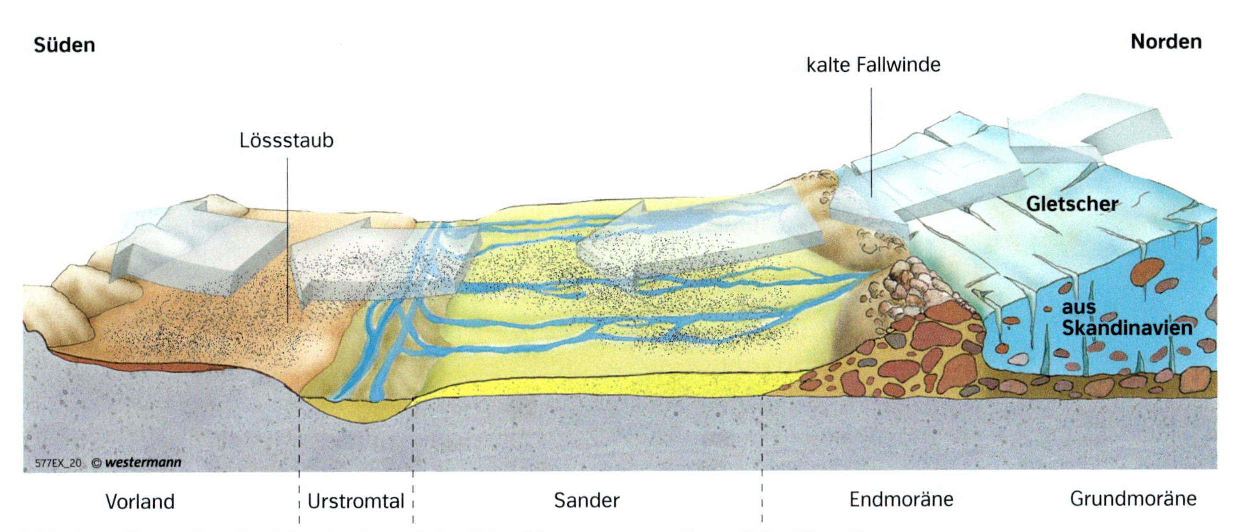


M3 Entstehung der glazialen Serie und der Lössablagerungen während der Eiszeit

| Landschaft | Börde | Urstromtal | Sander | Endmoräne | Grundmoräne |
|---|---|---|---|---|---|
| **Relief** | flach geneigt bis flachwellig | Senke zwischen Uferböschungen | flach | deutlich hügelig | flachwellig |
| **Material** | Löss | Auelehm | Sand, Kies (größensortiert) | Lehm mit Steinen und Findlingen (Geschiebe) | Lehm mit Steinen und Findlingen (Geschiebe) |
| **Böden** | sehr fruchtbar | fruchtbar, aber nass | nährstoffarm, trocken | fruchtbar | fruchtbar |
| **Verbesserungsmaßnahmen** | kaum erforderlich, wenig düngen | Entwässerung, dann nutzbar | stark düngen, in trockenen Sommern bewässern | mäßig düngen, Steine entfernen | mäßig düngen, Steine entfernen |
| **typische Nutzung** | Ackerbau; vor allem Zuckerrüben, Weizen und anderes Getreide | Wiesen/Weide, nach Trockenlegung Ackerbau möglich | Kartoffeln, Gerste, Wiesen/Weiden, Nadelwald | Laub-/Nadelwald, Wiesen/Weiden, Ackerbau auf nicht zu steilen Bereichen | überwiegend Ackerbau, Wiesen/Weiden |

M4 Eigenschaften und landwirtschaftliche Nutzung der Börde sowie der Elemente der glazialen Serie

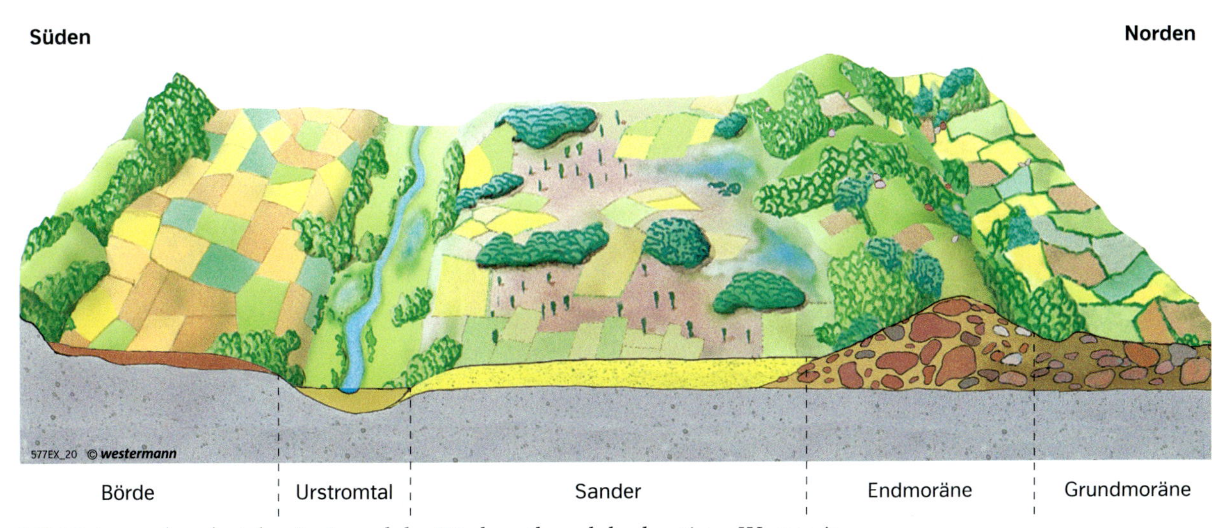


M5 Nutzung der glazialen Serie und der Börde während der heutigen Warmzeit

INFO

**Mäander**

Am Prallhang (Mäander-Außenseite) sorgt der Stromstrich mit der höchsten Fließgeschwindigkeit für Seitenerosion. Am Gleithang (Mäander-Innenseite) ist die Strömung sehr gering; hier erfolgt eine Akkumulation. Durch stete Seitenerosion und Akkumulation verlagert der Mäander ständig sein Bett.

AUFGABEN

1 **Entwickeln Sie für die Abschnitte im Fluss-Schema Zusammenhänge zwischen Gefälle, Tiefenerosion und Akkumulation (M1, M2).**

2 **Nennen Sie Beispiele für Flussabschnitte mit mäandrierendem Verlauf in Deutschland und Europa (Atlas).**

3 **Zeichnen Sie eine beschriftete Skizze des möglichen zukünftigen Verlaufs des Baches in M5.**

## Die Kraft des Wassers bildet Täler aus

Quell-, Regen- und Schmelzwasser fließt in der Natur immer dem Gefälle folgend bis zum niedrigsten Punkt, dem Meer. Dabei muss das Wasser Hindernisse umfließen oder sich vor ihnen zu einem See aufstauen, bis die Hindernisse an der niedrigsten Stelle überflossen werden können.
In der Regel entspringen die Flüsse im Gebirge und sammeln auf ihrem Weg zum Meer das Wasser zahlreicher Nebenflüsse, sodass die Abflussmenge stets zunimmt. Als Flusseinzugsgebiet wird die Fläche bezeichnet, die von einem Fluss entwässert wird. Die Linie zwischen zwei Flusseinzugsgebieten heißt Wasserscheide.
Fließendes Wasser kann, ähnlich einem Wasserstrahl, auf seinem Weg Material wie Gestein oder Boden erodieren und transportieren. Sobald es wieder langsamer fließt, werden die schweren Anteile der Fracht nicht mehr mitgeführt. Es kommt zur Akkumulation.
Die Erosionswirkung des Wassers hängt von dem Gefälle ab. Auch die im Verlauf wechselnden Eigenschaften des Untergrundes spielen eine Rolle. Schematisch unterscheidet man Flussabschnitte in Ober-, Mittel- und Unterlauf, die jeweils bestimmte Eigenschaften aufweisen.
Im Oberlauf sorgt das hohe Gefälle für eine starke **Tiefenerosion** des Flusses bei gleichzeitiger seitlicher Hangabtragung. So entstehen in den Mittelgebirgen meist Kerbtäler mit einem typischen V-Profil. Unter extremen Bedingungen, bei starker Tiefenerosion und geringer **Seitenerosion** kann ein Fluss sogar senkrechte oder oben überhängende Talflanken einschneiden (Klamm) (siehe auch S. 32 M1). Im Längsverlauf kann es entweder nur ein Flussbett oder verwilderte Flussabschnitte mit vielen Flussarmen und dazwischenliegenden Flussinseln geben.
Die **Mäander** (Flussschlingen) entstehen durch Seitenerosion und Akkumulation auf den gegenüberliegenden Seiten.

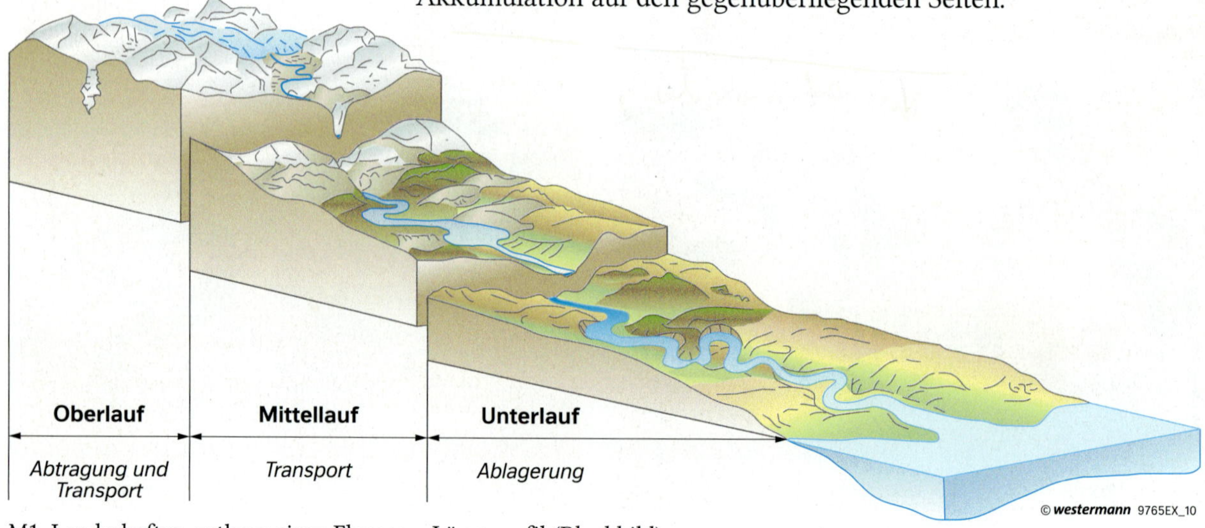


M1 Landschaften entlang eines Flusses – Längsprofil (Blockbild)

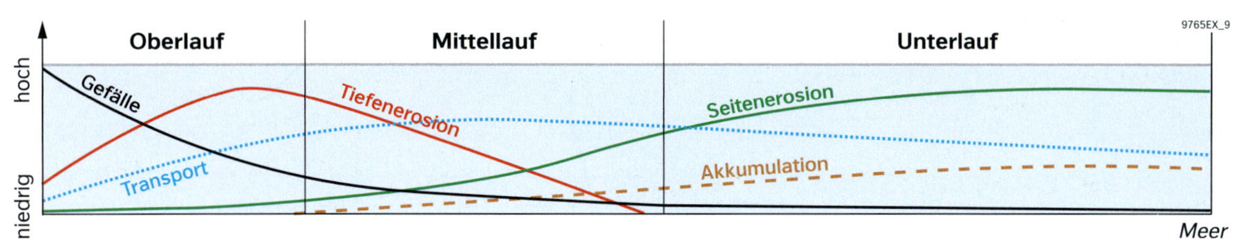


M2 Ablaufende Prozesse entlang eines Flusses (Längsprofil, Schema)

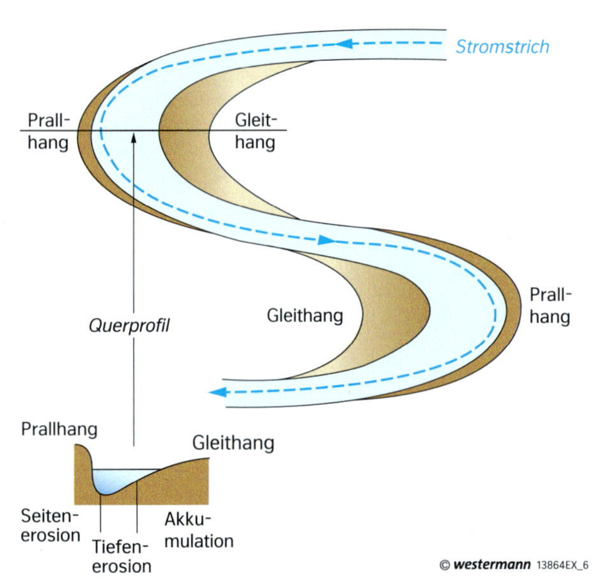


M3 Ausbildung von Prallhang und Gleithang

M5 Mäandrierender Bach

M4 Klamm

M6 Kerbtal

# Satellitenbilder auswerten

M1 3D-Ansicht des Rheintals bei Breisach; Blick nach Norden auf den Kaiserstuhl; Höhe: 15 km („Diercke Globus Online", Menü: Optionen → Höhenprofile → 400 % (Gebirge sind viermal so hoch dargestellt wie in der Natur.); Ebenen → unter 20 000 (Orte mit unter 20 000 Einwohnern sind nicht sichtbar.)

## Von Flussmäandern und Altwassern

Satellitenbilder eröffnen uns die Möglichkeit, einen größeren Landschaftsausschnitt im Überblick zu betrachten. Die Bilder sind uns durch den Computer sehr leicht zugänglich, zum Beispiel durch „Diercke Globus Online" und „Google Earth". Sie zeigen die Erde aus großer Höhe („Diercke Globus Online" aus 15 km bis 12 800 km Höhe).

Beim Satellitenbild des Oberrheins (M2) zeigt sich klar die Gliederung der Landschaft in das bewaldete Gebirge im Westen und das Rheintal mit seinen Feldern und Siedlungen. Vergrößert man das Bild (von etwa 90 km auf 15 km Höhe) werden Einzelheiten deutlich. So sind Felder zu unterscheiden (Weinberge, Ackerflächen). Am Rhein sind die Auswirkungen der Flussbegradigung zu erkennen: Der Flusslauf mit seinen zahlreichen Mäandern wurde verkürzt. Der Rhein fließt in einem gleichmäßigen Bett. Rechts und links ist **Altwasser** zu sehen; das sind die abgetrennten Altrheinarme. Sie sind stehende Gewässer, meist ohne Verbindung zum Fluss, gesäumt von dichten Auenwäldern. Rheinaufwärts von Basel bis Breisach verläuft neben dem Fluss ein breiter Kanal, der Rheinseitenkanal (M1). Hier sind Flussbett und ausbetonierter Kanal über weite Strecken überhaupt nicht mehr miteinander verbunden. Der Fluss ist in großen Teilen von Deichen umgeben.

### AUFGABEN

**1** **Erstellen Sie zum Satellitenbild M2 eine Skizze, in der Waldflächen, Felder und Siedlungen unterschiedlich gekennzeichnet sind.**

**2** **a) Beschreiben Sie die in M1 und M2 erkennbaren Maßnahmen der Rheinbegradigung.**
**b) Erklären Sie den Zusammenhang von Flussmäandern, Flussbegradigung und Altwassern (Internet).**

**3** **Verfolgen Sie im „Diercke Globus Online" den Rheinlauf von Breisach bis Speyer im 3D-Modus (M1). Beschreiben Sie, welche zusätzlichen Erkenntnisse man aus dieser Ansicht gewinnen kann.**

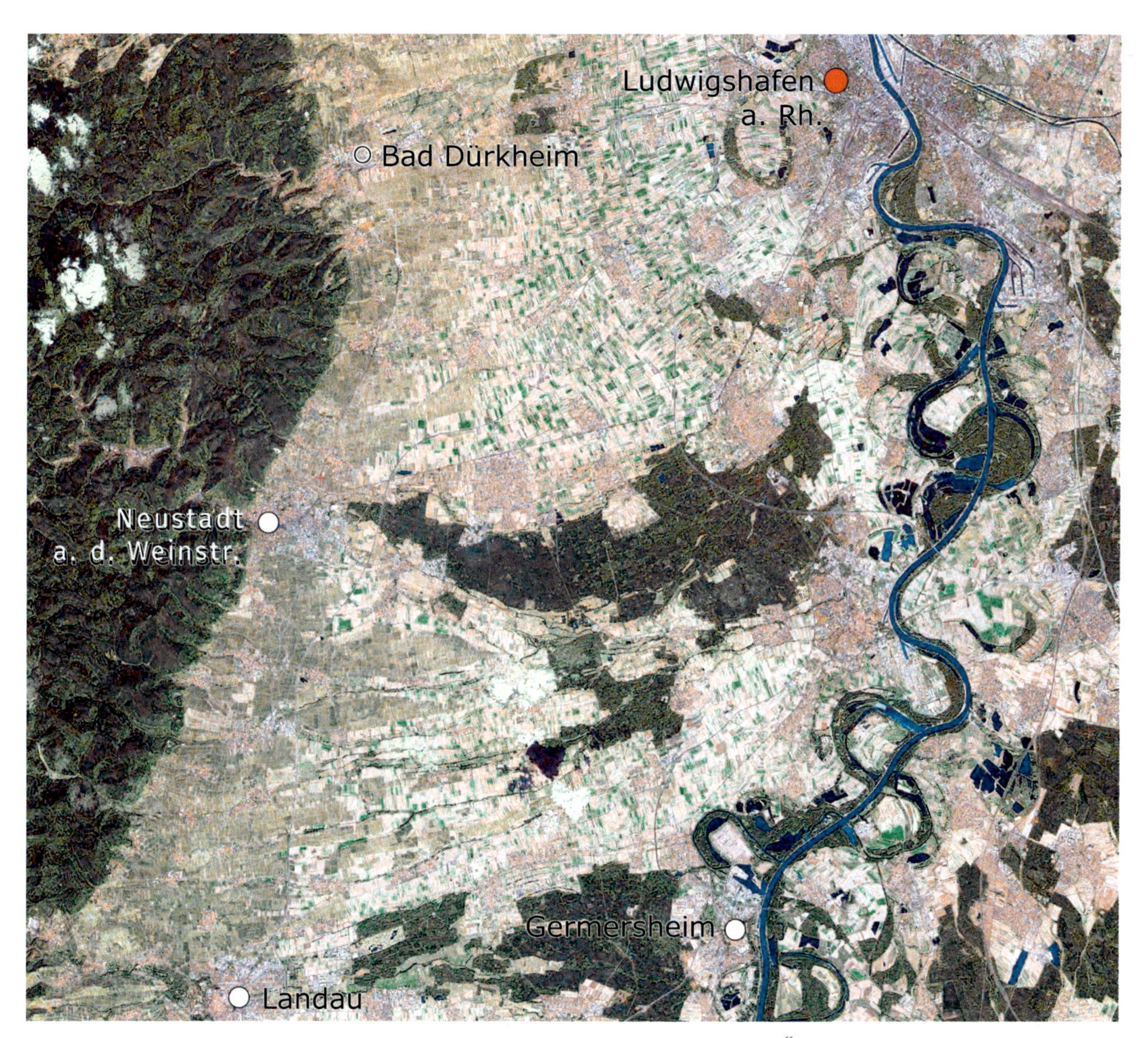


M2 Das Rheintal südlich von Speyer, Höhe: etwa 90 km („Diercke Globus Online“)

## Leitfaden zur Auswertung eines Satellitenbildes

**1. Vorbereitung**
Finden Sie Folgendes heraus:
Welchen Raum zeigt das Bild? Wie groß sind die Entfernungen? (M2 z. B. 45 km x 30 km – Dies kann man aus dem Vergleich mit einer Atlaskarte erschließen.) Aus welcher Höhe wurde das Bild aufgenommen? Wo ist Norden im Bild? Wann wurde das Bild aufgenommen (z. B. Jahreszeit)?

**2. Beschreibung**
Gliedern Sie den Bildausschnitt in verschiedene Teilräume (vor allem nach der Farbgebung). Beschreiben Sie einzelne besonders auffällige Objekte (Städte, Flughäfen, Seen usw.).

**3. Interpretation**
Erklären Sie nun das, was Sie beschrieben haben. Das geht natürlich umso besser, je mehr Sie über den Raum wissen und je mehr zusätzliche Informationen Sie sich verschafft haben. *Achtung:* Nutzen Sie die Möglichkeiten, am Computer das Bild zu vergrößern oder die 3D-Ansicht einzuschalten!

M1 Schären

## Fjorde und Schären

Wer schon einmal an Nord- oder Ostseeküste war, wird wissen, dass es verschiedene Küstenformen gibt. Überall auf der Erde werden die Küsten von exogenen Kräften verändert, das heißt, es erfolgen Erosionen und Akkumulationen. Je nach dem Zusammenspiel der exogenen Kräfte entstehen unterschiedliche Küstenformen.
An den Küsten Norwegens formten Gletscher während der Eiszeit tiefe Täler, die **Fjorde**, die das Meer überschwemmte (M5, M6). Die Felswände der Fjorde sind bis zu 1000 m hoch, und ebenso tief geht es unter Wasser bis zum Meeresgrund. Die spärlichen Siedlungen an den schmalen Küstenstreifen waren lange Zeit nur mit dem Schiff zu erreichen. Auch heute sind die regelmäßig verkehrenden Postschiffe der Hurtigruten noch ein wichtiges Verkehrsmittel an der norwegischen Küste zwischen Bergen und dem Nordkap.
Ebenfalls ein Werk der eiszeitlichen Gletscher sind die **Schären**. Die Hunderte von kleinen Inseln im Meer sind entstanden, als während der letzten Eiszeit das Inlandeis das darunter liegende Gestein abgeschliffen hat. So bildete sich die flache, abgerundete Form der Schären. Nach dem Abschmelzen der Gletscher blieben Rundhöcker zurück, die heute aus dem Wasser ragen.

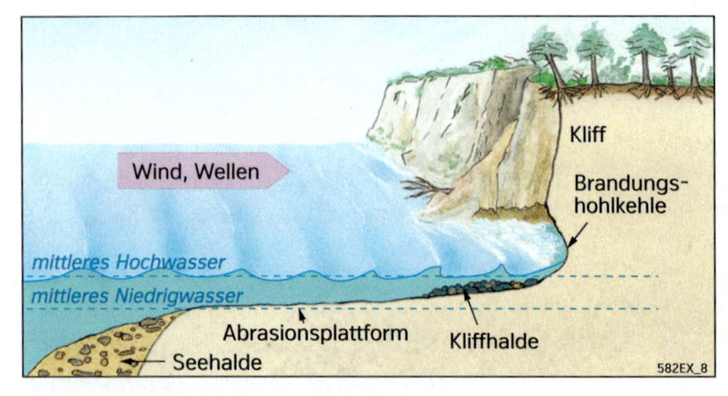

M2 Steilküste

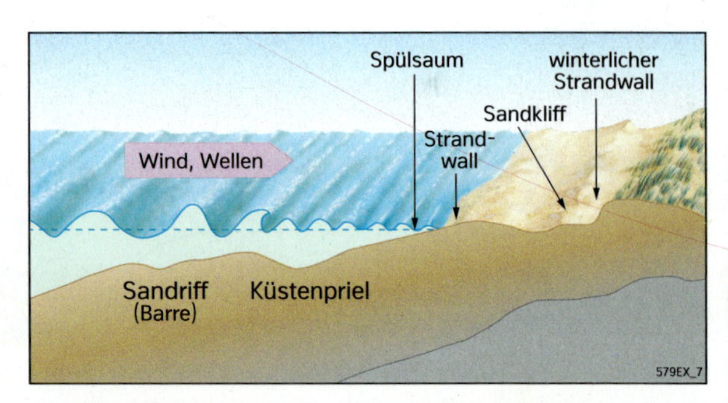

M4 Flachküste

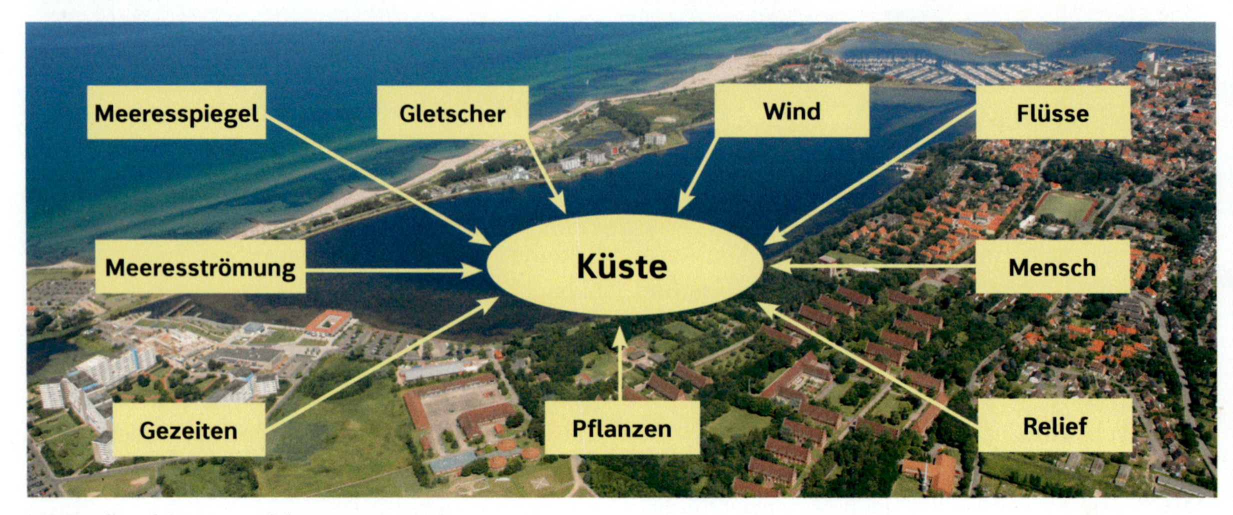

M3 Einflussfaktoren auf die Küstengestalt

## Abbrüche am Kliff

Auf Deutschlands größter Insel Rügen kommt es immer wieder zu unkontrollierbaren Abbrüchen der Steilküste. Etwa 70 m hoch und 40 m breit war das **Kliff**, dessen Wand im August 2011 nordöstlich von Sassnitz in die Ostsee gerutscht ist. Tagelange Regenfälle waren in die Risse und Spalten der Steilküste eingedrungen und hatten die Kreidefelsen-Wand zum Rutschen gebracht. Die abgebrochene Geröllmasse schob sich bis zu 100 m in die Ostsee hinein. Ihr Volumen von rund 30 000 m³ entspricht rund 750 Lkw-Ladungen.
Auf Rügen und an anderen Steilküsten sorgen Brandungswellen, die gegen das Kliff schlagen, dafür, dass das Kalkgestein ausgehöhlt wird. Darüber können Felsüberhänge entstehen, die schließlich abbrechen, wie es zum Beispiel auch auf Sylt der Fall ist. Das abgebrochene Material wird von der Brandung weitergetragen und vergrößert die Abrasionsplattform.

M7 Kliff auf der Insel Rügen (Kreidefelsen)

M5 Geirangerfjord in Norwegen

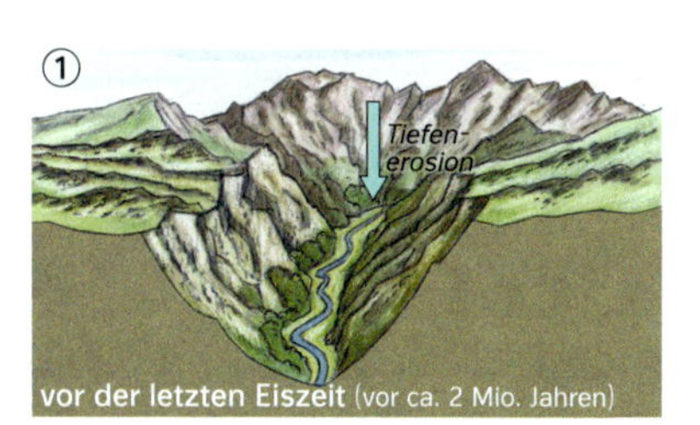

M6 Entstehung eines Fjordes

## AUFGABEN

**1** **Vergleichen Sie den Aufbau einer Steilküste mit dem einer Flachküste (M2, M4).**

**2** **Erklären Sie die Entstehung einer Seehalde und einer Kliffhalde an der Steilküste (M2 und Text S. 41).**

**3** **Erklären Sie die Entstehung eines Fjordes (M5, M6).**

**4** **Begründen Sie die Aussage: „Schären- und Fjordküsten stellen Verkehrshindernisse dar.“ (M1, M5, Atlas).**

# Entstehung von Küstenformen

M1 Dünen bei List auf der Insel Sylt

## Nehrungsküsten durch Wind und Meeresströmungen

Der Wind ist eine exogene Kraft. Durch ihn gelangte während der letzten Eiszeit der fruchtbare Löss in die heutigen Börden (siehe S. 34/35). Eine vom Wind geschaffene Landschaftsform sind beispielsweise auch die Dünen.
Neben Wasser und Eis kann der Wind im Zusammenwirken mit der Meeresströmung Küstenlandschaften gestalten. Im Bereich von Heiligenhafen (Schleswig-Holstein) an der Ostsee kann man erkennen, wie durch das Zusammenwirken von Wind und Meerwasser die Küstenlinie in der Vergangenheit stark verändert wurde.
Die aus den hier vorherrschenden Westwinden entstehende westöstliche küstennahe Meeresströmung erodiert nach und nach das ins Meer hineinragende Land. Vor Buchten, in denen sich die Wasserbewegungen beruhigen, wird das Material abgelagert. Es werden zunächst unter dem Wasserspiegel liegende Sandbänke aufgebaut. Wachsen diese über den Wasserspiegel hinaus, greift der annähernd küstenparallel wehende Wind ein. Es kommt zur Dünenbildung. Wind und Meeresströmung transportieren die Sandkörner, sodass erst Sandhaken und dann **Nehrungen** entstehen. Zwischen der Nehrung und der Küstenlinie liegt ein **Haff**, das später zu einem Strandsee wird.
Eine durch das Zusammenspiel des Windes und des Wassers gebildete Küstenform ist die Haff- und Nehrungsküste an der deutschen Ostsee. Aus einer ehemals stark gegliederten Küste wird eine verhältnismäßig geradlinig verlaufende **Ausgleichsküste**.

## Flussdeltas verändern die Küstenlinie

Wenn kleinere Flüsse ins Meer münden, verlangsamt sich die Strömung im Fluss bis zum Stillstand, da sich das fließende Wasser mit dem Wasser im Meerwasser vermischt und in diesem Bereich kein Gefälle mehr vorhanden ist.
Große Flüsse hingegen, wie der Mississippi und der Amazonas, können noch viele Kilometer nach ihrer Mündung in den Ozean eine schwache Strömung beibehalten. Weil mit abnehmender Strömungsgeschwindigkeit die Fähigkeit zum Materialtransport sinkt, wird gröberes Material an der Mündung abgelagert, feineres Material etwas weiter ins Meer transportiert und erst dort abgelagert. Hierbei bilden sich Mündungsarme des Flusses, die sich flussabwärts immer weiter verzweigen. Damit verlagert sich die Mündung des Flusses ins Meer hinein und bildet neues Land. Als Folge wächst das Delta hundert oder tausend Jahre in eine Richtung, bevor es dann beginnt, sich in eine andere Richtung auszudehnen.
Heute rechnet man beim Mississippi mit einer jährlichen Vorverlagerung der Küstenlinie von 40 bis 100 m.

### AUFGABEN

**1** **a) Erläutern Sie die Veränderung der Küstenlinie bei Heiligenhafen (M2, M4).**
**b) Nennen Sie mögliche Folgen für den Ort Heiligenhafen.**

**2** **a) Erstellen Sie eine Kartenskizze des Mississippi und seiner größten Nebenflüsse (Atlas).**
**b) Beschreiben Sie das Einzugsgebiet des Flusses.**
**c) Die Region, in der der Mississippi in den Golf von Mexiko mündet, wird als „Dead Zone" bezeichnet. Ermitteln Sie mithilfe des Atlas, welche Eintragungen des Flusses zur „tödlichen Fracht" werden können.**

**3** **Stellen Sie die Veränderung des Mississippi-Deltas dar (M3, M5).**

**4** **Erläutern Sie, warum an Küsten mit starken Gezeitenunterschieden eine Deltabildung nur eingeschränkt stattfindet.**

INFO

### Haff- und Nehrungsküste

Haffs entstehen, wenn Nehrungen durch Sandverfrachtungen den flachen Buchten vorgelagert werden. Ins Meer mündende Flüsse sorgen dafür, dass Haffs zum Meer hin geöffnet bleiben.

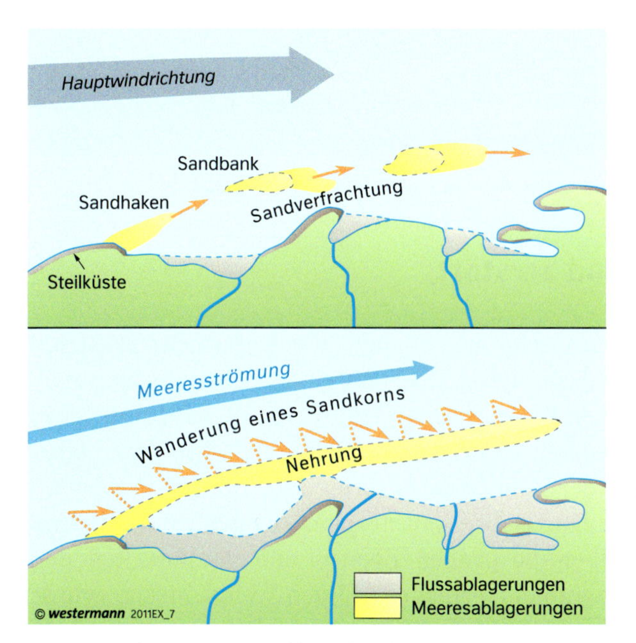


M2 Entstehung einer Haff- und Nehrungsküste

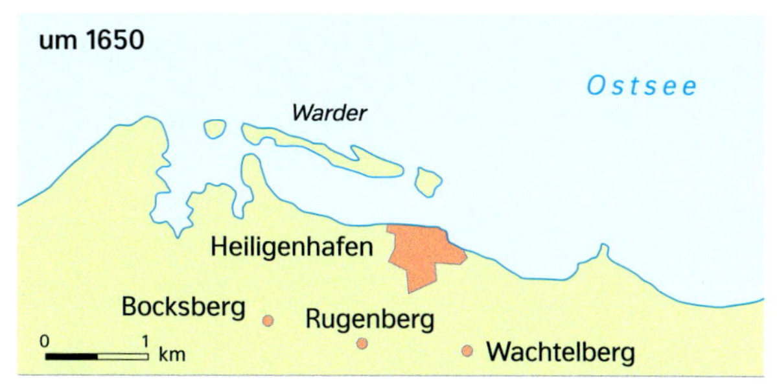

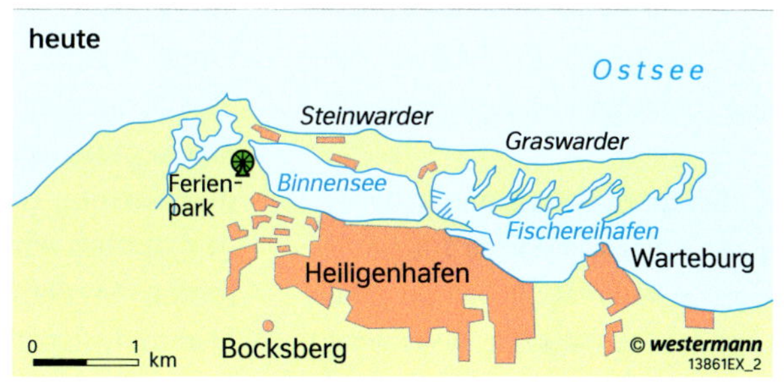


M4 Veränderungen der Küstenlinie bei Heiligenhafen (heutiges Foto siehe S. 40 M3)

M3 Veränderungen der Ausdehnung des Mississippi-Deltas

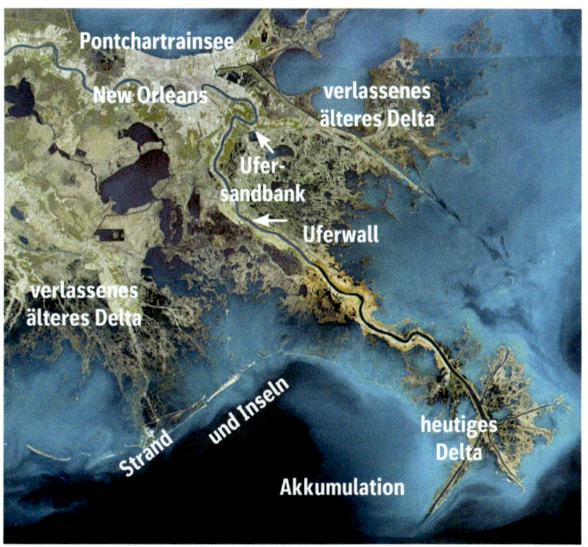


M5 Mississippi-Delta heute

# Formung der Landschaft durch Wind

M1 Herankommender Sandsturm

M3 Badlands im US-Bundesstaat Oklahoma

## AUFGABEN

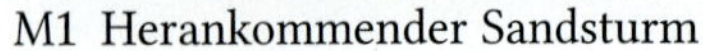

1 **Entwerfen Sie ein Informationsblatt zum Thema „Sandstürme" mit ihren Ursachen und Auswirkungen.**

2 **Gestalten Sie ein Informationsblatt zu einem aktuellen Sturmereignis (Internet). Gehen Sie auf die Lage des Sturms, seine Ausdehnung und Dauer ein. Machen Sie Angaben zu Schäden und möglicherweise den Ursachen des Sturms.**

## Wenn Wind Land zerstört

Als Dust Bowl (Staubschüssel) erlangte die Region der mittleren Great Plains (USA) in den 1930er-Jahren traurige Berühmtheit. Weiße Siedler kamen in der zweiten Hälfte des 19. Jahrhunderts in die Region nordwestlich von Oklahoma City. Viele von ihnen wurden Farmer. Nach der Rodung des Präriegrases für den Weizenanbau hatten einige Dürrejahre katastrophale Folgen. **Sandstürme** fegten tagelang über die großen Ebenen und verdunkelten den Himmel; Ernten wurden vernichtet. Durch Winderosion wurde wertvoller Ackerboden abgetragen. Der starke Wind transportierte unzählige Sandkörnchen und wirkte wie Schleifpapier. Zurück blieb eine Art Mondlandschaft (M3). Dieses für jede landwirtschaftliche Nutzung unbrauchbare Land wird seitdem „Badlands" genannt. Etwa 600 000 Farmer litten damals Hunger und mussten ihren Besitz aufgeben. Viele verließen die Great Plains. Die 1930er-Jahre blieben nicht die letzten Trockenjahre in dieser Region. Aber auch in vielen anderen Teilen der Erde gibt es Sandstürme.

### Verheerender Sandsturm in Mecklenburg-Vorpommern kein Einzelfall

*11.04.2011* Ein Sandsturm auf der A19 südlich der Stadt Rostock löste eine Massenkarambolage mit acht Toten und 131 Verletzten aus. Beiderseits der Autobahn befanden sich weiträumig Felder, die brach lagen. Zum Zeitpunkt des Unfalls waren sie sehr trocken, da es seit Wochen nicht mehr geregnet hatte. Sturm wirbelte den Ackerboden vor sich her. Fahrer, die auf der Autobahn unterwegs waren, berichteten, dass sie plötzlich nichts mehr auf der Straße sehen konnten. Alles war in ein tiefes Grau gehüllt. Solche Sandstürme sind in Deutschland keine Einzelfälle. Im März 1998 ereignete sich auf der A63 in Rheinland-Pfalz zwischen Wörrstadt und Biebelnheim eine ähnliche Karambolage nach einem Sandsturm. Wind wirbelte von angrenzenden, staubtrockenen Feldern Ackerboden auf und nahm 26 Fahrzeugen die Sicht. Es gab elf Verletzte.

M2 Zeitungsmeldung

**The Grapes of Wrath (Früchte des Zorns)**

Der amerikanische Film von John Ford aus dem Jahr 1940 hat zwei Oscars erhalten. Er beruht auf dem gleichnamigen Roman von John Steinbeck.

Erzählt wird die Geschichte von Tom Joad. Er kommt zurück auf die Farm seiner Eltern in Dust Bowl, Oklahoma. Durch extreme Dürre, Sandstürme und die Ausbeutung der Großgrundbesitzer wird die Familie vertrieben. Sie wandert voller Hoffnung auf ein besseres Leben nach Kalifornien aus ...

M4 Zwei Oscars für „Früchte des Zorns“

M6 Lage der Dust Bowl-Region in den USA

M7 Hoodoo – entstanden auch durch Wind

## INFO

### Hoodoos

Bis zu 45 m hohe Felssäulen, die **Hoodoos**, kommen in Trockengebieten vor, zum Beispiel im Westen der USA. Ihre Spitze ziert oft ein abgesetzter Fels. Daher wirken sie teilweise wie riesige Pilze aus Stein.
Exogene Kräfte haben ihre Entstehung bewirkt: Starke Sonneneinstrahlung hat zu Rissen im Gestein geführt. Regen und vor allem Wind haben große Mengen von lockerem, nicht durch Pflanzen befestigem Gesteinsmaterial abgetragen und tiefe Erosionsrinnen geschaffen, bis schließlich einzelne Hoodoos entstanden sind.

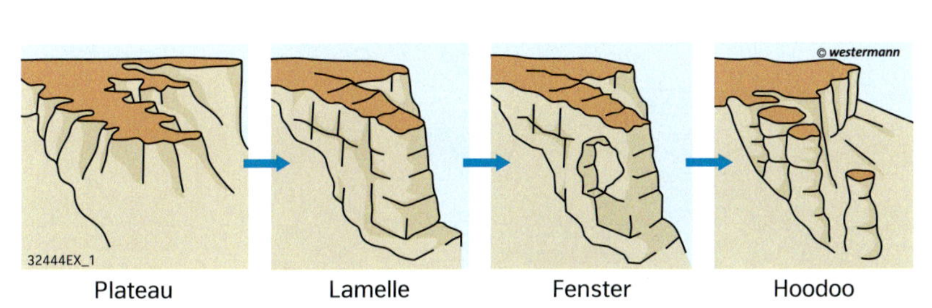


M5 Entstehung von Hoodoos (Schema)

## AUFGABEN

**3** **Erläutern Sie mithilfe der Info und M5, wie der Hoodoo in M7 entstanden ist. Nutzen Sie die Fachbegriffe: exogene Kräfte, Winderosion, harte und weiche Gesteinsschichten, Sonneneinstrahlung, Temperaturunterschiede, Wassererosion.**

**4** **Schauen Sie sich gemeinsam „Früchte des Zorns“ an und verfassen Sie eine informative Kritik (M4).**

# Überformung der pazifischen Inselwelt

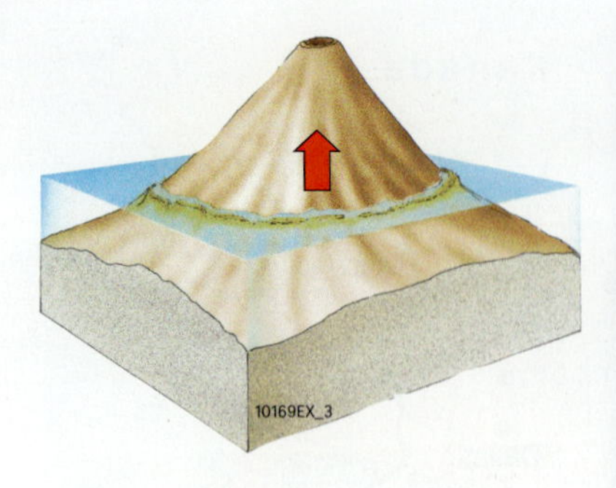


M1 Saumriffe bilden sich entlang der Küste und rings um eine Vulkaninsel. Sie wachsen seewärts. Zwischen dem Riff und der Insel entsteht ein schmaler Kanal.

M2 Riffgesäumte Insel vulkanischen Ursprungs (Rarotonga, Cook-Inseln)

## Vulkaninseln und Koralleninseln

Der Pazifische Ozean ist von vielen Inselketten vulkanischen Ursprungs durchzogen. Diese entstanden zum Beispiel an den Subduktionszonen der Pazifischen Platte und der Nazca-Platte (siehe S. 9 M3) und in der Pazifischen Platte oberhalb von Hot Spots (siehe S. 28/29). Viele der nur wenige Meter hohen Inseln verdanken ihre Oberflächenform den wohl größten „Baumeistern" der Erde, den Korallen. Auf den ersten Blick sehen sie wie Blumen im Meer aus; deshalb bezeichnet man sie auch als „Blumentiere". Sie schwimmen nicht im Meer, sondern leben fest mit dem Boden verbunden in einer Wassertiefe bis zu 35 Metern in tropischen Gewässern und bilden meist große Kolonien. Zu ihrem Schutz scheiden sie Kalk aus, der sie wie ein Mantel umgibt, und erzeugen mächtige Kalkskelette. Korallen wachsen sehr langsam, oft nur zwei Zentimeter pro Jahr, aber über Jahrtausende wächst auf dem vulkanischen Untergrund ein gewaltiger Kalkberg: das Korallenriff. Die Bildung unterschiedlicher Rifftypen steht in engem Zusammenhang mit Senkungen und Hebungen des Vulkan- bzw. Inselmassives oder mit Meeresspiegelschwankungen. Korallen sind sehr sensible Organismen und sterben ab, wenn sich die Lebensbedingungen ändern.

◁ M3 Teil eines Korallenriffs

## AUFGABEN

**1** **Beschreiben Sie die Entstehung von Korallenriffen sowie der verschiedenen Riffarten in der pazifischen Inselwelt (M1, M2, M4, M5, M7, M8).**

**2** **Begründen Sie, warum Klimaänderungen große Auswirkungen auf Ozeanien haben können.**

M4 Barriereriff mit Lagune (Kayangel-Atoll, Palau-Inseln)

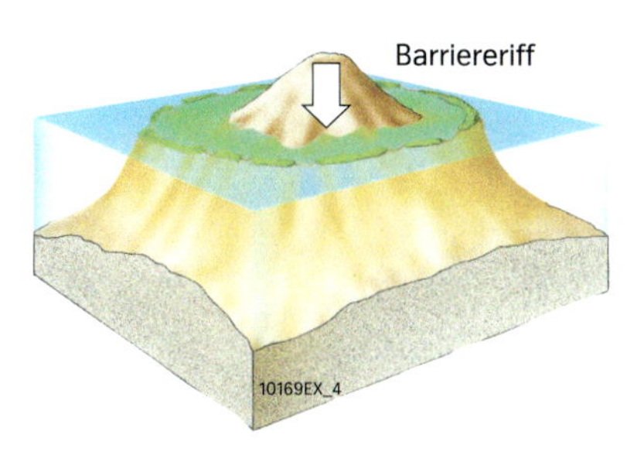


M7 Barriereriffe entstehen, wenn sich der Meeresboden und damit auch die Insel senkt bzw. sich der Meeresspiegel erhöht und das Wachstum der Korallen Schritt hält. Zwischen Korallenriff und Insel bildet sich eine flache Lagune.

M5 Atollring (Tuamotu-Archipel, Französisch-Polynesien)

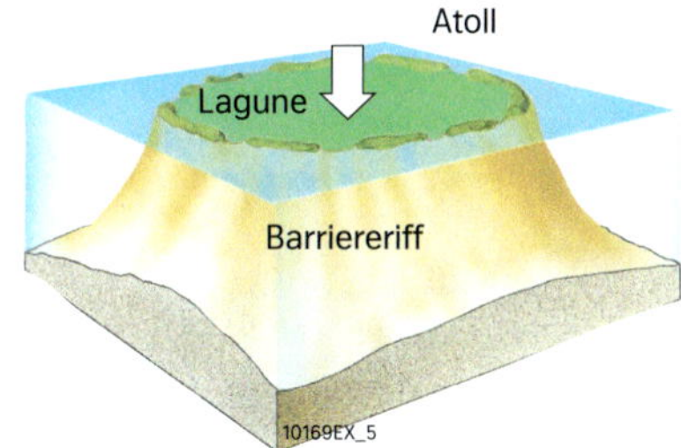


M8 Atolle sind ringförmige Korallenriffe. Sie bilden sich, wenn die Insel ganz versinkt und das Wachstum der Korallen anhält. Es entsteht eine tiefe Lagune.

Ein massenhaftes Korallensterben bedroht die Riffe weltweit. Meeresbiologen und die Umweltschutzorganisation WWF warnen, dass Klimaänderungen, Umweltverschmutzung und der rasch ansteigende Tourismus noch in diesem Jahrhundert die Korallen der Erde vernichten könnten. Gegenwärtig sind schon über zehn Prozent der Korallen im Pazifik abgestorben und etwa 40 Prozent geschädigt.
Eine Ursache dafür liegt in den steigenden Wassertemperaturen der Ozeane. Die Algen im Inneren der Korallen, mit denen sie in Symbiose leben, sterben dadurch ab. Weil die Versorgung mit Nahrung durch die Algen ausbleibt, sterben die Korallen nach einiger Zeit ebenfalls. Die Erhöhung der Wassertemperaturen durch Klimaveränderungen kommt einem Todesurteil für die „Regenwälder der Meere“ gleich. Auch der steigende Anteil des vom Menschen produzierten Kohlenstoffdioxids führt zum Korallensterben. Ein Teil des Kohlenstoffdioxids löst sich im Wasser der Ozeane und erhöht den Säuregehalt. Dadurch wird das Kalkskelett der Korallen zerstört; die Korallen bleichen aus.

M6 Korallen führen einen Todeskampf.

# Kompetenz-Training (S. 4 – 47)

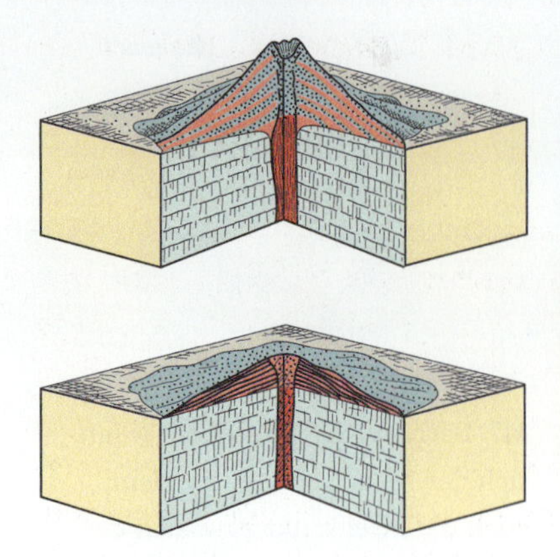

M1 Zwei Vulkantypen

M5 Plattentektonik



M2 Flussmäander

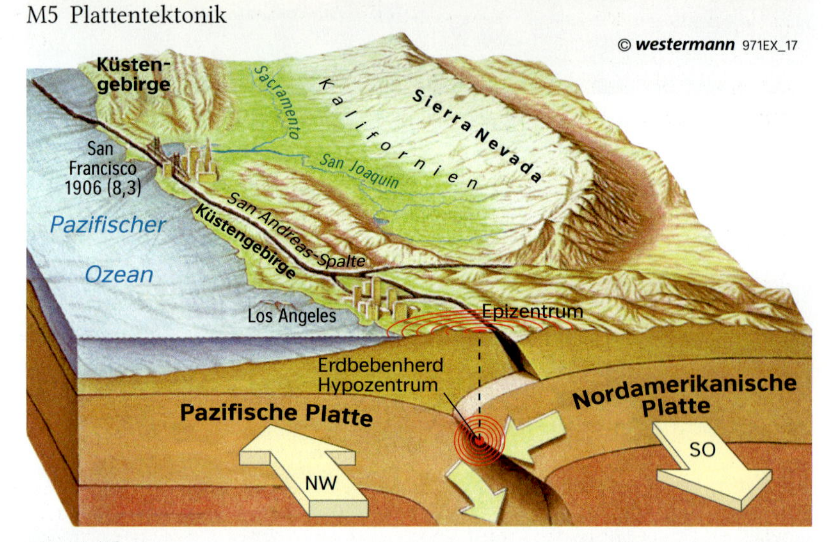


M6 Kalifornien

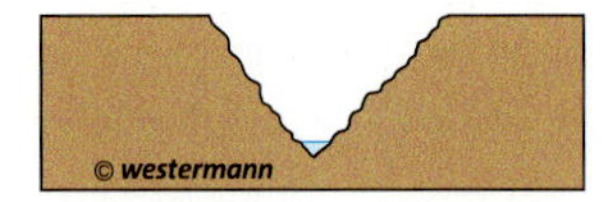


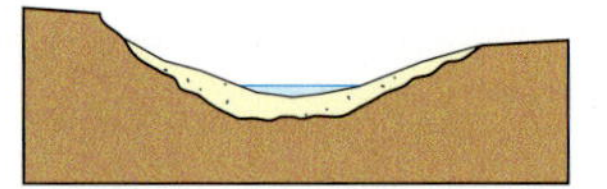

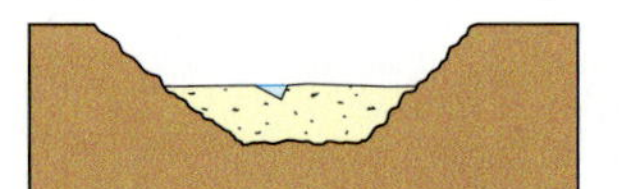

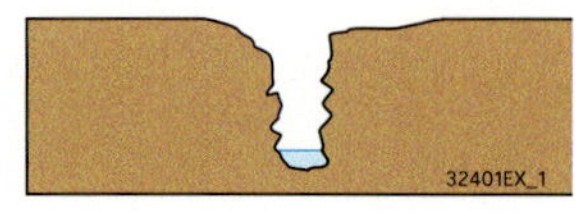


M3 Talformen

M4 Hoodoo

M7 Küstenform

## Grundbegriffe

Vulkan
Erdbeben
Schalenbau der Erde
Lithosphäre
Asthenosphäre
Kontinentalverschiebung
Plattentektonik
Plattengrenze
Lithosphärenplatte
Konvergenzzone
Divergenzzone
mittelozeanischer Rücken
Subduktionszone
Naturkatastrophe
Richterskala
Schichtvulkan
Schildvulkan
Grabenbruch
Maar
Tsunami
Seebeben
Kollision
Faltengebirge
Orogenese
endogene Kraft
exogene Kraft
Hot Spot
Seamount
Verwitterung
Erosion
Akkumulation
Eiszeit
Gletscher
Findling
glaziale Serie
Tiefenerosion
Mäander
Seitenerosion
Altwasser
Fjord
Schäre
Kliff
Nehrung
Haff
Ausgleichsküste
Sandsturm
Hoodoo

## Bewerten Sie sich selbst nach dem Ampelsystem

Hier finden Sie Aufgaben, mit denen Sie Ihr Wissen und Ihre Fertigkeiten überprüfen können. Die in Klammern genannten Seitenhinweise sollten Sie nur im Notfall nutzen. Bewerten Sie sich nach jeder Aufgabe selbst, indem Sie einen Punkt in der entsprechenden Ampelfarbe hinter die Lösung zeichnen.

**Die Aufgabe konnte ich**

nicht lösen.
Das muss ich noch üben.
mit Hilfe lösen.
ohne Hilfe lösen.

## Was sind Kompetenzen?

Mit der Erarbeitung der Kapitel erwerben Sie Kompetenzen („Kompetenz“: „zu etwas fähig sein“).
**Sachkompetenz** bedeutet, dass Sie die Fachinhalte und die Grundbegriffe gelernt und sich eingeprägt haben.
**Orientierungskompetenz** bedeutet, dass Sie sich auf der Erde und in ihren Teilräumen, auch mithilfe von Karten, orientieren können.
**Methodenkompetenz** bedeutet, bestimmte Methoden richtig anwenden zu können.
**Beurteilungs- und Handlungskompetenz** bedeutet, dass Sie eine begründete Meinung zu Sachaussagen vertreten und entsprechend handeln.

### Sachkompetenz

**1** Benennen und erläutern Sie die in M1 abgebildeten Vulkantypen (S. 14).

**2** Erklären Sie die Vorgänge, die in den beiden Abbildungen in M5 dargestellt sind (S. 10/11).

**3** Beschreiben Sie, welche exogenen Kräfte zur Entstehung von Hoodoos (M4) geführt haben und erläutern Sie die Entstehung (S. 45).

**4** Benennen Sie die von einem Fluss geschaffenen Talformen in M3 und ordnen Sie sie den Flussabschnitten zu (S. 32, 36/37).

**5** Erläutern Sie die Mäanderbildung in M2, indem Sie auch die Erosionskräfte benennen (S. 36/37).

### Orientierungskompetenz

**6** Fertigen Sie eine Faustskizze von Deutschland an und tragen dort die erdbebengefährdeten Regionen ein (S. 18/19).

### Methodenkompetenz

**7** Skizzieren Sie den Schalenbau der Erde mit einer korrekten Beschriftung (S. 6/7).

**8** Stellen Sie die Entstehung von Maaren in einer Skizze dar (S. 19, 20).

**9** Erstellen Sie eine Grafik, wie die Küstenform in M7 entstanden ist und welche Gefahren ihr drohen (S. 40/41).

### Beurteilungs- und Handlungskompetenz

**10** Erklären Sie aus der Perspektive eines Einwohners von San Francisco (M6), inwiefern das Leben dort ein Risiko darstellt (S. 12/13).

**11** Auf den Hügeln in Kalifornien befinden sich Messstationen, die die Bewegungen der Lithosphärenplatten messen. Diese Messungen tragen zum Katastrophenschutz bei. Stellen Sie sich vor, es wird in San Francisco für die kommende Woche ein schweres Erdbeben erwartet; Gewissheit hat man aber nicht. Der Bürgermeister überlegt, ob er die Bevölkerung evakuieren soll. Versetzen Sie sich in seine Lage und notieren Sie Ihre Überlegungen (S. 12/13).

# Klimageographische Grundlagen ein

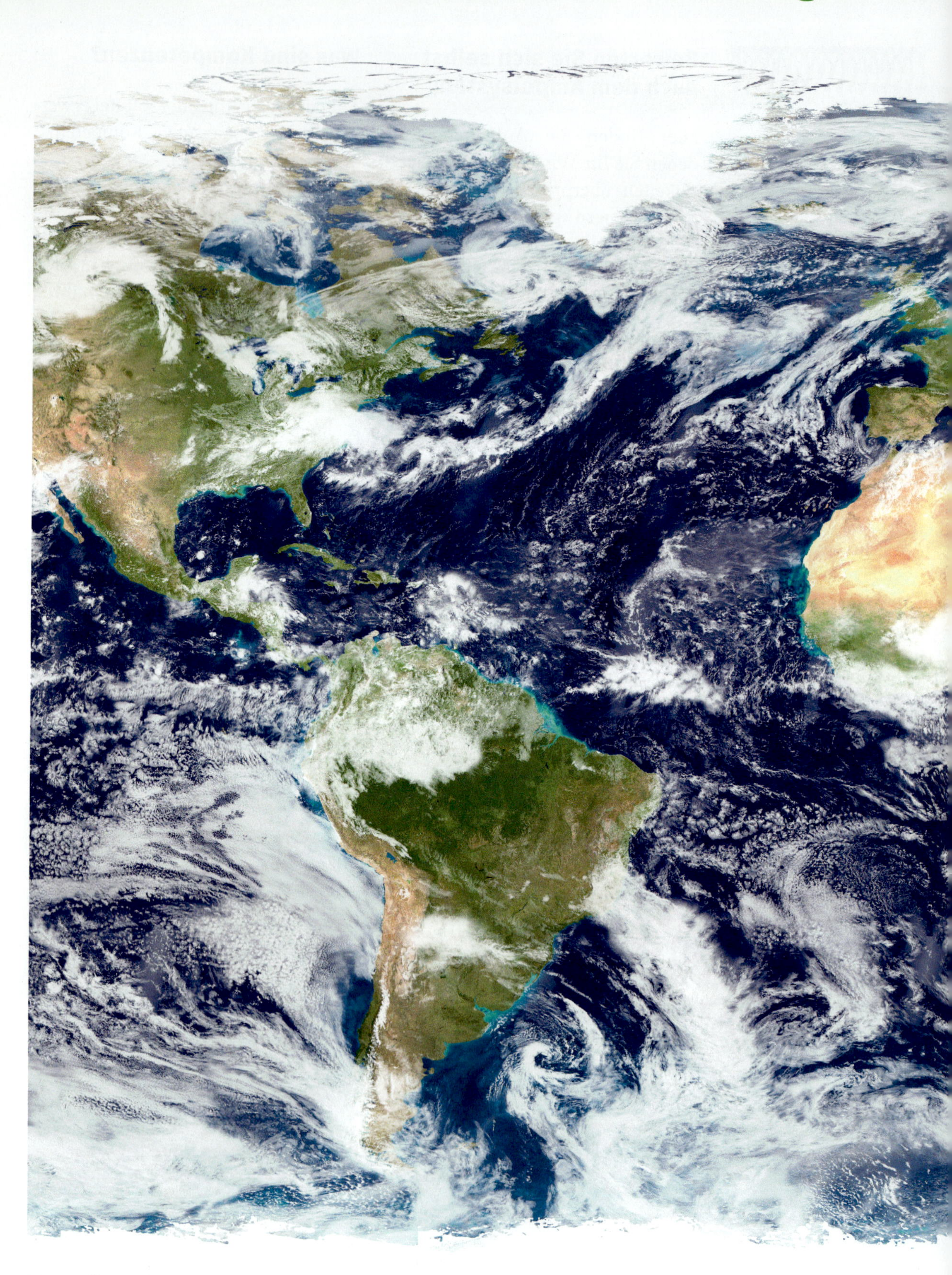

M1 Satellitenbild der Erde

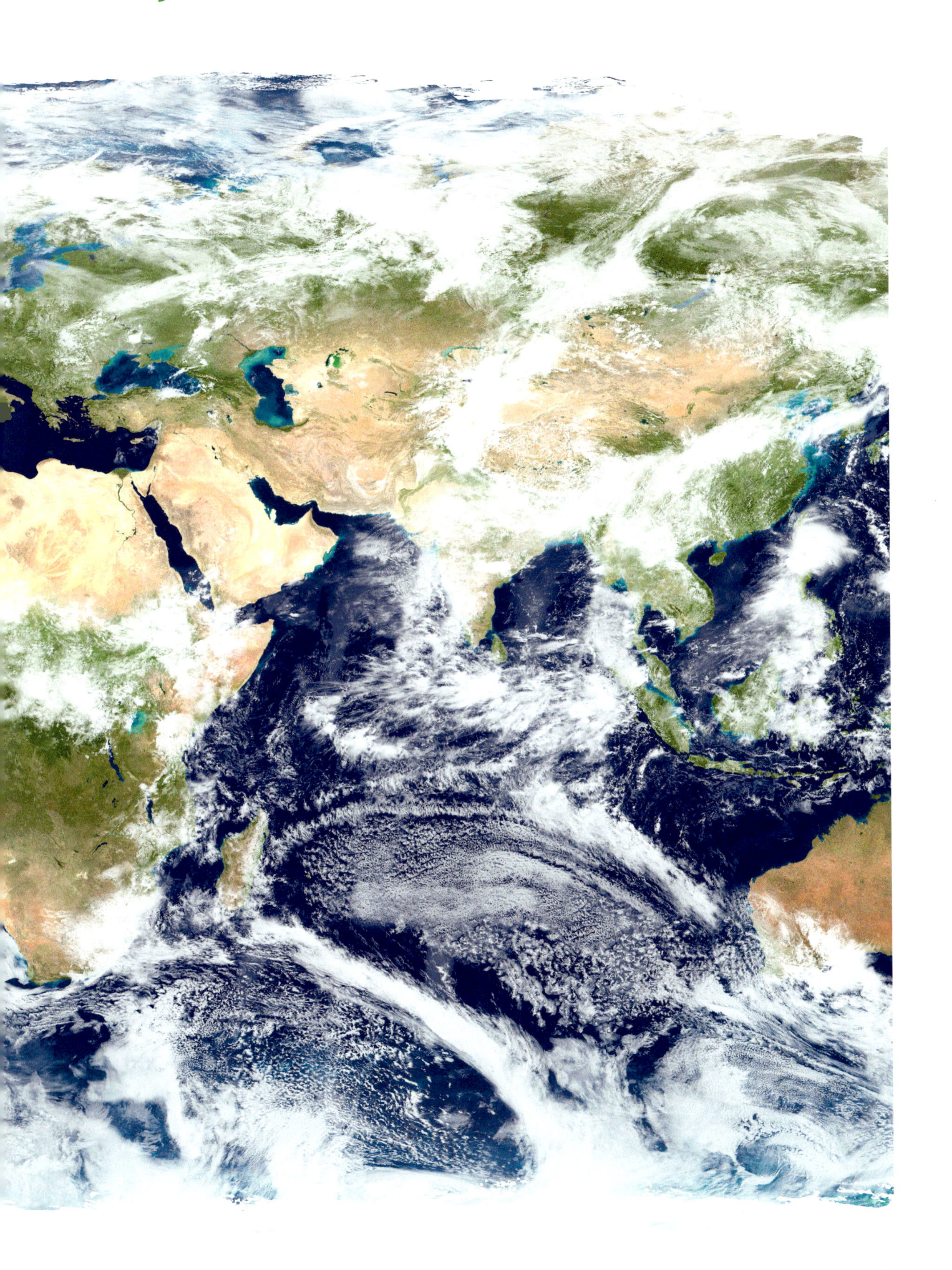

# Klima und Klimaforschung

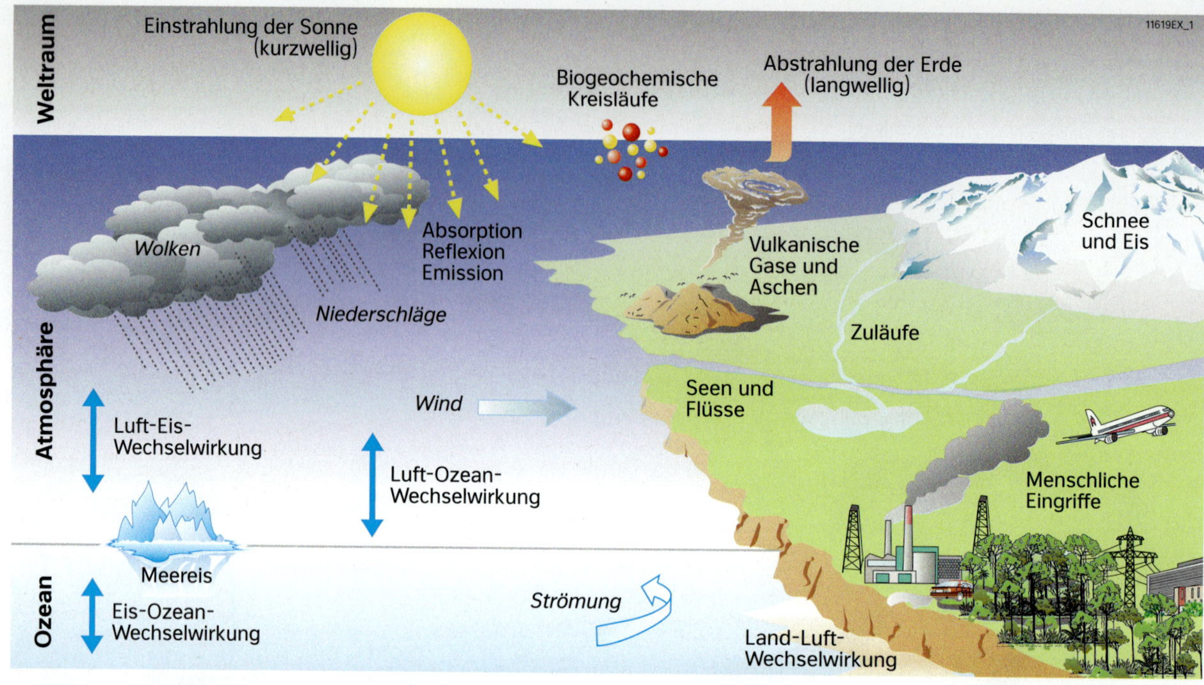


M1 Schema des Klimasystems und darin ablaufende Prozesse

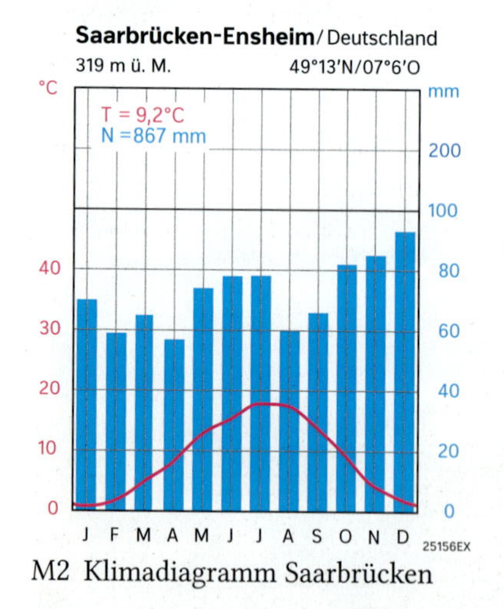


M2 Klimadiagramm Saarbrücken

„Der diesjährige September war ein unfreundlicher und kühler Monat."

„Die Sahara zählt zu den trockensten Regionen der Erde."

„Heute ist es in Kirkel sonnig und warm, in Saarbrücken hingegen etwas bewölkt."

„Auf der Insel Mallorca regnet es im Winter mehr als im Sommer."

„Letztes Jahr hat es in den Sommerferien lediglich zweimal geregnet."

„Am vergangenen Dienstag kam es im Saar-Pfalz-Kreis zu schweren Unwettern."

M3 Aussagen zu Wetter, Witterung und Klima

Die Messung der Klimaelemente erfolgt unter standardisierten Bedingungen in einer Wetterhütte. Deren Ausstattung ist weltweit gleich, somit sind die Werte aller Stationen vergleichbar. Diese Messwerte dienen allerdings nur noch zur Gegenkontrolle der von computergestützten Registriergeräten gemessenen Daten.
Eine immer größere Datenfülle liefern zudem Wettersatelliten. Das sind zum einen geostationäre Satelliten, die die Erde in rund 36 000 km Höhe über dem Äquator umrunden. Sie erfassen kontinuierlich die Daten eines einzigen Gebietes. Polarbahnsatelliten (M5) hingegen beobachten auf regelmäßig wechselnden Bahnen die gesamte Erde.

M4 Erfassung von Messwerten

## AUFGABEN

**1** **Beschreiben Sie das Schema des Klimasystems (M1).**

**2** **Erläutern Sie die Unterschiede zwischen Wetter, Witterung und Klima und ordnen Sie die Begriffe den Aussagen von M3 zu.**

## Wetter, Witterung und Klima

Heute scheint die Sonne, morgen regnet es. Diese kurzfristigen Änderungen, beziehungsweise den augenblicklichen Zustand der Atmosphäre in einem eng begrenzten Raum, definieren wir als **Wetter**. Um Wettererscheinungen in einem abgegrenzten Gebiet für einen mittleren Zeitabschnitt – mehrere Tage bis Wochen – zu beschreiben, benutzen wir den Begriff **Witterung**.
Von **Klima** ist die Rede, wenn langfristige atmosphärische Prozesse betrachtet werden. Dieser Terminus beschreibt die Gesamtheit der meteorologischen Erscheinungen, die für eine Dauer von 30 Jahren den durchschnittlichen Zustand der Atmosphäre an einem bestimmten Ort charakterisieren. Die 30-Jahres-Spanne für Klimabeobachtungen wurde von der Weltorganisation für Meteorologie definiert und wird als Normalperiode bezeichnet. Das Klima lässt sich mit einem **Klimadiagramm** grafisch darstellen.
Um Wetter und Klima zu beschreiben, werden mess- und beobachtbare Größen wie Lufttemperatur und Niederschlag herangezogen: die **Klimaelemente**. Als **Klimafaktoren** werden hingegen Einflussgrößen wie die geographische Breite oder die Lage zum Meer bezeichnet. Klimaelemente und Klimafaktoren beeinflussen sich gegenseitig und das Klima selbst.
Im Klimasystem der Erde stehen die Atmosphäre, das Land und die Gewässer miteinander in Verbindung. Beispielsweise führen hohe Niederschläge über Landflächen zu einer erhöhten Verdunstung. Die Verdunstung lässt wiederum den Wasserdampfgehalt der Atmosphäre steigen; Wolkenbildung und Niederschläge nehmen zu. Dadurch können Flüsse über die Ufer treten und große Schäden anrichten.

| Klimaelemente | |
|---|---|
| • Temperatur<br>• Niederschlag<br>- Menge<br>- Form<br>• Luftdruck<br>• Wind<br>- Richtung<br>- Geschwindigkeit | • Luftfeuchte<br>• Bewölkung<br>- Wolkentyp<br>- Bedeckungsgrad<br>• Strahlung<br>• Oberflächentemperatur<br>• Bodentemperatur |
| **Klimafaktoren** | |
| • Geographische Breite<br>• Lage zum Meer<br>• Höhenlage<br>• Relief<br>• Siedlungsdichte | • Exposition<br>- Wind<br>- Sonne<br>• Bodenbedeckung<br>• Hauptwindrichtung |

M6 Klimaelemente und Klimafaktoren

### AUFGABEN

**3** **Ordnen Sie im Klimadiagramm M2 die Informationen den Oberbegriffen „Klimaelement" und „Klimafaktor" zu.**

**4** **Erstellen Sie ein Wirkungsgefüge, das die Zusammenhänge zwischen Klimaelement und Klimafaktor verdeutlicht.**

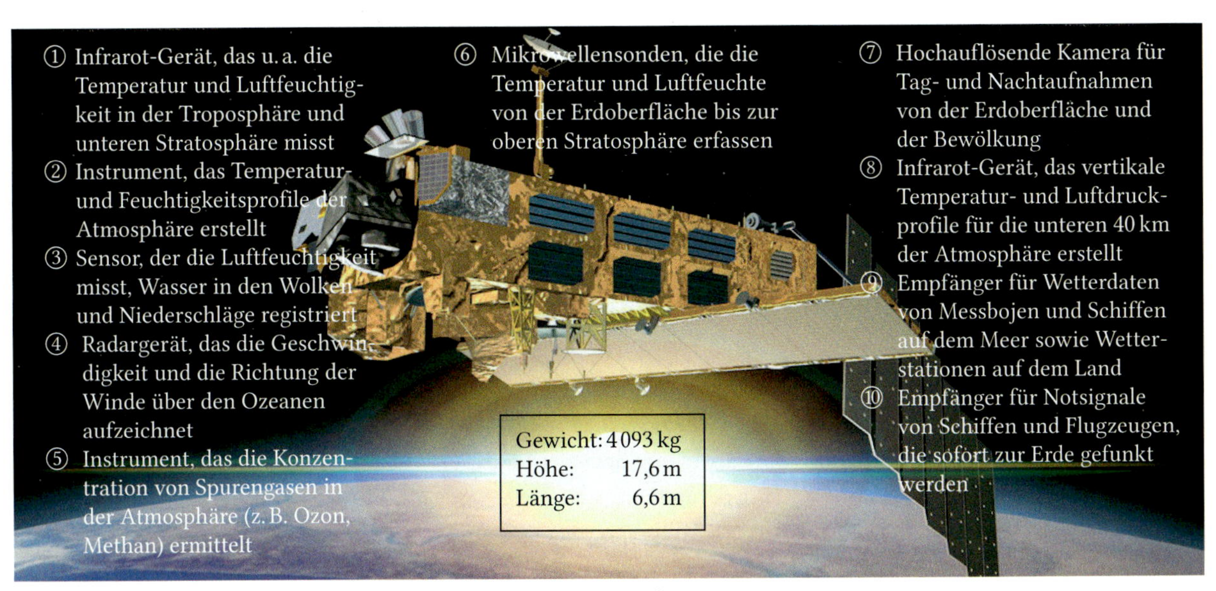


M5 Europäischer Polarbahnsatellit MetOp

M1 Erdatmosphäre aus dem Weltall

## Aufbau und Zusammensetzung der Atmosphäre

Die **Atmosphäre** (griech. atmos: Dunst), ein mehrere hundert Kilometer mächtiges Gemisch aus Gasen, Flüssigkeiten und festen Stoffen, umhüllt die Erde wie eine schützende Haut. Die Atmosphäre vollzieht die Rotation des Planeten mit und die Schwerkraft verhindert, dass sie in den Weltraum entweicht.
Mit der Höhe nehmen die Luftmasse und damit der auf der Erde lastende Luftdruck ab. So treffen weniger Luftteilchen aufeinander; die fehlende Reibungswärme lässt daher auch die Temperaturen zunächst sinken.
Die Atmosphäre ist vertikal in verschiedene Stockwerke gegliedert, die durch Grenzschichten, den sogenannten „Pausen“, voneinander getrennt sind. Das wichtigste Kriterium für die Unterteilung ist die charakteristische Veränderung der Temperatur mit der Höhe.
In der unteren Schicht, der Troposphäre, befindet sich fast der gesamte Wasserdampf. Hier ist der Ort des Wettergeschehens. Über der Tropopause befindet sich die wolkenlose und windstille Stratosphäre, die im Bereich der Ozonschicht das energiereiche, schädliche UV-Licht absorbiert. Dadurch steigt die Temperatur wieder an und verhindert, dass Luft und Wasserdampf aus der Troposphäre weiter aufsteigen. In der Mesosphäre sinkt die Temperatur wiederum. Durch die hohe Teilchengeschwindigkeit in der Thermosphäre und in der Exosphäre steigt sie auf bis zu 1000 °C an.
Bis in etwa 100 km Höhe ist die Zusammensetzung der Luft weitgehend konstant. Die Atmosphäre geht dann ohne scharfe Begrenzung in den interplanetaren Raum über.

M2 Aufbau der Atmosphäre

| Stoff | | Volumenanteil bzw. Konzentration | Stoff | | Volumenanteil bzw. Konzentration |
|---|---|---|---|---|---|
| Stickstoff ($N_2$) | permanente Gase | 78,084 % | Wasserdampf ($H_2O$) | Variable Gase (variieren zeitlich und räumlich) | 0 - 4 % |
| Sauerstoff ($O_2$) | | 20,946 % | Kohlendioxid ($CO_2$) | | derzeit 377 – 387 ppm, relativer Anstieg ca. 0,4 % jährlich |
| Argon (Ar) | | 0,93 % | | | |
| Neon (Ne) | | 0,00182 % | | | |
| Helium (He) | | 0,00052 % | Kohlenmonoxid (CO) | | < 100 ppm |
| Krypton (Kr) | | 0,00011 % | Methan ($CH_4$) | | derzeit ca. 1,9 ppm, relativer Anstieg 1 – 2 % jährlich |
| Wasserstoff ($H_2$) | | 0,00005 % | | | |
| | | | Schwefeldioxid ($SO_2$) | | < 1 ppm |
| | | | Distickstoffmonoxid (Lachgas) ($N_2O$) | | < 0,4 ppm |
| | | | Troposphärisches Ozon ($O_3$) | | < 0,5 ppm |
| | | | Stickstoffdioxid ($NO_2$) | | < 0,2 ppm |

M3 Anteile gasförmiger Bestandteile der Luft (Die Abkürzung ppm steht für „parts per million“, also „Teilchen pro Million“.)

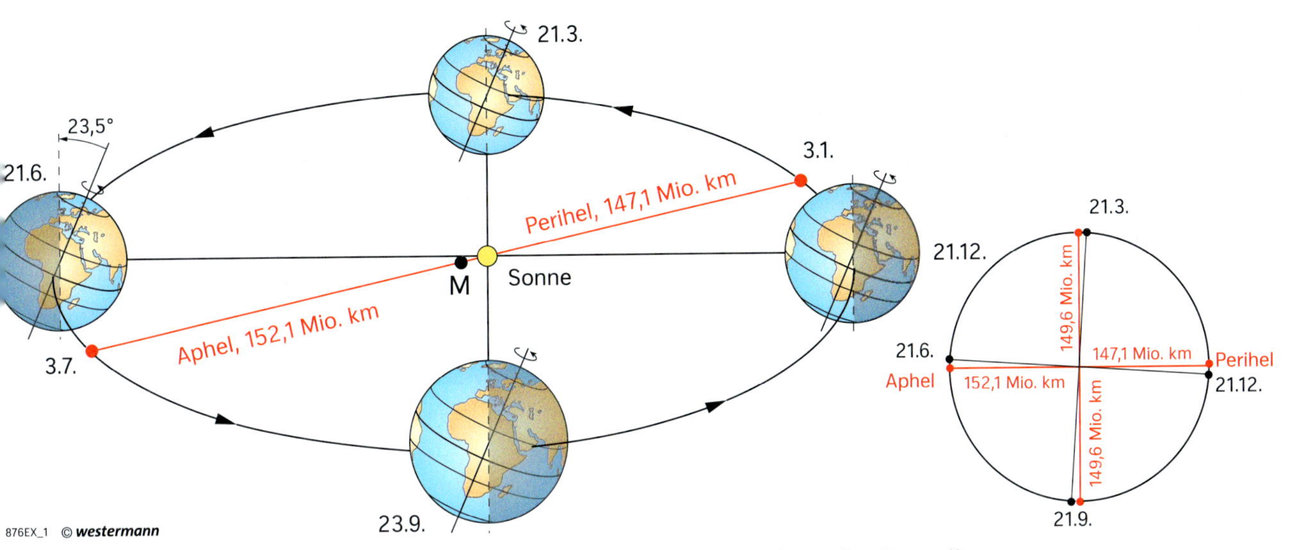


M4 Umlauf der Erde um die Sonne auf einer elliptischen Bahn in perspektivischer Darstellung

## Himmelsmechanische Grundlagen

Die Erde dreht sich ständig in West-Ost-Richtung um die eigene Achse (Erdrotation), wodurch Tag und Nacht entstehen. Eine Umdrehung dauert annähernd 24 Stunden.
Außerdem bewegt sich die Erde im Verlauf etwa eines Jahres (365 Tage und 6 Stunden) auf einer elliptischen Bahn um die Sonne (Erdrevolution). Der Abstand zwischen Erde und Sonne während einer Erdrevolution ist nicht immer gleich, sondern besitzt ein jährliches Maximum und ein Minimum. Um den dritten Januar kommt die Erde der Sonne mit 147,1 Mio. km am nächsten. Sie steht dann im Perihel. Etwa am 3. Juli erreicht sie mit einem Abstand von 152,1 Mio. km den sonnenfernsten Punkt, das Aphel.
Die Erdachse steht zudem nicht senkrecht auf der Ebene ihrer Bahn um die Sonne, sondern ist um 23,5 Grad geneigt (Schiefe der Ekliptik). Dadurch und bedingt durch die Kugelgestalt der Erde, treffen die Sonnenstrahlen an jedem Tag des Jahres in einem anderen Winkel auf die meisten Gebiete der Erde.

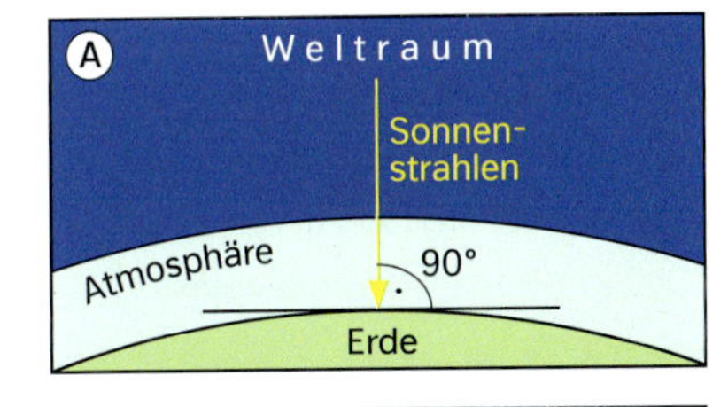


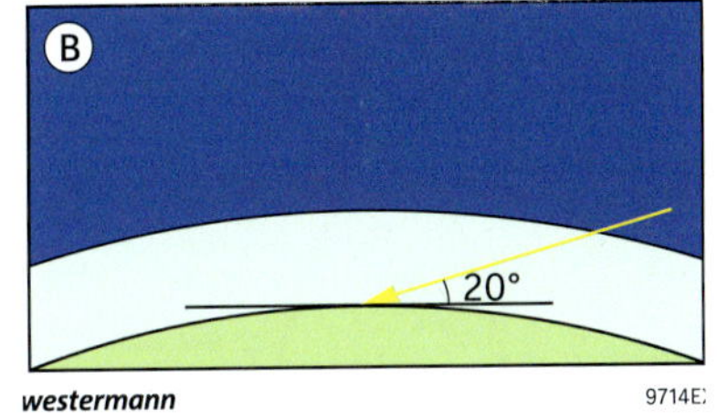


M6 Einfallswinkel der Sonnenstrahlen und ihr Weg durch die Atmosphäre

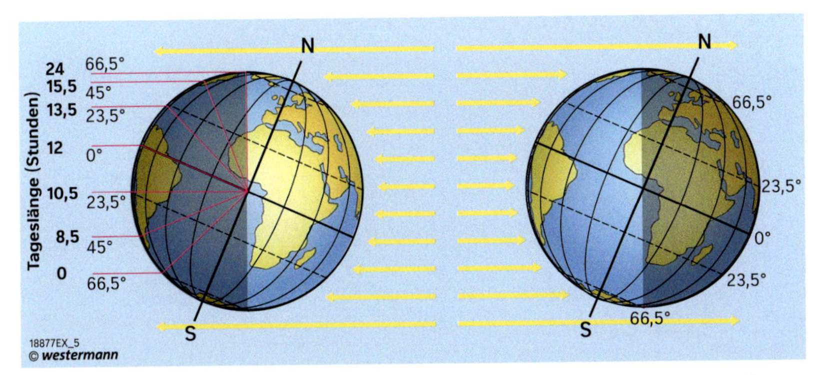


M5 Beleuchtungssituation der Erde am 21.06. (links) und am 21.12. (rechts)

## AUFGABEN

**1** **Beschreiben Sie den Aufbau der Atmosphäre und erläutern Sie den Temperaturverlauf (M2).**

**2** **Erläutern Sie die Begriffe Erdrotation, Erdrevolution und Schiefe der Ekliptik.**

# Solare Klimazonen

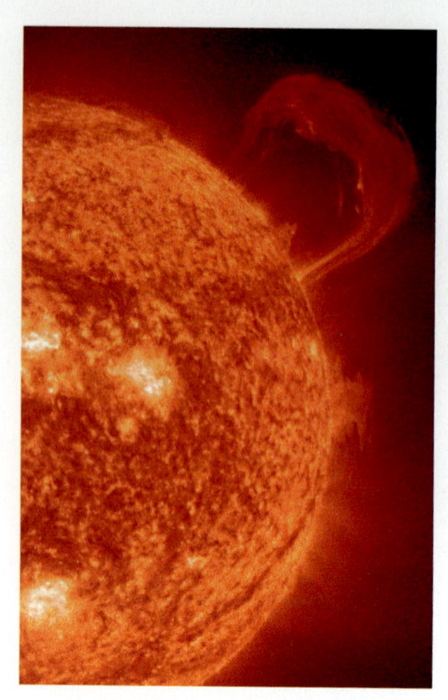

M1 Aufnahme einer Sonneneruption (Protuberanz). Bei solchen Prozessen wird Materie mit einer Geschwindigkeit von bis zu 1000 km/h ins All geschleudert.

## Globale Beleuchtungsverhältnisse

Die Sonne ist der Motor des Klimas. Anders als die Erde besitzt der Sonnenkörper keine feste oder flüssige Masse, sondern besteht aus einem komprimierten Gasgemisch, das sich aus 90 % Wasserstoff, 9 % Helium und einem Prozent Spurenstoffe zusammensetzt. In ihrem Innern herrschen unvorstellbar hohe Temperaturen (ca. 15 Mio. °C) und Drücke, die dafür sorgen, dass fortlaufend Energie produziert wird. Deren stetige Zufuhr ist eine Grundvoraussetzung dafür, dass auf der Erde überhaupt atmosphärische Prozesse in Gang gesetzt werden.

Die Kugelgestalt der Erde und ihre jeweilige Stellung zur Sonne haben zur Folge, dass sich die Beleuchtungssituation zeitlich und räumlich verändert.

Sowohl die Sonnenhöhe (Einstrahlungswinkel) als auch die Tageslänge unterliegen in Abhängigkeit von der geographischen Breite starken Schwankungen, wodurch die Jahreszeiten entstehen.

Ihr Beginn ist jeweils durch charakteristische Sonnenstände und Tageslängen gekennzeichnet. So steht am 21.06. die Sonne immer im **Zenit** (senkrecht) über dem nördlichen **Wendekreis** (Sonnenwende, Solstitium), auf der Südhalbkugel ist dann Winterbeginn. Am 21.12. steht die Sonne immer senkrecht über dem südlichen Wendekreis (Sonnenwende, Solstitium). Auf der Nordhalbkugel ist dann Winterbeginn mit dem kürzesten Tag des Jahres. Die Tag- und Nachtgleichen, die **Äquinoktien**, kennzeichnen die beiden Tage im Jahr (21.03. und 23.09.), an denen für alle Orte Tag und Nacht gleich lang sind.

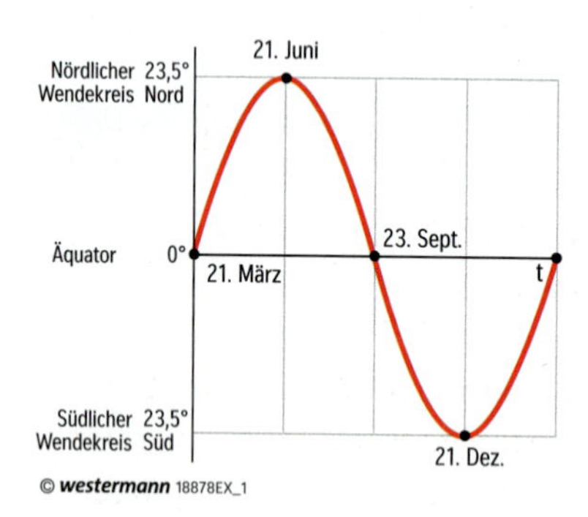


M2 Veränderung des Zenitstandes der Sonne im Jahresverlauf

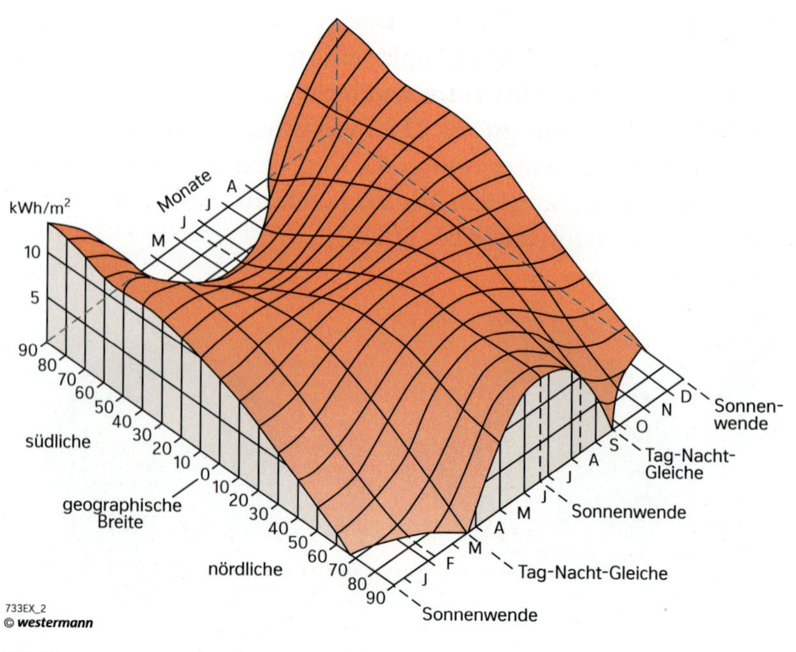


M3 Tagessummen der Sonnenstrahlen

## AUFGABE

*1* **Erklären Sie das Zustandekommen und die wesentlichen Merkmale der solaren Klimazonen.**

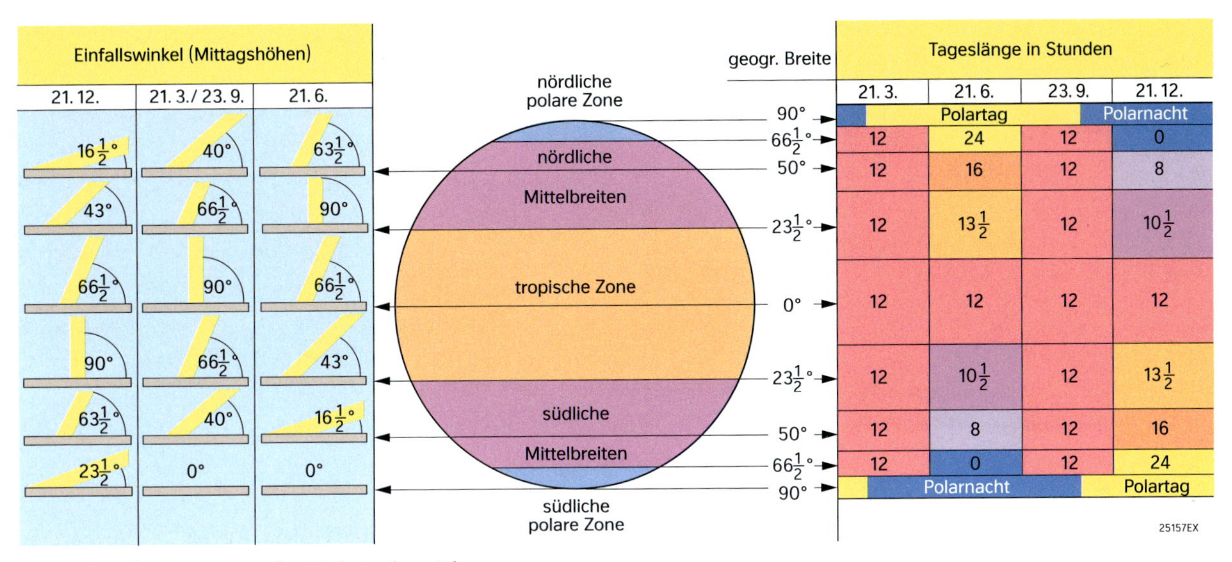


M4 Beleuchtungszonen der Erde / solare Klimazonen

Insgesamt führen die Beleuchtungsverhältnisse im Jahresgang zu einer Einteilung in fünf **solare Klimazonen**, die durch die Wendekreise und **Polarkreise** abgegrenzt werden:

- In den Tropen treffen die Sonnenstrahlen ganzjährig in einem recht steilen Einfallswinkel auf die Erde (zwei Zenitstände). Diese Klimazone weist konstant hohe Temperaturen auf. Man spricht deshalb in der tropischen Zone auch von einem **Tageszeitenklima**, bei dem die Tagesamplitude der Temperatur größer ist als die Jahresamplitude.
- Die beiden Polarzonen besitzen trotz hoher Energiegewinne während der halbjährigen Polartagphase im Jahresmittel eine negative Strahlungsbilanz. In diesen Regionen, wie auch in den Mittelbreiten, herrscht ein **Jahreszeitenklima**, bei dem die Jahresamplitude der Temperatur größer ist als die Tagesamplitude.
- Die Mittelbreiten bilden jeweils die Übergangszone zwischen diesen extremen Klimazonen. Sie zeigen strahlungsklimatisch und thermisch deutlich unterscheidbare Jahreszeiten auf und werden in niedere Mittelbreiten (Subtropen) und hohe Mittelbreiten untergliedert.

## AUFGABEN

**2** **Ordnen Sie folgende Ereignisse verschiedenen Jahreszeitenanfängen zu:**

**a) Am Nordkap geht die Sonne nicht mehr unter.**

**b) In Kapstadt wird Weihnachten am Strand gefeiert.**

**c) In Blieskastel hat der Tag 12 Stunden.**

**3** **Ordnen Sie die Monatsmittelwerte der Temperatur der Stationen A, B, C mithilfe des Atlas begründet den folgenden Orten zu: Narjan Mar, Yaoundé, Pirmasens (M5).**

Ⓐ

| Monat | J | F | M | A | M | J | J | A | S | O | N | D | Jahr |
|---|---|---|---|---|---|---|---|---|---|---|---|---|---|
| T (°C) | 0,7 | 1,2 | 4,5 | 7,4 | 12,0 | 15,0 | 16,8 | 16,1 | 12,6 | 8,5 | 4,0 | 1,9 | 8,4 |

Ⓑ

| Monat | J | F | M | A | M | J | J | A | S | O | N | D | Jahr |
|---|---|---|---|---|---|---|---|---|---|---|---|---|---|
| T (°C) | -19,0 | -17,2 | -11,9 | -7,6 | -0,5 | 7,4 | 13,4 | 10,4 | 5,6 | -2,1 | -9,7 | -14,0 | -3,8 |

Ⓒ

| Monat | J | F | M | A | M | J | J | A | S | O | N | D | Jahr |
|---|---|---|---|---|---|---|---|---|---|---|---|---|---|
| T (°C) | 23,7 | 24,6 | 24,3 | 24,3 | 23,5 | 23,1 | 22,2 | 22,1 | 22,4 | 22,6 | 23,4 | 23,1 | 23,3 |

M5 Monatsmittelwerte der Temperatur ausgewählter Stationen

# Strahlungs- und Wärmebilanz

M1 Glashaus als „Treibhaus“

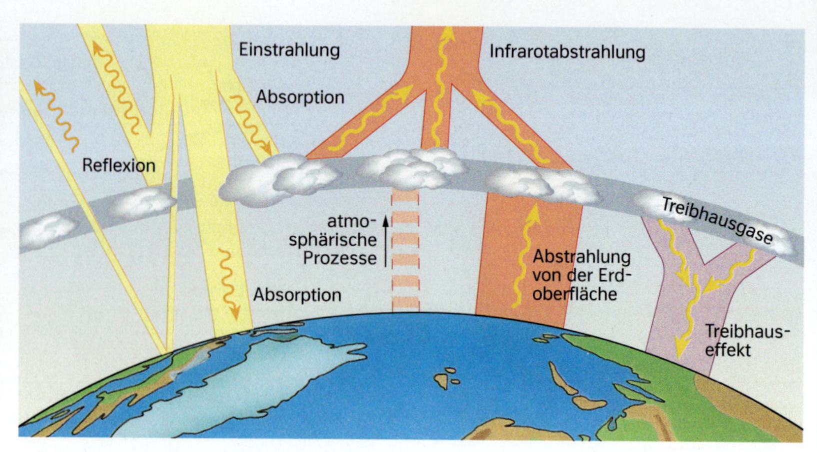


M3 Strahlungsbilanz der Erde

| Oberflächeneinheit | Albedo (α in % der Global-strahlung) |
|---|---|
| **Wasser:** | |
| Einfallswinkel Sonnen-strahlung 40 - 50 ° | 7 - 10 |
| Einfallswinkel Sonnen-strahlung 20 ° | 20 - 25 |
| **Schnee:** | |
| frischer Neuschnee | 75 - 95 |
| alter Schnee | 40 - 70 |
| See-Eis: | 30 - 40 |
| **Sandflächen:** | |
| trocken | 35 - 40 |
| feucht | 20 - 30 |
| **Böden:** | |
| Braunerden | 10 - 20 |
| Tonböden (grau) | |
| trocken | 20 - 35 |
| feucht | 10 - 20 |
| **Vegetationseinheiten:** | |
| Grasflächen | 10 - 20 |
| Getreideflächen | 15 - 25 |
| Nadelwald | 5 - 15 |
| Laubwald | 10 - 20 |
| Tundra | 15 - 20 |
| schneebedeckte Tundra | 70 - 80 |
| Savanne/Steppe | 15 - 20 |
| Wüste | 25 - 30 |
| **Anthropogene Flächen:** | |
| Beton | 17 - 27 |
| Asphalt | 5 - 10 |
| **Wolken in der Atmosphäre:** | |
| Stratuswolken | 40 - 60 |
| Cumuluswolken | 70 - 90 |

M2 Albedowerte verschiedener Oberflächen

## Strahlungs- und Wärmehaushalt der Erde

Wodurch genau führt eigentlich der $CO_2$-Anstieg zu einer Erwärmung der Erdatmosphäre? Wieso wird es im tropischen Regenwald nachts nicht so kalt wie in der Wüste?

Eine Betrachtung der Strahlungsbilanz des „Systems Sonne-Erde“ liefert hierzu Antworten. Von der Sonne gelangt, aufgrund ihrer hohen Oberflächentemperatur von 5700 °C, überwiegend kurzwellige, energiereiche Strahlung (vor allem sichtbares Licht) zur Erde.

Ein Teil davon wird bereits in der Atmosphäre reflektiert und absorbiert; nur knapp die Hälfte erreicht die Erdoberfläche und wird von ihr aufgenommen. Dieser Strahlungsanteil erwärmt Land- und Wasserflächen. Dunkle Flächen absorbieren viel Strahlungsenergie, helle Flächen reflektieren einen größeren Anteil der Strahlung.

Das Reflexionsvermögen, also der Anteil zwischen reflektierter Strahlung und Einstrahlung, wird in Prozent angegeben und als **Albedo** bezeichnet. Eine Albedo von 50 % bedeutet somit, dass die Hälfte der einfallenden Strahlung reflektiert wird. Im globalen Mittel erreichen 340 Watt Strahlungsenergie einen Quadratmeter Erdoberfläche. Dieser Wert wird als **Solarkonstante** bezeichnet. Die tatsächliche Einstrahlung fällt allerdings geringer aus, je näher die Region an den Polen liegt.

Die kühle Erde gibt die absorbierte Strahlung als langwellige, energieärmere Strahlung (vor allem Infrarot) wieder ab und erwärmt so

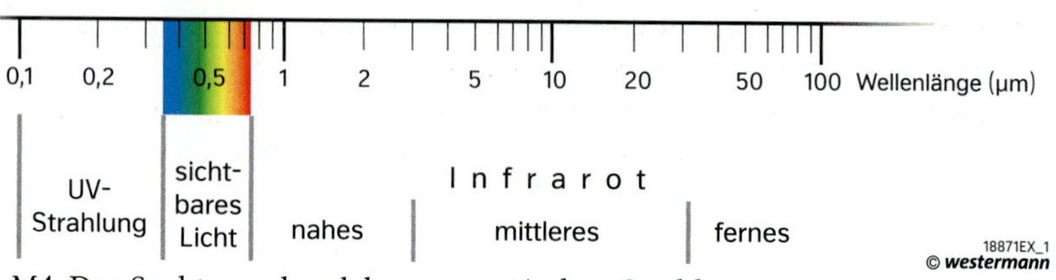


M4 Das Spektrum der elektromagnetischen Strahlung

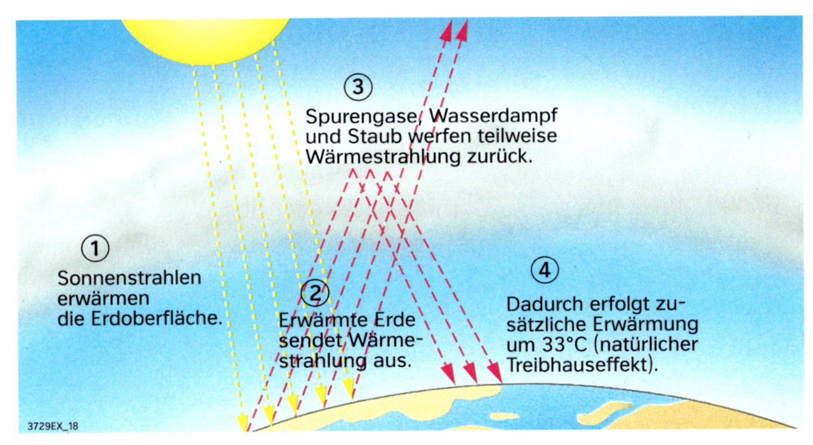

M5 Schematische Darstellung des natürlichen Treibhauseffekts

von unten die bodennahen Luftschichten. Diese Art der Strahlung wird daher auch als Wärmestrahlung bezeichnet. Prozesse wie Verdunstung und Kondensation transportieren **latente Wärme** (versteckte Wärme) vertikal in die Atmosphäre. An den Wolken wird ein Teil der terrestrischen Wärmestrahlung zur Erde zurückgeworfen. Die sich in der Atmosphäre befindenden Spurengase (wie $CO_2$, $N_2O$ oder $CH_4$) absorbieren Teile der langwelligen Strahlung und halten die darin enthaltene Energie ebenfalls in der Atmosphäre zurück.
Diese Spurengase wirken zusammen mit dem in der Troposphäre enthaltenen Wasserdampf als Treibhausgase. Sie bilden eine natürliche Wärmeschutzglocke für die Erde, vergleichbar mit der Glashülle eines Treibhauses. Das atmosphärische Dach des „Treibhauses" lässt das kurzwellige Sonnenlicht weitgehend hindurch, hält jedoch die langwellige Wärmeabstrahlung des Bodens größtenteils zurück. Diesen Vorgang nennt man **natürlichen Treibhauseffekt**.
Ohne diesen Effekt läge die Durchschnittstemperatur unseres Planeten bei -18 °C, also deutlich niedriger als die derzeitige mittlere Temperatur von +15 °C. Die Mehrzahl der Tiere und Pflanzen auf der Erde könnte bei solchen klimatischen Bedingungen nicht überleben.

1. **Plancksches Strahlungsgesetz:** Jeder Körper gibt, unabhängig von seinem Aggregatzustand, Strahlung ab. Je höher die Temperatur des strahlenden Körpers ist, desto höher ist auch die Intensität der emittierten (abgegebenen) Strahlung.
2. **Wiensches Verschiebungsgesetz:** Je heißer ein strahlender Körper ist, desto kurzwelliger ist die von ihm emittierte Strahlung.
3. **Strahlungsgesetz:** Die von einem Körper emittierte Strahlung wird von einem anderen Körper absorbiert (aufgenommen) oder reflektiert (zurückgeworfen).

M6 Strahlungsgesetze

## AUFGABEN

**1** **Beschreiben Sie M3. Stellen Sie dazu die Ein- und Ausstrahlungsprozesse gegenüber.**

**2** **Erläutern Sie die Entstehung des natürlichen Treibhauseffektes.**

**3** **Begründen Sie, warum es im Winter bei klarem Himmel sehr kalt ist, selbst wenn die Sonne scheint.**

**4** **Erklären Sie, warum frischer Schnee bei Minusgraden in der Sonne nicht schmilzt.**

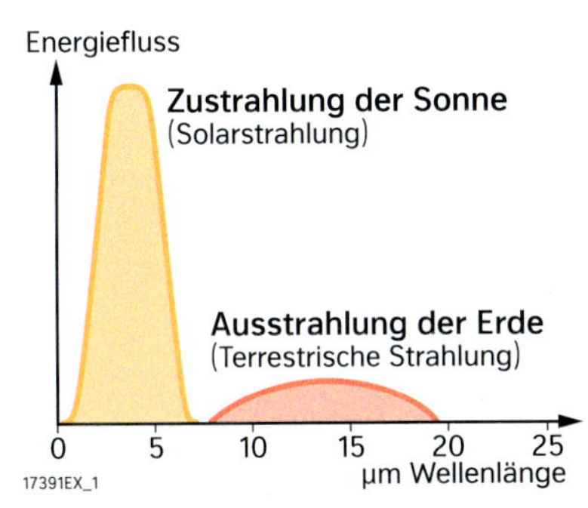

M7 Einstrahlung und Ausstrahlung der Erde

## AUFGABEN

**1** **Ermitteln Sie, wie viel Prozent relative Feuchte Luft mit 9,4 g Wasser pro m³ bei 10, 25, 35 und 0 °C hat (M2).**

**2** **Erklären Sie die Entstehung von Niederschlägen.**

**3** **Erläutern Sie, warum tropische Regenfälle ergiebiger sind als außertropische Regenfälle.**

**4** **Begründen Sie die unterschiedlichen Temperaturänderungen mit und ohne Kondensation.**

**5** **Analysieren Sie anhand von M3 den Zusammenhang zwischen relativer bzw. absoluter Luftfeuchte und geographischer Breite und erklären Sie den Kurvenverlauf.**

## Energietransport und Niederschlagsbildung

Die Atmosphäre enthält im Durchschnitt etwa 15 Billiarden Liter Wasser – genug um den Bodensee rund 300-mal zu füllen. Statistisch gesehen wird diese riesige Wassermenge in zehn bis elf Tagen einmal völlig umgewälzt. Damit ändert sich der Wassergehalt der Luft rascher und in weit größerem Umfang als der aller anderen Bestandteile der Atmosphäre.

Wasser kommt zudem in der Atmosphäre in allen drei Aggregatzuständen oder Phasen vor: fest, flüssig und gasförmig.

Bei jedem Phasenwechsel wird Energie benötigt oder freigesetzt. Um beispielsweise eine Flüssigkeit zum Verdunsten zu bringen, muss ein bestimmter Energiebetrag aufgewendet werden. Umgekehrt wird Energie freigesetzt, wenn Wasserdampf zu Wasser kondensiert. Da jeder Wechsel des Aggregatzustandes mit einem Energieumsatz verbunden ist, trägt der dabei ausgelöste latente Wärmestrom entscheidend zum horizontalen und vertikalen Energietransport innerhalb der Atmosphäre bei.

Die Menge des in der Luft enthaltenen Wasserdampfs wird in g/m³ angegeben und heißt absolute Feuchte. Die größtmögliche Menge an Wasserdampf, die 1 m³ Luft bei einer bestimmten Temperatur aufnehmen kann, heißt maximale Feuchte. Sie wird ebenfalls in g/m³ angegeben und lässt sich aus der sogenannten Taupunktkurve entnehmen. Der **Taupunkt** ist diejenige Temperatur, bei der Wasserdampf kondensiert. Das Verhältnis von absoluter zu maximaler Feuchte wird als **relative Feuchte** bezeichnet und in Prozent angegeben. Beim Erreichen des Taupunkts beträgt die relative Luftfeuchte somit 100 %.

Bei der Kondensation entstehen aus dem unsichtbaren, gasförmigen Wasserdampf Wassertröpfchen, die als Wolken sichtbar werden. Sie bilden sich aber nur, wenn Kondensationskerne in der Luft sind, wie zum Beispiel Ruß- und Staubpartikel oder Salzkristalle.

Wolken allein machen allerdings noch keinen Niederschlag. Die in ihnen enthaltenen Wassertropfen sind um ein Vielfaches kleiner

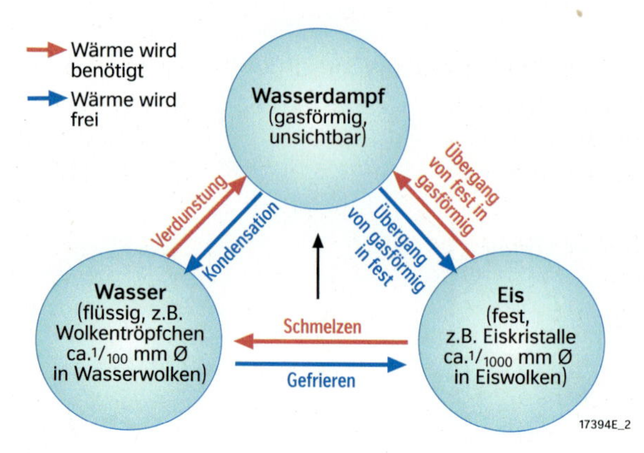


M1 Aggregatzustände des Wassers

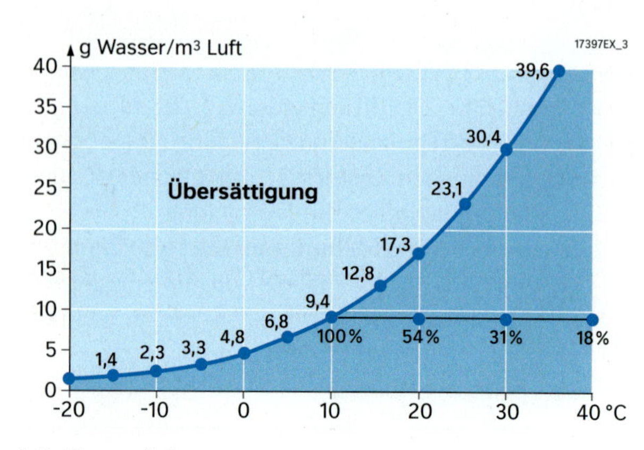


M2 Taupunktkurve

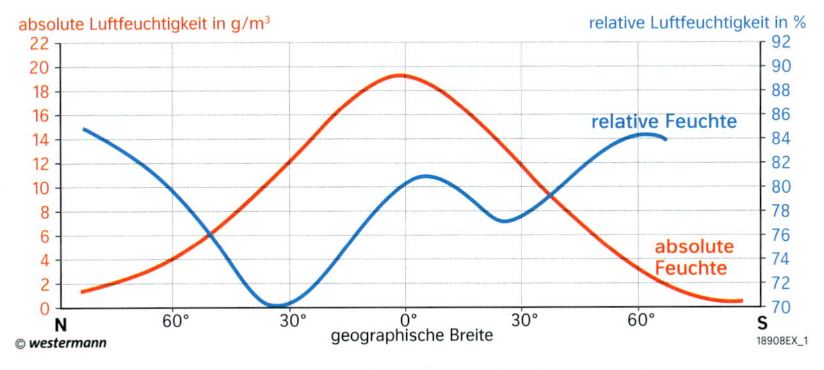


M3 Meridionale Verteilung der relativen und absoluten Feuchte

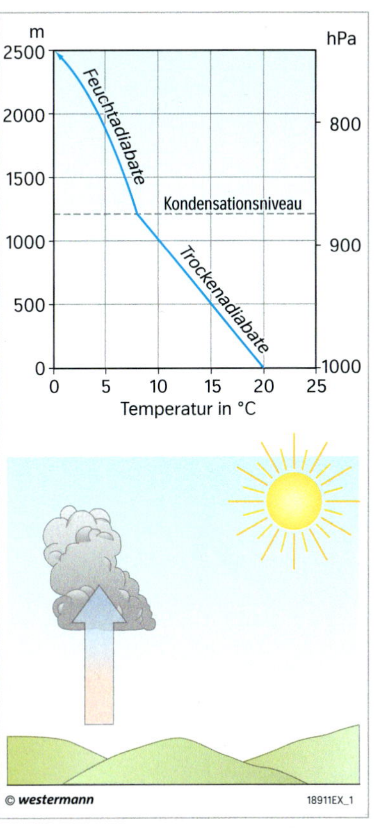


M5 Adiabatische Temperaturabnahme in der Höhe

als Regentropfen. Auch wenn sich einzelne, winzige Tröpfchen aus der Wolke lösen und in Richtung Erde fallen, verdunsten sie bereits vor dem Erreichen der Erdoberfläche. Damit Wasser bis zur Erde gelangen kann, müssen sich die Tröpfchen zu größeren, schwereren Tropfen zusammenballen. Wolkenbildung und Niederschlag sind an den Aufstieg und die Abkühlung von Luftmassen gebunden.

Die Luftmassen steigen auf und kühlen sich zum einen dadurch ab, dass sie sich durch den höhenbedingten Druckabfall ausdehnen. Zum anderen nimmt der Abstand zur Erdoberfläche, die als Energiequelle Wärmestrahlung abgibt, zu und steigert den Abkühlungseffekt. Ohne Wärmeaustausch mit der Umgebung (adiabatisch) beträgt die Temperaturabnahme 1 °C / 100 m. Man spricht in diesem Fall von **trockenadiabatischen Prozessen**. Wird der Taupunkt überschritten, kondensiert der mitgeführte Wasserdampf. Dabei werden bei 0 °C pro kondensiertem Gramm Wasserdampf 2512 Joule Kondensationswärme frei. Diese frei werdende Energie bewirkt, dass sich die weiter aufsteigende Luft nur noch um durchschnittlich 0,5 °C / 100 m abkühlt. In diesem Fall spricht man von **feuchtadiabatischen Prozessen**. Zu einer Auflösung der Wolken hingegen kommt es durch eine Erwärmung über den Taupunkt hinaus, welche zu erneutem Verdunsten der Tröpfchen sowie zu einer höheren Wasserdampfaufnahmefähigkeit führt.

Nun verwandeln sich auf unserem Globus jährlich rund 520 000 Kubikkilometer ($km^3$) Wasser in Dampf, vor allem über den heißen tropischen Ozeanen, sodass hier riesige Mengen an Wärme entzogen werden. Wenn der Wasserdampf in der Atmosphäre zu Wolken kondensiert, wird diese Wärme wieder frei und gelangt mit den Winden in kältere Regionen. Die Umwandlung dieser Wassermenge entspricht dem unvorstellbaren Energieumsatz von 327 000 000 Milliarden Kilowattstunden (kWh). Daneben nehmen sich die Energieumsätze der Menschheit mehr als bescheiden aus. Zurzeit setzt die gesamte Weltbevölkerung im Jahr rund 80 000 Milliarden kWh um, das heißt innerhalb von zwei Stunden setzt das Wasser durch Verdunstung so viel Energie um wie die gesamte Menschheit in einem Jahr.

(Nach: Dieter Walch und Harald Frater (Hrsg.): Wetter und Klima. Berlin 2004, S. 19)

M4 Energieumsatz durch Verdunstung

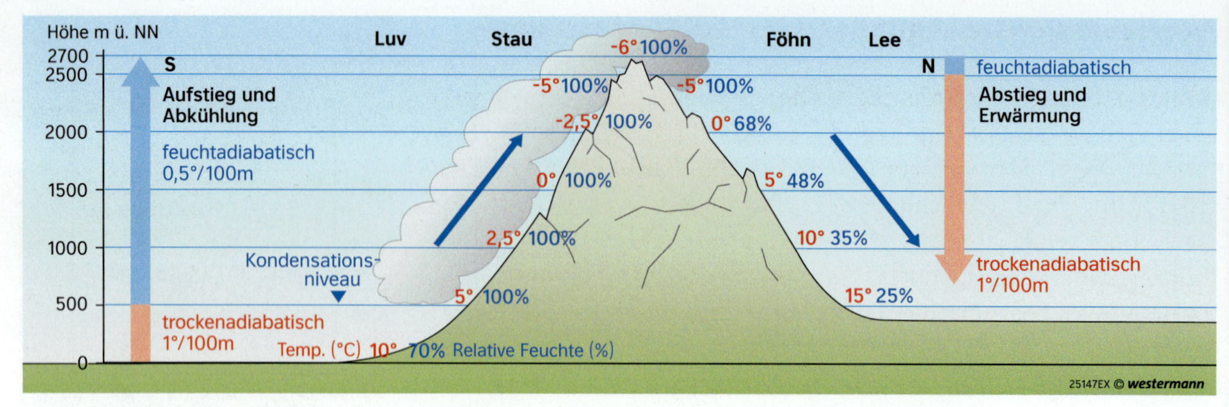


M1 Steigungsregen und Föhn

M2 Föhnmauer ▷

## Föhnwetterlage

Die wetterwirksamen Folgen von Kondensations- und Verdunstungsvorgängen lassen sich anschaulich am Beispiel des Föhns verfolgen. Dieser Fallwind ist auf der **Leeseite** (windabgewandte Seite) aller größeren Gebirge, wie etwa den Alpen, nachweisbar.
Die Luftpakete, die an der **Luvseite** (windzugewandte Seite) eines Gebirges ankommen, werden durch das ansteigende Relief zum Aufsteigen gezwungen. Hierbei kühlt die Luft bis zum Erreichen des Taupunktes trockenadiabatisch (1 °C / 100 m) ab.
Oberhalb des Kondensationsniveaus, bis zum Kamm, erfolgt durch das Freiwerden von Kondensationswärme eine feuchtadiabatische Abkühlung (0,5 °C / 100 m). Gleichzeitig kommt es zur Bildung von Wolken und schließlich zu intensivem **Steigungsregen**. Jenseits des Kamms wird die Luft beim Absinken durch Kompression wieder erwärmt. Nach einer kurzen Phase der Wolkenauflösung erfolgt der Abstieg ausschließlich trockenadiabatisch. Die relative Feuchte sinkt aufgrund der sich erwärmenden Luft dabei rasch ab.
Die Leeseite des Gebirges hat durch den warmen Fallwind, den Föhn, auf gleichem Höhenniveau daher höhere Temperaturen als die Luvseite. Während die Wolken der Luvseite wie eine Mauer über den Berggipfeln sichtbar sind („Föhnmauer"), entsteht auf der windabgewandten Seite ein weitgehend wolkenloses und niederschlagsarmes Gebiet, das auch als **Regenschatten** bezeichnet wird.

## AUFGABEN

1 **Beschreiben Sie die Entstehung des Föhns und seine Auswirkungen (M1).**

2 **Erläutern Sie die Schichtzustände der Atmosphäre mithilfe von M3.**

3 **Damit ein Heißluftballon aufsteigt, muss die Luft in seinem Innern wärmer sein als die Umgebung. Erläutern Sie.**

4 **Bestimmen Sie die Wolkentypen der Fotos a – d in M5.**

## Vertikale Luftbewegungen und Wolkengattungen

In der Atmosphäre werden Luftvolumen ständig vertikal verlagert, zum Beispiel wenn am Tag bodennahe Luftschichten erwärmt werden. Mehr oder weniger große Warmluftblasen lösen sich dann vom Untergrund und schlingern in die Höhe, was als **Konvektion** bezeichnet wird. Zum Ausgleich sinkt in ihrer Umgebung Luft ab.
Innerhalb der aufsteigenden Warmluftblase ändert sich die Temperatur rein adiabatisch; die Temperaturverhältnisse in ihrer Umgebung sind davon also unberührt. Sie entscheiden aber über den weiteren Weg des Luftvolumens. Im Normalfall kann dieses Luftvolumen nur so weit aufsteigen, bis es kälter wird als die Umgebungsluft. Ist jedoch die umgebende Luftschicht kälter, bleibt der Auftrieb der Warmluftblase wegen ihrer noch geringeren Dichte erhalten und sie steigt weiter auf (labile Schichtung). Ist die Umgebung dagegen wärmer, sinkt sie wegen ihrer größeren Dichte zurück (stabile Schichtung); eine äußerst stabile Schichtung liegt bei einer Temperaturumkehr, einer **Inversion**, vor. Sie wirkt als Sperre, die Vertikalbewegungen nur bis zu ihrer Unterseite erlaubt, sodass sich dort zum Beispiel Luftverunreinigungen ansammeln.
Die Entstehung verschiedener Wolkengattungen basiert einerseits auf solch unterschiedlichen Schichtungsverhältnissen und den damit verbundenen Kondensationsvorgängen bei der Konvektion. Der dabei entstehende, hochaufragende Wolkentyp wird als Cumuluswolke (Haufenwolke) bezeichnet. Andererseits kann auch wärmere Luft allmählich in einer annähernd horizontalen Bewegung auf kältere Luft aufgleiten und sich langsam abkühlen. Zunächst bilden sich Cirruswolken (Federwolken) und bei weiterem Aufgleiten dichte Stratuswolken (Schichtwolken).

M5 Wolkentypen

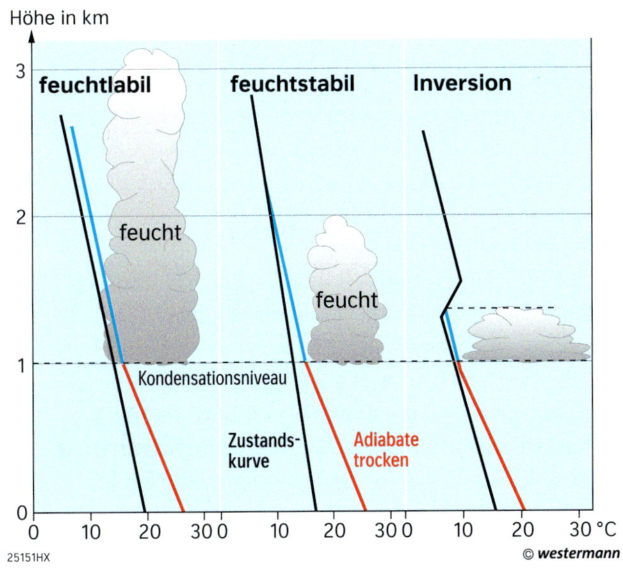


M3 Schichtungstypen

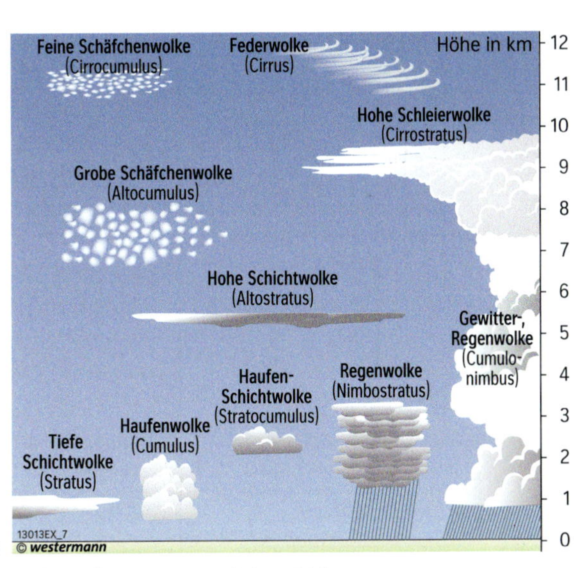


M4 Wolkentypen und ihre Höhen

# Luftdruck und thermische Druckgebilde

| Höhe ü. NN [z] = m | Luft-druck [p] = hPa | Höhe ü. NN [z] = m | Luft-druck [p] = hPa |
|---|---|---|---|
| 0 | 1013 | 800 | 921 |
| 100 | 1001 | 900 | 910 |
| 200 | 989 | 1000 | 899 |
| 300 | 977 | 2000 | 795 |
| 400 | 966 | 3000 | 701 |
| 500 | 955 | 5000 | 540 |
| 600 | 943 | 10000 | 264 |
| 700 | 932 | 20000 | 55 |

M1 Luftdruck in verschiedenen Höhen

## Der Luftdruck

„Luft“ ist nicht sichtbar, aber überall auf der Erde vorhanden. Bereits der griechische Philosoph Demokrit (460 – 371 v. Chr.) bezeichnete die Luft als Körper, dem eine gewisse Schwere zugeschrieben werden müsse. Infolge ihres Eigengewichts übt die Luft eine Kraft auf die Erdoberfläche aus. Diese Kraft, bezogen auf eine bestimmte Fläche, wird als **Luftdruck** bezeichnet. Die Maßeinheit für den Luftdruck lautet Pascal. Ein Pascal entspricht dem Druck, den eine Kraft von 1 N (Newton) auf einen Quadratmeter ausübt. Unter Normalbedingungen beträgt der mittlere Luftdruck auf Meereshöhe etwa 1013 Hektopascal (hPa, 1 Pa = 100 hPa) oder 1013 Millibar (mb). Praktisch bedeutet dies, dass auf jedem Quadratmeter eine Luftsäule mit der Masse von zehn Tonnen lastet. Mit zunehmender Entfernung von der Erdoberfläche vermindert sich der Luftdruck aufgrund der geringer werdenden Menge auflastender Luft.

Um den Luftdruck an verschiedenen Orten vergleichbar zu machen, wird der gemessene Stationsdruck jeweils auf das Meeresniveau (Normalnull, NN) umgerechnet und als Normaldruck in Wetterkarten eingetragen. Verbindet man die Punkte mit jeweils identischen Werten miteinander, dann ergeben sich Linien gleichen Drucks, die **Isobaren**. Den Meteorologen liefern der Verlauf und die zeitliche Veränderung der Isobaren wichtige Hinweise auf das Wettergeschehen. Neben anderen Daten bilden diese Informationen die Grundlage für die Wettervorhersagen.

M2 Dosenbarometer

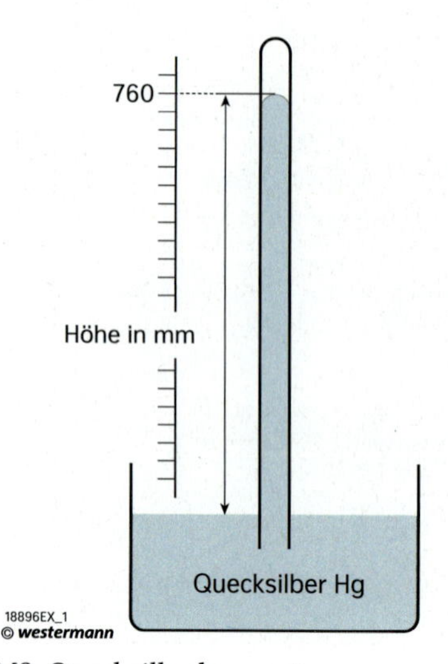


M3 Quecksilberbarometer

Gemessen wird der Luftdruck mit einem Barometer. Die Funktionsweise eines Quecksilberbarometers, dessen Erfindung auf den italienischen Mathematiker und Physiker Evangelista Torricelli (1608 – 1647) zurückgeht, ist in M3 schematisch dargestellt. Ein geschlossenes Glasrohr, das mit Quecksilber gefüllt ist, wird in ein ebenfalls mit Quecksilber gefülltes Gefäß getaucht. Die Funktionsweise entspricht dem Prinzip einer Balkenwaage: Das Gewicht der Quecksilbersäule im Glasrohr und das Gewicht der Luft, die auf der Oberfläche der Quecksilberflüssigkeit im Gefäß lastet, befinden sich im Gleichgewicht. Nimmt der Luftdruck zu, dann verstärkt sich auch der Druck auf die Flüssigkeitsoberfläche im Gefäß – die Quecksilbersäule im Glasröhrchen wird nach oben gedrückt. Fällt der Luftdruck, passiert das Gegenteil. Der Anstieg oder Abfall der Flüssigkeitssäule kann auf einer geeichten Skala abgelesen werden.

Neben Quecksilberbarometern kommen auch Dosen- oder Aneroidbarometer zum Einsatz, die nach einem anderen Prinzip funktionieren. Ihre Funktionsweise basiert auf einer annähernd luftleeren Dose, die sich bei Luftdruckveränderungen verformt. Moderne Luftdrucksensoren messen den Luftdruck elektronisch.

M4 Funktionsweise eines Barometers

## Kältehochs und Hitzetiefs

In Blockbildern oder Vertikalprofilen der Atmosphäre werden dagegen isobare Flächen, das heißt Höhenniveaus mit jeweils gleichem Luftdruck, dargestellt. Beeinflusst wird die Position der isobaren Flächen durch die Temperatur: Wird es kälter, dann zieht sich die Luft zusammen und sinkt nach unten. Der Luftdruck in Bodennähe steigt und die isobaren Flächen werden gestaucht. Strömt dann die Luft aus benachbarten Regionen nach und drückt zusätzlich auf die Luftsäule, bildet sich ein thermisches Hoch oder **Kältehoch**.
Erwärmte Luft hingegen steigt nach oben und strömt dort in benachbarte Regionen ab. Das Gewicht, das auf der Luftsäule lastet, nimmt infolgedessen ab. Der Luftdruck am Boden sinkt und die isobaren Flächen fächern sich auf, was die Bildung eines thermischen Tiefs oder **Hitzetiefs** bedingt.
Das Auftreten von Hitzetiefs und Kältehochs hat zur Folge, dass es auf relativ begrenztem Raum am Boden und in der Höhe zu einem Luftdruckgefälle zwischen zwei benachbarten Luftschichten kommen kann. Die horizontalen Luftdruckdifferenzen führen dazu, dass Luft von der Region mit höherem Luftdruck (Hoch) zur Region mit niedrigerem Luftdruck (Tief) strömt. Wir spüren dies in Form von Wind. Die Kraft, welche die Luft dabei in Bewegung setzt, wird als **Gradientkraft** bezeichnet. Die Gradientkraft ist stets vom hohen zum tiefen Druck gerichtet und steht senkrecht auf den Isobaren. Je geringer der Abstand der Isobaren, desto stärker ist der Wind.

## AUFGABEN

**1** **Erklären Sie die Funktionsweise eines Quecksilberbarometers (M3, M4).**

**2** **Erläutern Sie die jeweilige Ausbildung eines Hitzetiefs und eines Kältehochs.**

**3** **Beschreiben Sie die Entstehung von Wind.**

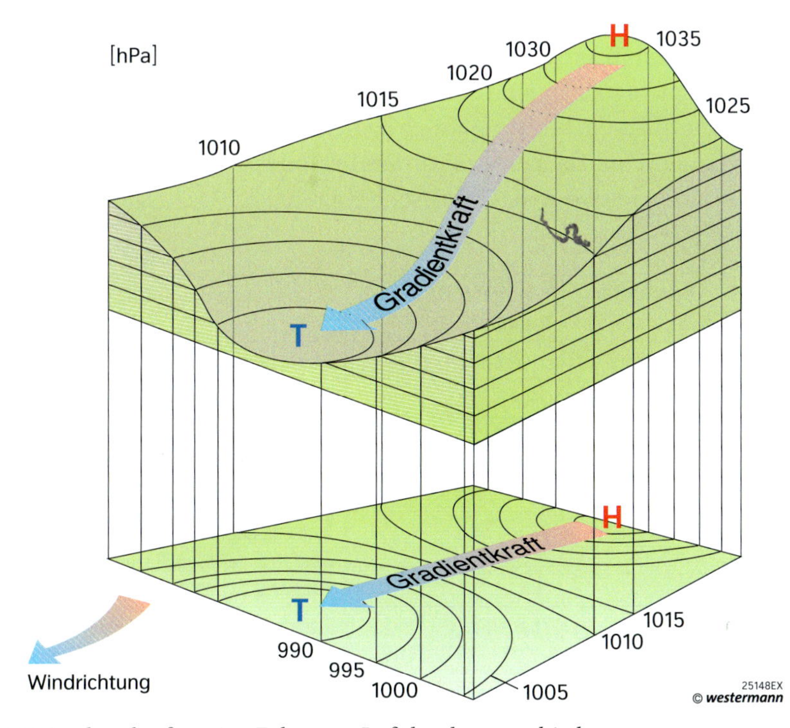


M5 Gradientkraft – eine Folge von Luftdruckunterschieden

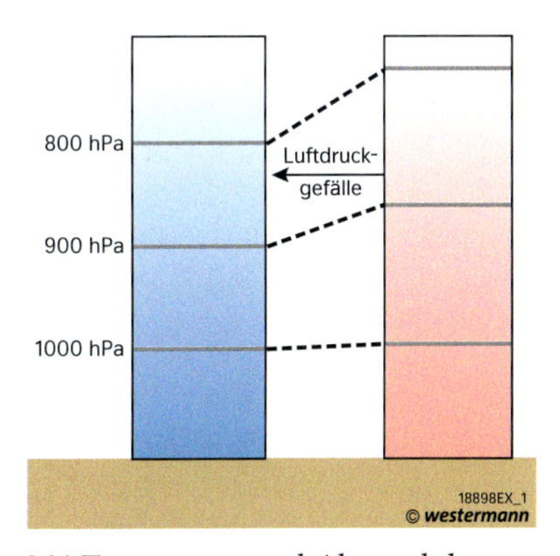


M6 Temperatur und Abstand der isobaren Flächen

## AUFGABEN

1 **Erklären Sie das Kerzenexperiment (M1).**

2 **Erläutern Sie, warum sich eine Weihnachtspyramide dreht.**

3 **Erklären Sie mithilfe von M4 und M5 die Entstehung eines Land-See-Windsystems.**

4 **Das Kontinentalklima ist gekennzeichnet durch große Amplituden im täglichen und jährlichen Temperaturverlauf. Begründen Sie.**

M2 Orkan – Windstärke 12

## Luftdynamische Prozesse

Mithilfe der Beaufort-Skala werden Windstärken unterschieden (M3). Die Angabe der Windrichtung bezeichnet die Richtung, aus der der Wind kommt. Ein Westwind ist ein aus westlicher Himmelsrichtung wehender Wind. Mit dem Kerzenexperiment (M1) lassen sich die beschriebenen luftdynamischen Prozesse vereinfacht darstellen. Durch das Aufsteigen der von den Kerzen erwärmten Luft entsteht ein geringerer Luftdruck in der Kreismitte. Luft wird angesogen. Die zum Zentrum gerichteten Kerzenflammen zeigen diese Luftströmung an.

Auf der Erde bilden sich auf kleinem Raum über kräftig aufgeheizten Oberflächen solche thermischen Tiefdruckgebiete, so zum Beispiel über südexponierten Berghängen. Im jahreszeitlichen Wechsel können auch in größeren Räumen thermische Druckgebilde entstehen. Beispiele hierfür sind sommerliche Hitzetiefs über aufgeheizten Kontinentflächen, wie im Bereich Indiens. Im Winter hingegen sinkt über kalten Oberflächen Luft ab und es bilden sich Kältehochs am Boden, beispielsweise das sibirische Kältehoch.

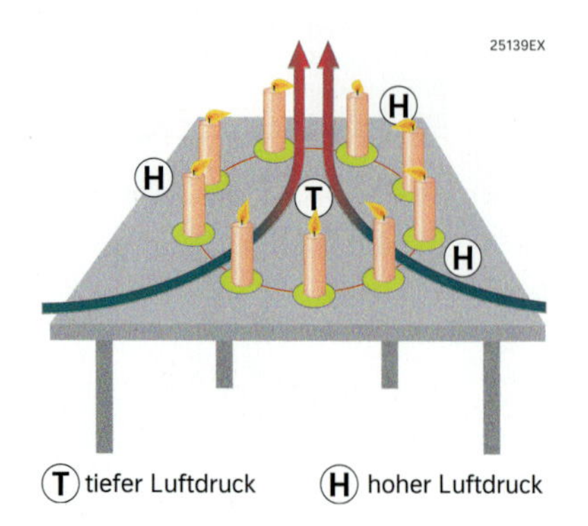


M1 Kerzenexperiment

| Windstärke | Bezeichnung | Windgeschwindigkeit in km/h | Auswirkungen |
|---|---|---|---|
| 0 | Windstille | 0 – 0,7 | Rauch steigt senkrecht auf. |
| 1 | Zug | 0,8 – 5,4 | Rauch wird leicht getrieben. |
| 2 – 5 | Brise | 5,5 – 38,5 | Größere Zweige bewegen sich, Staub und Papier wird aufgewirbelt, kleine Laubbäume schwanken. |
| 6 – 8 | Wind | 38,6 – 74,5 | Äste und Bäume bewegen sich, Zweige werden abgerissen, Regenschirm schwierig zu benutzen. |
| 9 – 11 | Sturm | 74,6 – 117,4 | Schäden an Häusern, Bäume werden entwurzelt. |
| 12 – 17 | Orkan | 117,5 und mehr | Verwüstungen |

M3 Beaufort-Skala

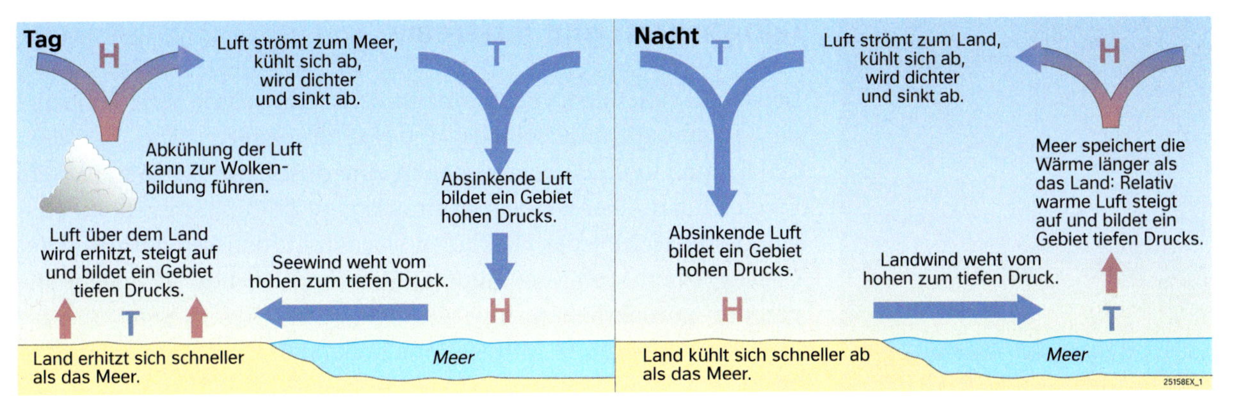


M4 Land-See-Windsystem (Tag-/Nachtsituation)

## Das Land-See-Windsystem

Ein typisches Beispiel für den Zusammenhang von lokalen thermischen Druckgebilden und Druckausgleichswinden sind Land- und Seewind, die sich als tagesperiodische Wetterereignisse an klaren Tagen an Meeresküsten oder an Ufern von Binnenseen und breiten Flüssen beobachten lassen. Land-See-Windsysteme werden durch typische tageszeitliche Wechsel der Windrichtung charakterisiert. Tagsüber weht der Wind in Bodennähe vom Wasser in Richtung Land; man spricht in diesem Fall von einem Seewind. Nachts kehrt sich die Windrichtung um; man spricht nun von einem Landwind. Frühmorgens und am späten Nachmittag herrscht häufig Windstille. Verantwortlich für die Bildung dieses Windsystems ist, dass sich die Luft über dem Land und dem Wasser unterschiedlich schnell erwärmt und abkühlt. Unter günstigen Umständen können Land-See-Windsysteme Höhen von mehreren hundert Metern und Reichweiten von 20 km oder mehr erreichen. In diesem Fall handelt es sich nicht mehr um lokale, sondern bereits um regionale Windsysteme. Horizontale Druckunterschiede infolge von Strahlungswirkung können sich auch über globale Distanzen erstrecken. Der Einfluss der Erdrotation verhindert hier allerdings einen einfachen Austausch der Druckunterschiede.

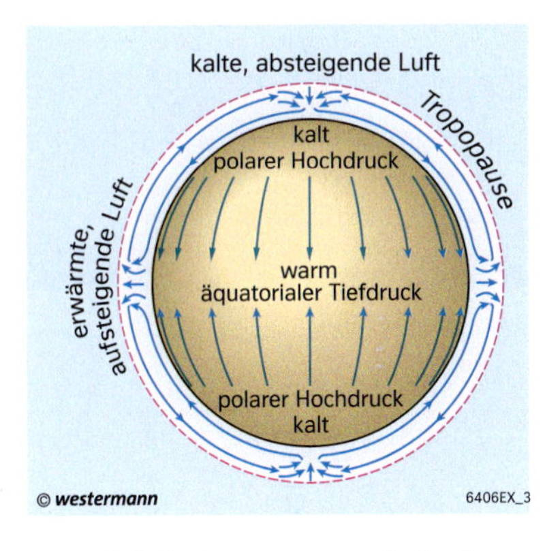


M6 Globale Strömungsverhältnisse ohne Erdrotation

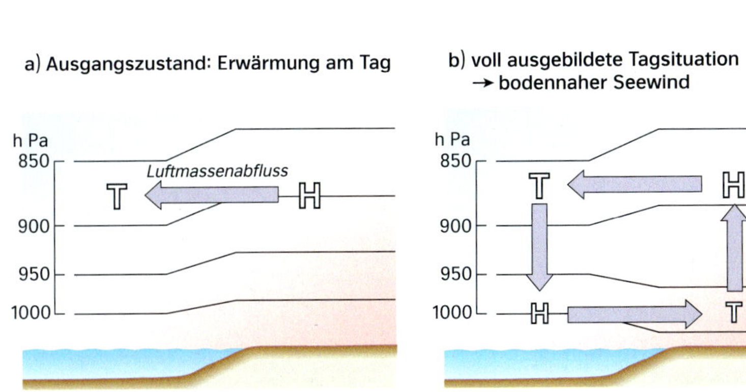


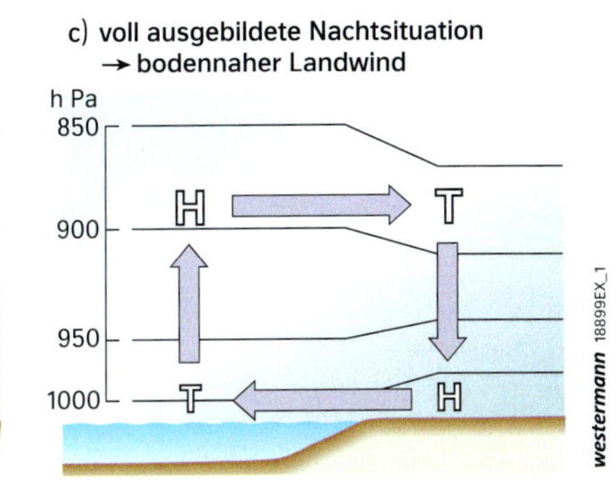


M5 Land-See-Windsystem (Isobarenflächen)

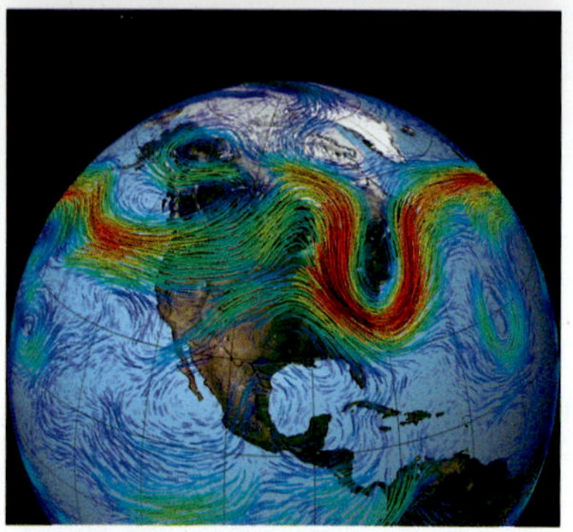

M1 Jetstream

## Corioliskraft und Jetstream

Bei einer ruhenden, nicht rotierenden Erde würde sich aufgrund der Temperaturunterschiede und Luftdruckgegensätze zwischen den Tropen und den Polarregionen eine dem Land-See-Windsystem vergleichbare, aber weitaus großräumigere Zirkulationszelle einstellen: In der Höhe jeder Halbkugel würden Luftmassen aufgrund der Druckgradientkraft vom Äquator Richtung Pol und in Bodennähe von dort zurückfließen.
Demnach müssten in Mitteleuropa bodennah ein Nordwind und in der Höhe ein beständiger Südwind wehen. Dass wir aber in unseren Breiten vorwiegend Winde aus westlicher Richtung beobachten können, verdanken wir der Erdrotation: Infolge der Kugelform der Erde beträgt der Weg, den ein Punkt am Äquator innerhalb von 24 Stunden zurücklegt, rund 40000 km. Am Pol ist der Weg gleich Null. Damit nimmt die Geschwindigkeit, mit der sich die Erde dreht, vom Äquator (mit etwa 465 m/s) Richtung Pol stetig ab. Da sich die Luft der Atmosphäre mit der gleichen Geschwindigkeit wie die Erde dreht, gilt dies nicht nur für die Erdoberfläche selbst, sondern auch für die Luftteilchen in der Atmosphäre. Bewegt sich nun ein Luftteilchen vom Äquator nordwärts Richtung Pol, behält es infolge der Massenträgheit seine ursprüngliche Rotationsgeschwindigkeit und Ausrichtung bei.
Das bedeutet: Wenn das Teilchen vom Äquator kommend auf dem zehnten Breitengrad ankommt, bewegt es sich immer noch mit 465 m/s in Rotationsrichtung. Damit eilt das Teilchen der Erdoberfläche, die sich an dieser Stelle lediglich mit 458 m/s bewegt bereits ein gutes Stück voraus. Beim 20. Breitengrad ist die Bahngeschwindigkeit der Erdoberfläche noch niedriger, sodass sich der Vorsprung des Luftteilchens nochmals vergrößert und so fort.

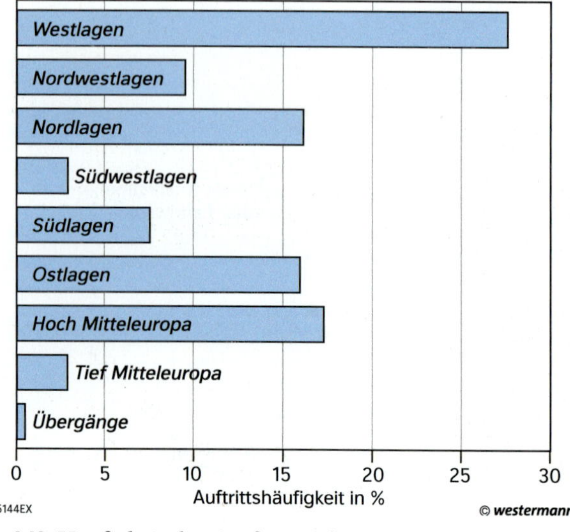


M2 Häufigkeit der Großwetterlagen in Deutschland

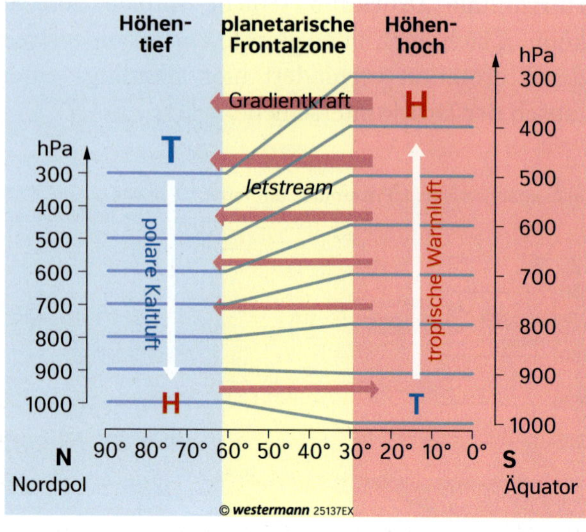


M3 Planetarische Druckverteilung in der Atmosphäre

Die Kraft, die diesen Prozess antreibt, heißt **Corioliskraft**, benannt nach ihrem Entdecker Gustave de Coriolis (1792 – 1843).
Tatsächlich handelt es sich aber dabei nur um eine Scheinkraft, da die Luft ja nicht wirklich abgelenkt wird. Die Kugelform der Erde sorgt lediglich dafür, dass dieser Eindruck entsteht. Auf der Nordhalbkugel bewirkt die Corioliskraft eine Ablenkung der Luftmassenströmungen in Bewegungsrichtung nach rechts und auf der Südhalbkugel in Bewegungsrichtung nach links.
Die Stärke dieser Ablenkung steigt mit der Geschwindigkeit der Strömung und der geographischen Breite. In äquatornahen Gebieten, wo die Luft direkt vom Hoch zum Tief fließt und die Druckgegensätze rasch abgebaut werden, ist die Corioliskraft am geringsten. Ihre größte Stärke erreicht sie daher dort, wo bewegte Luftmassen nicht durch Reibung am Boden gebremst und durch hohe Luftdruckgegensätze (hohe Gradientkraft) stark beschleunigt werden. Diese Bedingungen sind besonders im Bereich der sogenannten planetarischen **Frontalzone** (lat. frons: Grenze) gegeben, die auf beiden Halbkugeln als Übergangsgebiet zwischen der hoch reichenden Warmluftsäule der Tropen und der weniger hoch reichenden Kaltluftsäule der polaren Gebiete liegt.
Aufgrund der Coriolisablenkung entwickelt sich hier in den mittleren Breiten ein breites Band beständig wehender Westwinde. Hier liegt die **Westwindzone**. Da in der Frontalzone das Luftdruckgefälle mit der Höhe zunimmt, kommt es dort auch zu den größten Windgeschwindigkeiten. Der sich dadurch in sieben bis zwölf km Höhe entwickelnde **Jetstream** (Höhenstrahlstrom) umtost in den mittleren Breiten die Erde mit Geschwindigkeiten von 100 – 600 km/h in einer Breite von 500 – 1000 km. Durch die Wellenströmung (nach ihrem Entdecker Rossby-Wellen genannt) wird das globale Energieungleichgewicht abgebaut (siehe S. 70 M2).

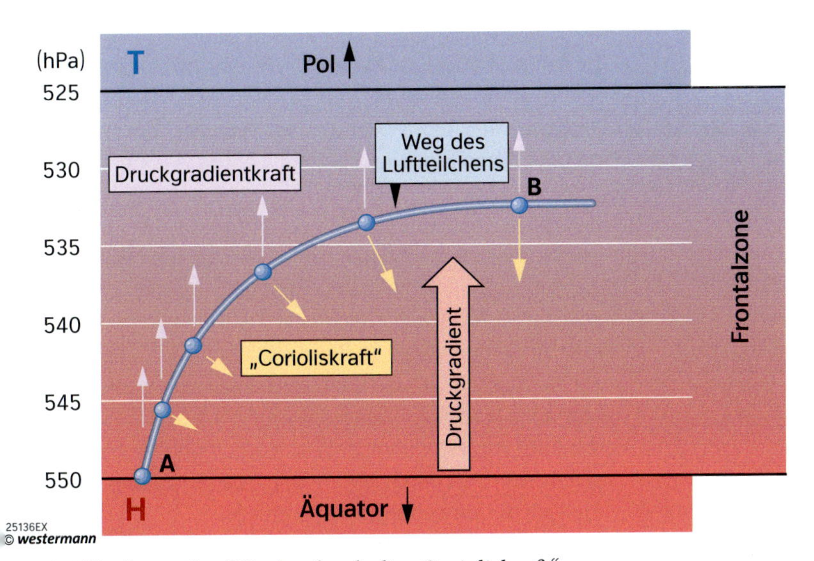

M4 Ablenkung des Windes durch die „Corioliskraft"

## AUFGABEN

**1** **Erklären Sie mit eigenen Worten die Entstehung der Corioliskraft und ihren Einfluss auf die Windrichtung.**

**2** **Erläutern Sie den Einfluss der Corioliskraft, wenn Luft aus höheren Breiten in Richtung Äquator strömt.**

**3** **Erläutern Sie die Entstehung der planetarischen Frontalzone und des Jetstreams.**

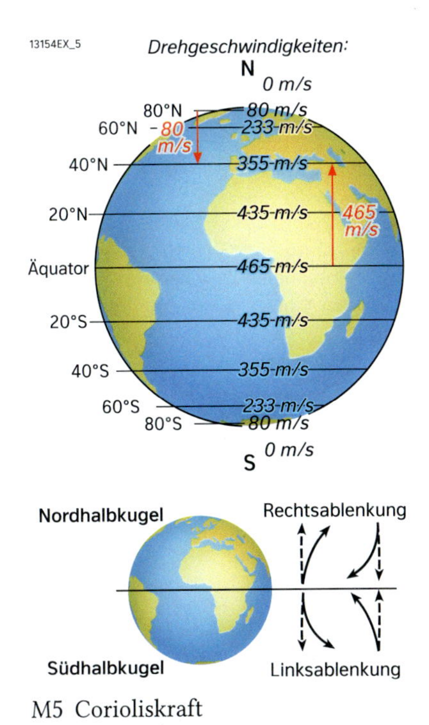

M5 Corioliskraft

# Grundlagen der atmosphärischen Zirkulation

Jetstreams sind schmale, bandförmige Starkwindfelder, die in der oberen Troposphäre und der unteren Stratosphäre auftreten. Sie sind in der Regel einige Tausend Kilometer lang, mehrere Hundert Kilometer breit, aber nur wenige Kilometer dick. Oft sind sie korkenzieherförmig verdreht, winden sich wie Flussläufe und können sich in mehrere Äste aufspalten, sind also in ihrer Form und Intensität ständigen Veränderungen unterworfen. In ihnen können Windgeschwindigkeiten von über 500 km / h erreicht werden (über dem Nordatlantik wurden 535 km / h gemessen). Flugzeuge profitieren vom Jetstream: Bei Atlantikflügen in West-Ost-Richtung ist die Flugzeit durch diesen „Rückenwind" kürzer und der Treibstoffverbrauch geringer.

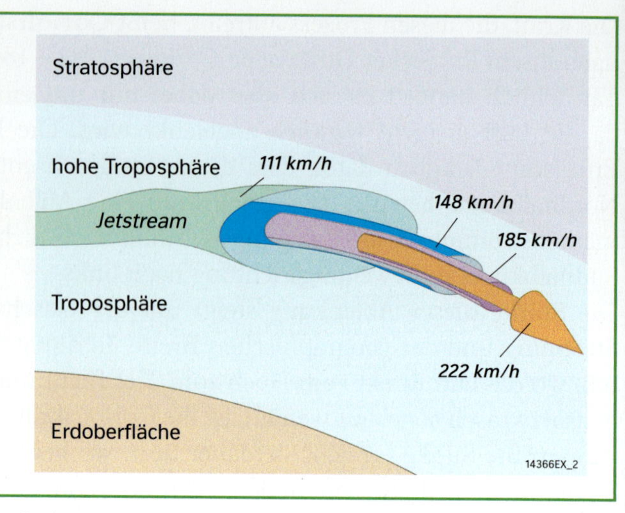


M1 Jetstreams, die Schwungräder der atmosphärischen Zirkulation

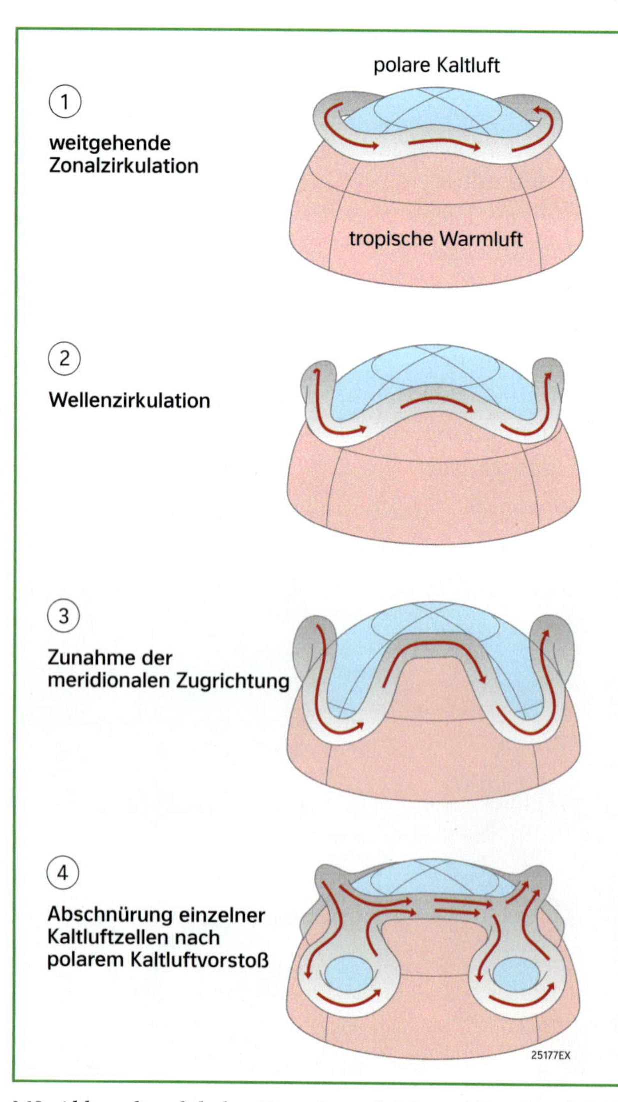


Die Westwindströmung und der darin eingebettete Jetstream blockieren auf den ersten Blick den Luftmassen- und Energieaustausch zwischen Tropen und Polargebieten. Tatsächlich verläuft dieses Windband aber nie ganz breitenkreisparallel, sondern immer in einer mehr oder weniger stark ausgeprägten Wellenbewegung. Hochragende, in meridionaler Richtung verlaufende Gebirgszüge wie zum Beispiel die nord- und südamerikanischen Kordilleren lenken die Strömung ständig ab: Vor dem Gebirge kommt es durch erhöhte Reibung zum „Stau", zur Verringerung der Geschwindigkeit und damit auch der Coriolisablenkung. Da die Druckgradientkraft gleich bleibt, schlägt die Strömung polwärts aus. Jenseits des Hindernisses kommt es dagegen wegen sinkender Reibung wieder zur Erhöhung der Strömungsgeschwindigkeit; die Coriolisablenkung wächst und die Strömung wird wieder äquatorwärts gelenkt.
In unregelmäßiger Reihenfolge wird ein stärkeres Mäandrieren der Höhenströmung zudem dadurch ausgelöst, dass der Temperaturunterschied zwischen tropisch-subtropischen und polaren Luftmassen den Grenzwert von 6 °C / 1000 km überschreitet. Die Anzahl der Mäanderwellen pendelt so ständig zwischen drei, vier oder fünf Ausschlägen hin und her. In allen Fällen werden entlang der Wellen Luftmassen weit pol- und äquatorwärts bewegt. Gelegentlich werden durch rasche Änderungen des Wellenausschlags auch einzelne Zellen abgeschnürt, die dann vorübergehend die Weströmung blockieren. Insgesamt gleicht sich die Temperatur der vorgestoßenen polaren Kaltluft und subtropischen Warmluft durch Erwärmung bzw. Abkühlung allmählich der Umgebungstemperatur an.

M2 Abbau des globalen Energieungleichgewichts durch Wellenströmung (Rossby-Wellen)

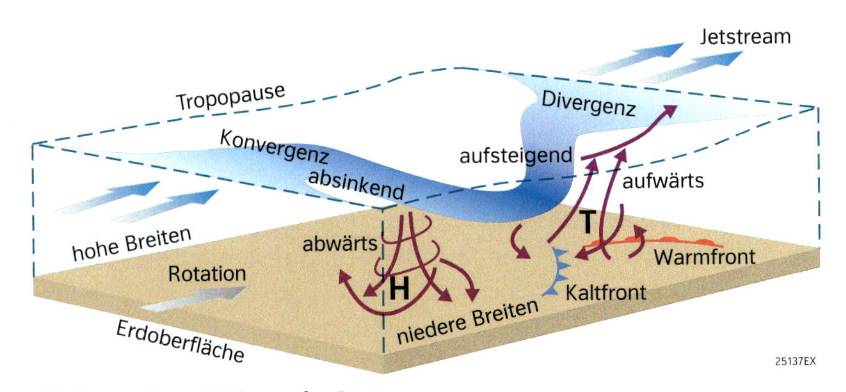


M3 Pump-Saug-Wirkung des Jetstreams

## AUFGABEN

1 **Erläutern Sie die Entstehung und Bedeutung der Mäanderwellen der Höhenströmung (M2).**

2 **Erklären Sie die Bildung dynamischer Hochdruckgebiete.**

3 **Stellen Sie die Unterschiede zwischen dynamischen und thermischen Hochdruckgebieten dar.**

## Dynamische Hochdruckgebiete

Immer wenn der Jetstream langsamer wird, drücken die nachfolgenden Luftmassen infolge des „Staueffekts" Luft wie bei einer Druckpumpe bodenwärts. Die so entstehenden Hochdruckgebiete, die **Antizyklonen**, reichen vom Boden bis in große Höhen und werden von dort ständig „nachgefüttert". Durch die absinkende Luftbewegung kommt es zur Wolkenauflösung, weshalb diese Druckgebilde Schönwetterlagen verursachen. Sie driften als dynamische (sich ständig neu bildende) Hochdruckwirbel mit der Westströmung ostwärts und unterscheiden sich damit von thermisch gebildeten Hochdruckgebieten, welche stationär und entweder nur am Boden oder in der Höhe ausgebildet sind. Einige der dynamisch gebildeten Hochdruckgebiete scheren äquatorwärts aus und formen als lockere Aneinanderreihung den **subtropischen Hochdruckgürtel** (siehe S. 73 M3). In Bodennähe strömen die Luftmassen vom Kernbereich dieser Hochdruckgebiete weg und werden dabei – auf der Nordhalbkugel nach rechts – abgelenkt. Teile der Luftmassen fließen als Passatströmung (siehe S. 74) Richtung Äquator, ein anderer Teil bewegt sich polwärts und trifft dort auf Kaltluftmassen.

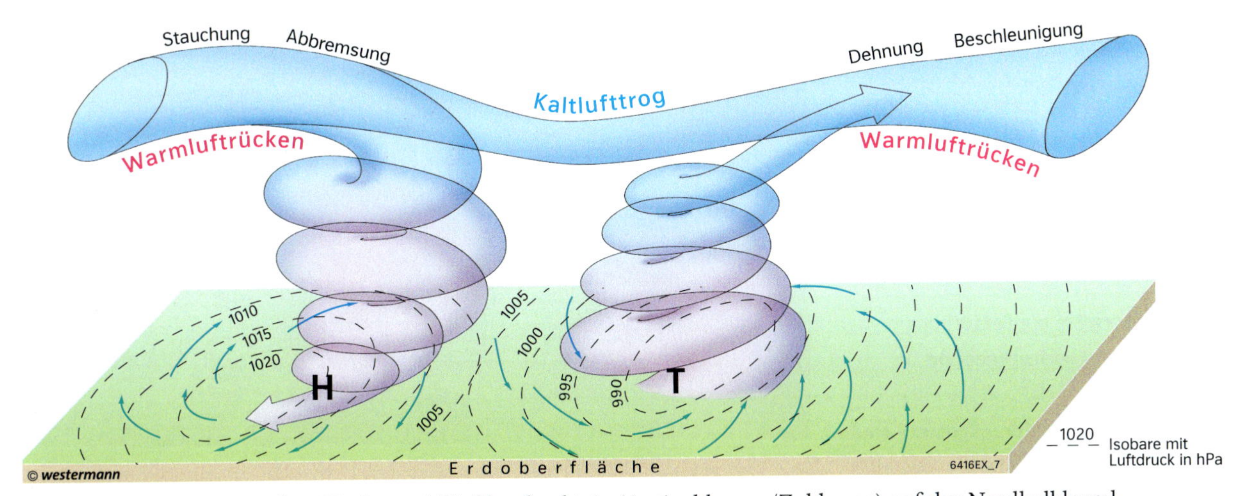


M4 Entstehung dynamischer Hoch- und Tiefdruckgebiete (Antizyklonen /Zyklonen) auf der Nordhalbkugel

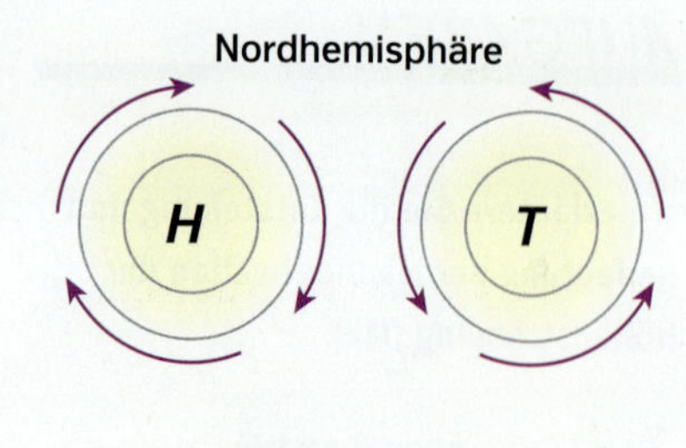


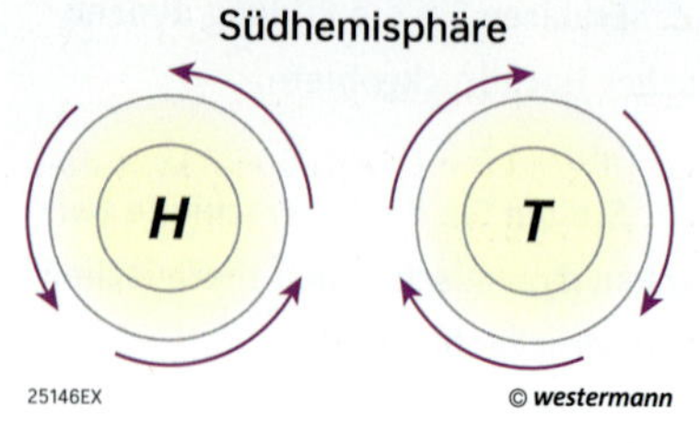


M1 Strömungsmuster bei Hoch- und Tiefdruckgebieten (mittlere und höhere Troposphäre)

## Dynamische Tiefdruckgebiete

Beim Beschleunigen saugt der Jetstream wie ein Staubsauger Luftmassen selbst aus Bodennähe noch in die höhere Troposphäre. Zwischen 45° und 60° nördlicher oder südlicher Breite werden in die durch diese Saugwirkung des Jets ausgelösten Tiefdruckgebiete, die **Zyklonen**, subtropische Warmluft- und polare Kaltluftmassen eingezogen und miteinander verwirbelt. Bei diesen Verwirbelungen (auf der Nordhalbkugel gegen den Uhrzeigersinn) kommt es zu vielfältigen Prozessen, wie etwa zur Bewölkungsentwicklung und Niederschlagsbildung, die für das wechselhafte Wetter in den mittleren Breiten verantwortlich sind. Hierbei wird diejenige Wärmemenge freigesetzt, die in den niederen Breiten zur Verdunstung benötigt wurde.

Generell gilt: Je größer das Energieungleichgewicht zwischen Nord und Süd an einer bestimmten Stelle ist, desto stärker mäandriert dort der Jetstream, desto mehr Zyklonen werden gebildet, desto größer ist der Umsatz von latenter Wärme. Die Zyklonentätigkeit ist daher im Winter jeweils stärker als im Sommer und auf der Südhalbkugel wegen des „Eisschranks" Antarktika generell stärker als auf der Nordhalbkugel. Wie die dynamisch entstehenden Antizyklonen driften auch die dynamisch entstehenden Zyklonen mit der Westwindströmung ostwärts und erreichen einen Durchmesser von durchschnittlich 1500 km. Einige dieser Tiefdruckgebiete scheren dabei polwärts aus und bilden so als lockere Aneinanderreihung von Tiefdruckzellen die **subpolare Tiefdruckrinne** (siehe S. 73).

M2 Dynamisches Tiefdruckgebiet über den Britischen Inseln im Satellitenbild

### AUFGABEN

**1 Erläutern Sie die Entstehung dynamischer Tiefdruckgebiete.**

**2 Dynamische Tiefdruckgebiete sind im jeweiligen Winter stärker ausgebildet. Erklären Sie.**

## Druckgürtel der Erde

Ein charakteristisches System von Windgürteln umspannt die Erdoberfläche. Die Luftströmungen werden durch eine systematische Verteilung von Zonen hohen und tiefen Drucks angetrieben. Dieses globale System von Wind- und Luftdruckgürteln wird in der Klimatologie als „allgemeine Zirkulation der Atmosphäre“ bezeichnet. Die Abbildung M3 zeigt in einem vereinfachten Modell die grundlegenden Komponenten dieses Systems in Bodennähe.

Zentrales Element der globalen Zirkulation ist die **Innertropische Konvergenzzone (ITC)**, die auch als äquatoriale Tiefdruckrinne bezeichnet wird und die gesamte Erde umgibt. Die Zone tiefen Luftdrucks entsteht am Boden durch die ganzjährig hohe Einstrahlung rund um den Äquator, welche ein Aufstieg der Luftmassen zur Folge hat. In der Höhe entsteht folglich ein thermisches Hoch. Polwärts folgen bei etwa 35° nördlicher oder südlicher Breite die Hochdruckgebiete des subtropischen Hochdruckgürtels. Darin befinden sich dynamisch entstandene Antizyklonen an der tropischen Seite des Jetstreams, die weit in die Troposphäre hinaufreichen (z. B. Azorenhoch, Hawaiihoch). Bei etwa 60° nördlicher oder südlicher Breite liegt die subpolare Tiefdruckrinne mit dynamisch entstandenen Tiefdruckgebieten an der polwärtigen Seite des Jetstreams (z. B. Islandtief). Diese jeweils nur im statistischen Mittel als „Gürtel“ vorhandene Druckverteilung wird – je nach Jahreszeit – durch Kältehochs und Hitzetiefs über den Kontinenten unterbrochen. Schließlich sinken an den beiden Polen die kalten Luftmassen ab. Sie bilden am Boden jeweils ein sogenanntes **polares Hoch** und hinterlassen in der Höhe ein Tiefdruckgebiet.

## AUFGABEN

**3 Erklären Sie die Entstehung der Innertropischen Konvergenzzone (ITC).**

**4 Beschreiben Sie die Verteilung der Hoch- und Tiefdruckgebiete, welche die „allgemeine Zirkulation der Atmosphäre“ antreiben.**

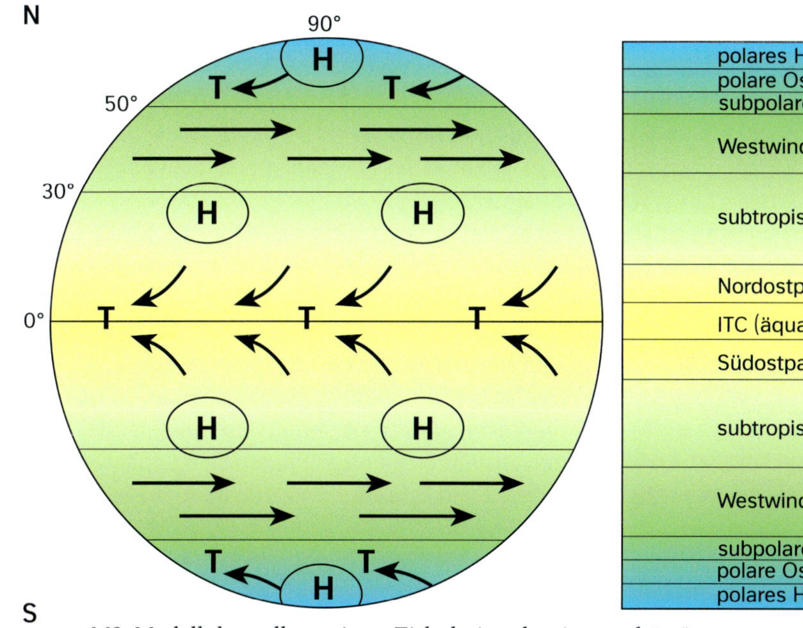


polares Hoch (thermisch)
polare Ostwinde
subpolare Tiefdruckrinne (dynamisch)
Westwindzone
subtropischer Hochdruckgürtel (dynamisch)
Nordostpassat
ITC (äquatoriale Tiefdruckrinne) (thermisch)
Südostpassat
subtropischer Hochdruckgürtel (dynamisch)
Westwindzone
subpolare Tiefdruckrinne (dynamisch)
polare Ostwinde
polares Hoch (thermisch)

M3 Modell der „allgemeinen Zirkulation der Atmosphäre“

## AUFGABEN

**1 Erläutern Sie das planetarische Druck- und Windsystem in seinen Grundzügen.**

**2 Erläutern Sie die räumliche Verlagerung der Druck- und Windgürtel der Erde in Abhängigkeit vom Zenitstand der Sonne (M3 oben und unten).**

**3 Erläutern Sie die klimatische Funktion von Meeresströmungen (M1, M2).**

**4 Die Tisissat-Wasserfälle (M4) liegen etwa 30 km südlich von Bahir Dar in Äthiopien am Blauen Nil.**
**a) Fertigen Sie eine Faustskizze von Afrika an und verorten Sie darin die Wasserfälle mithilfe des Atlas.**
**b) Erklären Sie das Zustandekommen der unterschiedlichen Niederschlagsverhältnisse mithilfe der allgemeinen Zirkulation der Atmosphäre. Tragen Sie dazu die Lage der ITC und des Nordost-Passats während der Regen- sowie der Trockenzeit in die Faustskizze ein.**

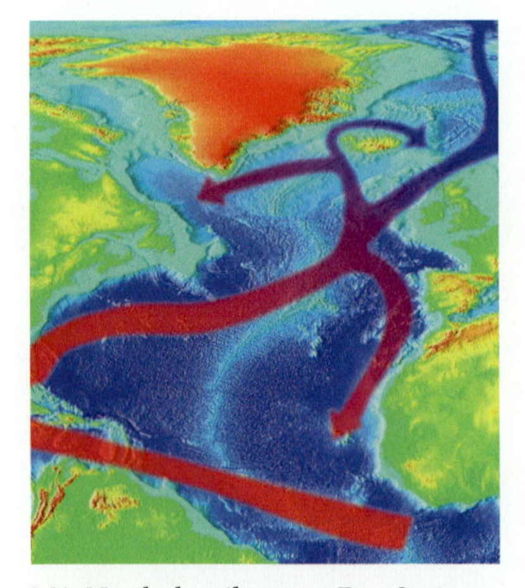

M1 Nordatlantikstrom: Der Strömungsverlauf mit seinen Verzweigungen ist in der oberen Bildhälfte gut zu erkennen.

## Windgürtel der Erde

Zwischen den Druckgürteln, die die Erde umgeben, liegen mehrere Windgürtel, die zusammen mit den Meeresströmungen den globalen Energieaustausch bewirken. In den bodennahen Luftschichten wehen in den Tropen ganzjährig beständige Winde, die **Passate**, vom subtropischen Hochdruckgürtel zur äquatorialen Tiefdruckrinne.
Zur Zeit der Segelschifffahrt galten die Passatzonen wegen ihrer stabilen Windverhältnisse als verlässliche Handelsrouten. Noch heute erinnert die englische Bezeichnung „Tradewinds“ (Handelswinde) an diese Funktion. In den mittleren Breiten überwiegen Westwinde, die niederschlagsbringende Zyklonen mit sich führen. In den polaren Gebieten entstehen durch die bodennah aus dem polaren Hoch ausströmenden Luftmassen die **polaren Ostwinde**. Mit der jahreszeitlich bedingten Veränderung des Sonnenstandes (siehe S. 56) verlagern sich die Druck- und Windgürtel der Erde um je 5 – 8 Breitengrade nach Nord beziehungsweise Süd. Es gibt daher Breitenzonen, die je nach Jahreszeit von unterschiedlichen Luftdruck- und Windverhältnissen geprägt werden, die alternierenden Klimazonen. In anderen Zonen ändern sich die dominierenden Luftdruck- und Windverhältnisse im Jahresverlauf dagegen kaum. Sie werden als stetige Klimazonen bezeichnet.

Nicht nur die Luftströmungen sorgen für den Ausgleich zwischen den warmen äquatorialen Breiten und den kalten Polargebieten, sondern auch die Meeresströmungen. Diese sind – gesteuert durch die Zirkulation der subtropischen Hochdruckzellen – grundsätzlich so orientiert, dass an den Ostküsten der Kontinente das warme Wasser Richtung Pol fließt und an den Westküsten das kalte Wasser Richtung Äquator. So strömt das warme Wasser des Golfstroms an der Ostküste Nordamerikas nach Norden, biegt bei Neufundland nach Nordosten ab und erreicht die Westküste Irlands und Norwegens. Deshalb bleiben die Häfen in Norwegen selbst im kältesten Winter eisfrei und an der Südküste Irlands wachsen Palmen.
Gleichzeitig fließt das kalte Wasser an der europäischen Atlantikküste zurück zum Äquator. Das hat zur Folge, dass die Wassertemperaturen bei den Kanaren das ganze Jahr über zwischen 21 °C und 23 °C liegen, während sie auf gleicher geographischer Breite bei den Bermudas zwischen 23 °C und 26 °C betragen. Die beiden Transportsysteme Luft und Wasser funktionieren aber nicht unabhängig voneinander, sondern sind über die Meeresoberfläche auf komplizierte Weise miteinander gekoppelt. Erst in den letzten Jahren ist es gelungen, die Kopplungsprozesse richtig zu verstehen und in Wetter und Klimamodelle einzubauen.

(Nach: Dieter Walch und Harald Frater [Hrsg.]: Wetter und Klima. Berlin 2004, S.68)

M2 Klimatische Funktion der Meeresströmungen

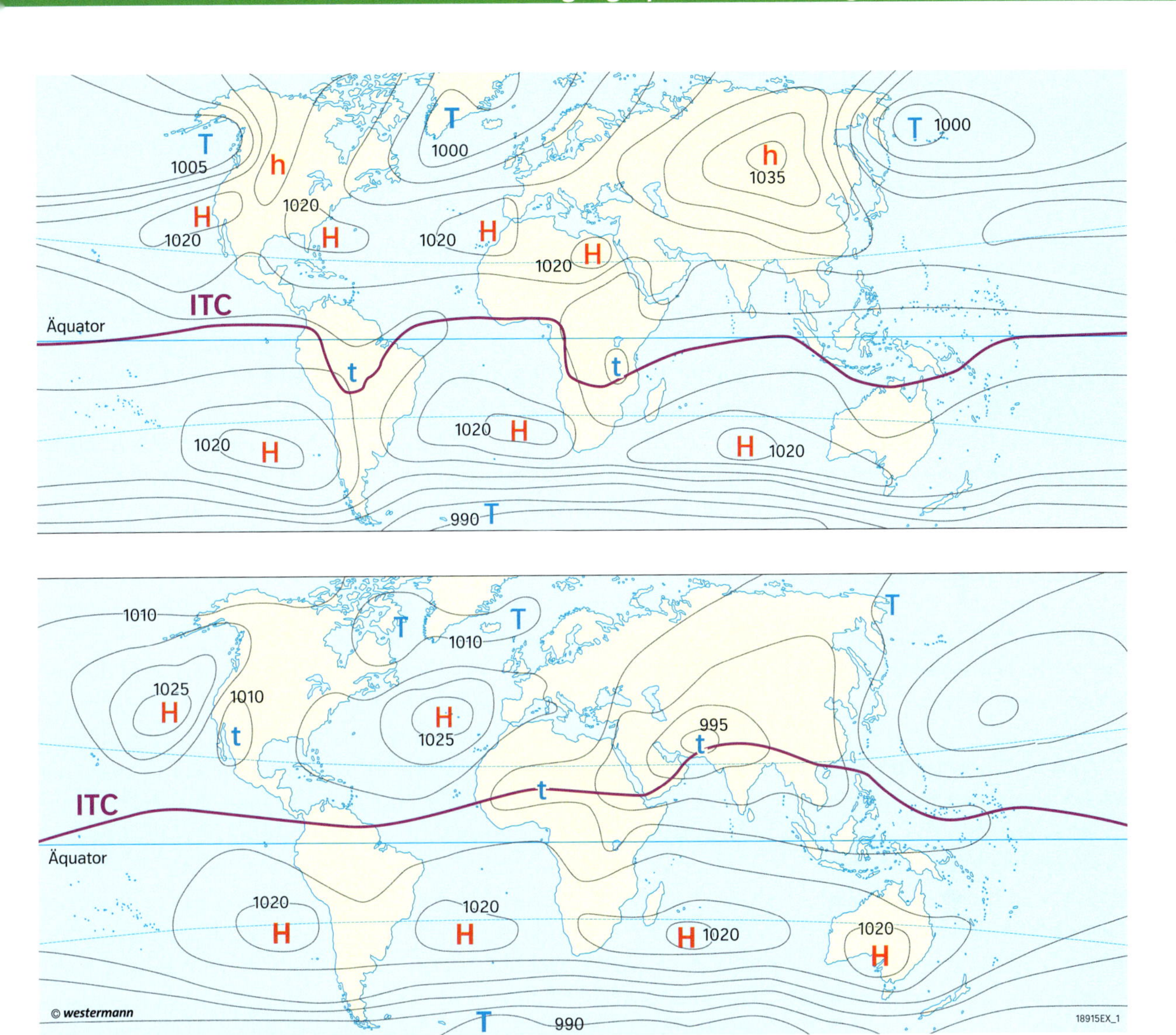


M3 Oben: mittlerer Bodenluftdruck im Januar; unten: mittlerer Bodenluftdruck im Juli
(H, T: dynamische Luftdruckzentren; h, t = thermische Luftdruckzentren)

M4 Wasserfall am Blauen Nil während der Trockenzeit und während der Regenzeit

M1 Typische Konvektionswolken

## AUFGABEN

1 **Erklären Sie die grundlegenden Temperatur- und Niederschlagsverhältnisse in den Tropen.**

2 **Erläutern Sie die Entstehung von Wendekreiswüsten mithilfe von M5.**

3 **a) Ermitteln Sie die Nord-Süd-Ausdehnung und die Ost-West-Ausdehnung der Sahara mithilfe des Atlas.**
**b) Vergleichen Sie die Ausdehnung mit Deutschland.**

## Die Passatströmung

In den Tropen und den Randtropen wird das Wetter vor allem von der Passatströmung bestimmt. Die Passatwinde verdanken ihre Entstehung dem thermisch bedingten Aufstieg von Luftmassen in Äquatornähe: Infolge der intensiven Sonneneinstrahlung in dieser Region heizen sich die Erdoberfläche und die bodennahen Luftschichten, die durch Verdunstung große Mengen an Wasserdampf enthalten, stark auf. Die Erwärmung führt dazu, dass sich die feuchte Luft ausdehnt und mit hoher Geschwindigkeit aufsteigt (maximale vertikale Windgeschwindigkeiten von 10 – 14 m/s).
Sie erreicht bei turbulenter Thermik bereits in 1000 – 1500 m Höhe ihr Kondensationsniveau, wird aber durch die bei der Kondensation (siehe S. 60) frei werdenden großen Mengen von latenter Wärme meist bis zur Obergrenze der Troposphäre hochgetrieben. Dazu saugen die häufig in Gruppen (Clustern) mit einem Durchmesser von 100 oder mehr Kilometern auftretenden Wolkentürme feuchte Warmluft aus einem weiten Umkreis an.
Da warme Luft sehr viel Wasserdampf speichern kann, sind die aus diesen Gewitterwolken fallenden Platzregen heftig: Sie betragen am Tag 100 mm und mehr und setzen regelmäßig am Nachmittag ein. Im Jahresverlauf erreichen sie ihre höchste Intensität, wenn die Sonne im Zenit steht. Diese Regenfälle nennt man **Zenitalregen**.
Der Aufstieg der Luftmassen führt zu einem Abfall des Luftdrucks in Bodennähe; deshalb wird dieser Bereich als äquatoriale Tiefdruckrinne bezeichnet. An der Troposphärenobergrenze, das heißt in der Tropopause in 16 bis 18 km Höhe, führt die kräftige Konvektion zu einem Luftmassenüberschuss und damit zur Ausbildung eines Höhenhochs. Hier teilt sich der Luftstrom und strömt als sogenannter Antipassat polwärts in nördlicher und südlicher Richtung (M3).

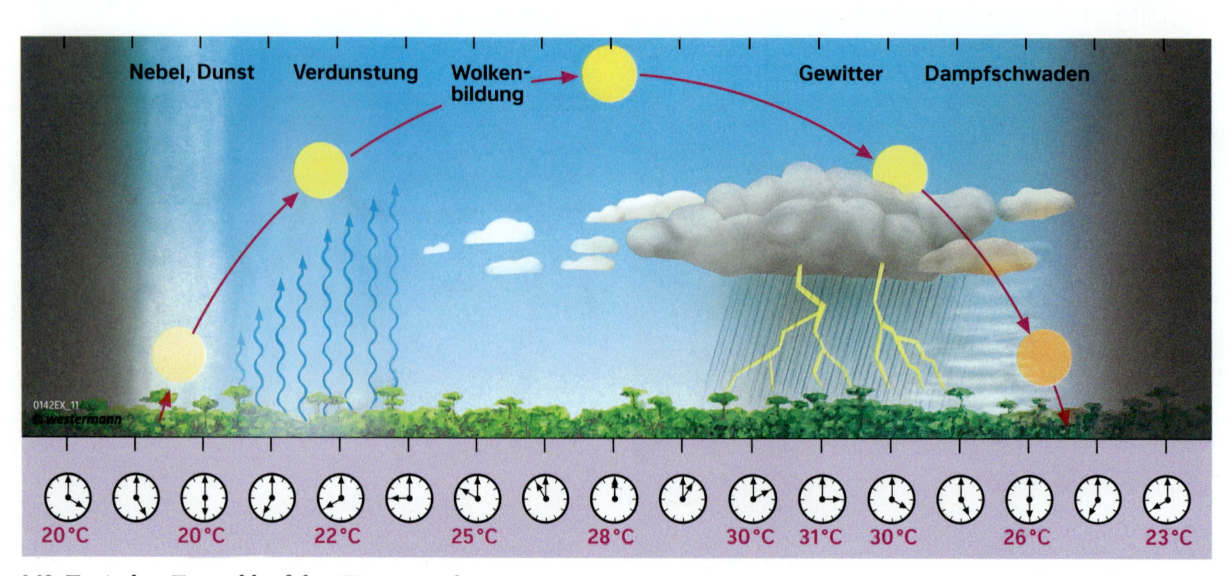

M2 Typischer Tagesablauf des Wetters in den inneren Tropen

Durch die Corioliskraft wird der Antipassat auf der Nordhalbkugel nach rechts und auf der Südhalbkugel nach links abgelenkt.
Etwa auf Höhe der Wendekreise wird die Luft – hauptsächlich durch die Verengung der Längenkreise – zum Abstieg gezwungen und erzeugt dabei bodennahen Hochdruck, die sogenannten subtropischen Hochdruckzellen (siehe S. 71). Durch das Absinken erwärmen sich die Luftmassen. Hierbei verdunstet die restliche Feuchtigkeit; die Wolken lösen sich auf und die relative Luftfeuchte sinkt.
In diesen besonders niederschlagsarmen Regionen kommt es häufig zur Bildung von Wüsten, wie der Kalahari im südlichen Afrika, der Arabischen Wüste, der Großen Sandwüste in Australien oder auch der Sahara. Da sich diese Wüsten im Bereich des nördlichen und des südlichen Wendekreises ausbilden, werden sie auch als Wendekreiswüsten bezeichnet (M5). In den trockensten Gebieten der Sahara kann der Niederschlag sogar über mehrere Jahre ausbleiben.
Dem Druckgefälle zwischen den subtropischen Hochdruckzellen und der äquatorialen Tiefdruckrinne folgend, strömen die Luftmassen in Bodennähe erneut dem Äquator zu. Sie gleichen dort die fehlenden Luftmassen im Hitzetief aus. Die Strömungsschicht reicht bis in zwei Kilometer Höhe hinauf und bildet den eigentlichen Passat. Verantwortlich für die charakteristische Windrichtung der Passate ist neben der Corioliskraft auch die Reibungskraft. Auf der Nordhalbkugel bildet sich auf diese Weise ein Nordostpassat, auf der Südhalbkugel ein Südostpassat aus. Der Bereich, in dem die beiden Passatströmungen der Nord- und Südhalbkugel aufeinandertreffen, wird als Innertropische Konvergenzzone (ITC) bezeichnet und entspricht der äquatorialen Tiefdruckrinne.
Eine weitgehend störungsfreie Passatzirkulation ist auf dem Meer deutlicher ausgebildet als auf dem Land, insbesondere über dem Atlantischen und dem Pazifischen Ozean.

M4 Zirkulationsmuster über Afrika mit Wolkencluster der ITC

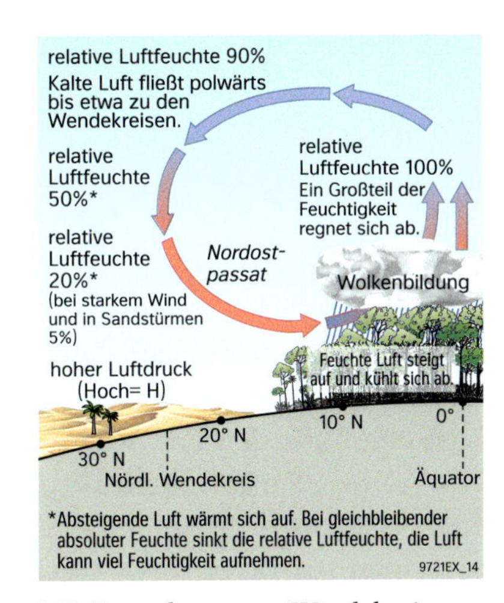

M5 Entstehung von Wendekreiswüsten

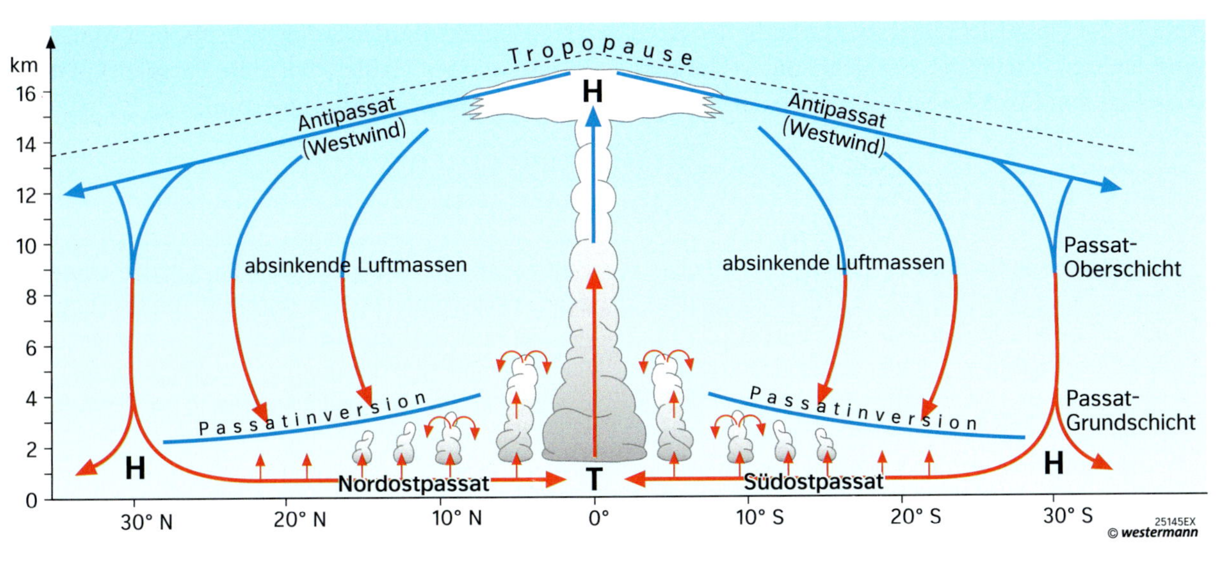

M3 Die Passatzirkulation

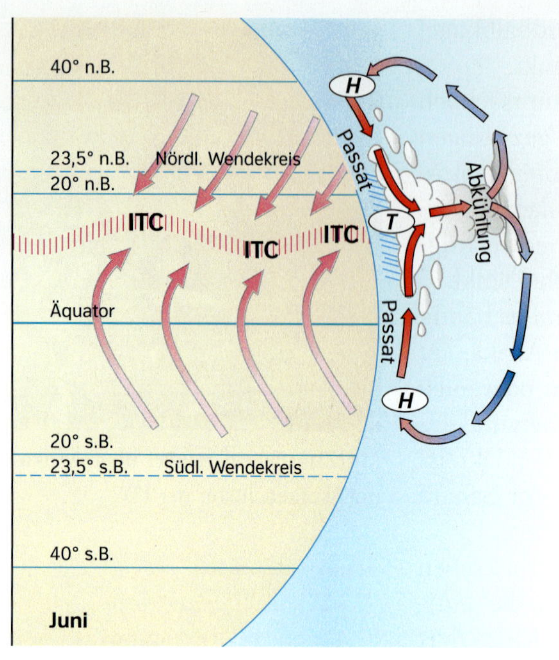


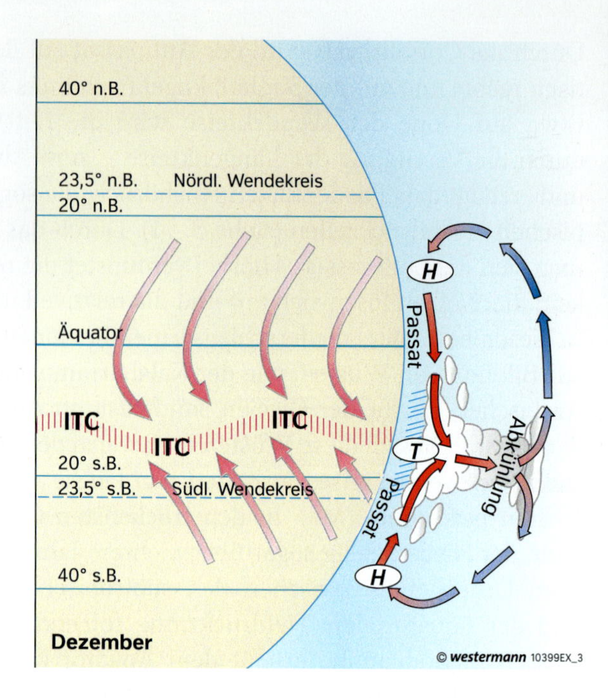


M1 Jahreszeitliche Schwankung der Passatzirkulation

## Die Passatinversion

Zwischen der Oberschicht und der Grundschicht der tropischen Passatzirkulation (siehe S. 77) bildet sich eine Inversion aus, weil sich die Luftmassen des Antipassats auf ihrem Weg Richtung Wendekreis stärker erwärmen, als die bodennahen Luftschichten. Im Bereich der Wendekreise hat diese Passatinversion ihre geringste Höhe, Richtung ITC steigt sie langsam an und löst sich schließlich auf. Die Passatinversion trennt Ober- und Grundschicht der Passatströmung, wodurch in der Regel eine stabile Schichtung herrscht, die verhindert, dass sich hohe Wolken bilden. Zu Niederschlägen kommt es nur, wenn die Passatwinde über Meeresflächen (siehe M2) wehen und an einem Hindernis, etwa einer Gebirgskette, aufsteigen.

Mit dem jahreszeitlichen Wechsel des Sonnenstandes verlagern sich auch die Einzelbereiche der Passatzirkulation. Für die betroffenen Regionen ergibt sich daraus ein markanter jahreszeitlicher Wechsel von Trockenzeiten (Passateinfluss) und Regenzeiten (Einfluss der ITC).

Nach seinem Entdecker, dem britischen Meteorologen Georges Hadley, wird die Passatzirkulation auch Hadley-Zirkulation genannt.

Die beiden Passatklimazonen unterscheiden sich vor allem in der Wasserverfügbarkeit und deren Bedeutung für die Vegetation, weshalb man eine trockene und eine feuchte Passatzone unterscheidet.
Die unterschiedlichen Niederschlagsmengen in den Passatzonen sind ursächlich in der Lage innerhalb der atmosphärischen Zirkulation bedingt. Die Ostseiten der Kontinente werden von Passatwinden beeinflusst, die vom Meer kommen und feucht sind. Die zentralen Regionen innerhalb der Passatzone werden dagegen von kontinentalen, trockenen Passatwinden geprägt (z. B. Harmattan in Westafrika). Trockene Passatklimate sind daher um die Wendekreise, an den Westküsten der Kontinente bzw. in den zentralen Bereichen zu finden.

(Nach: Martin Kappas: Klimatologie. Heidelberg 2009, S.117)

M2 Passatklimate

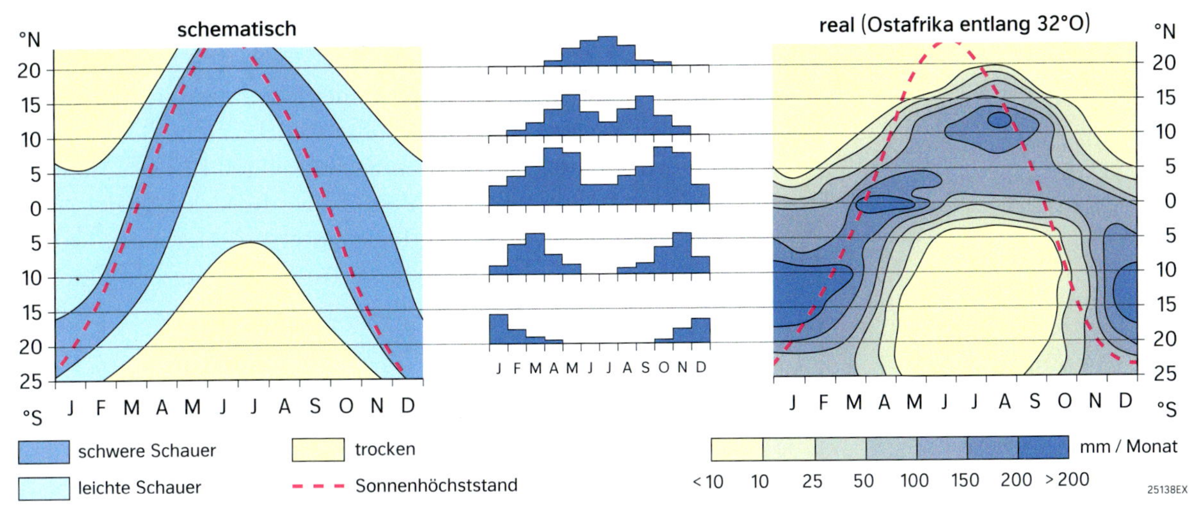


M3 Wanderung der ITC und der Niederschlagsbereiche

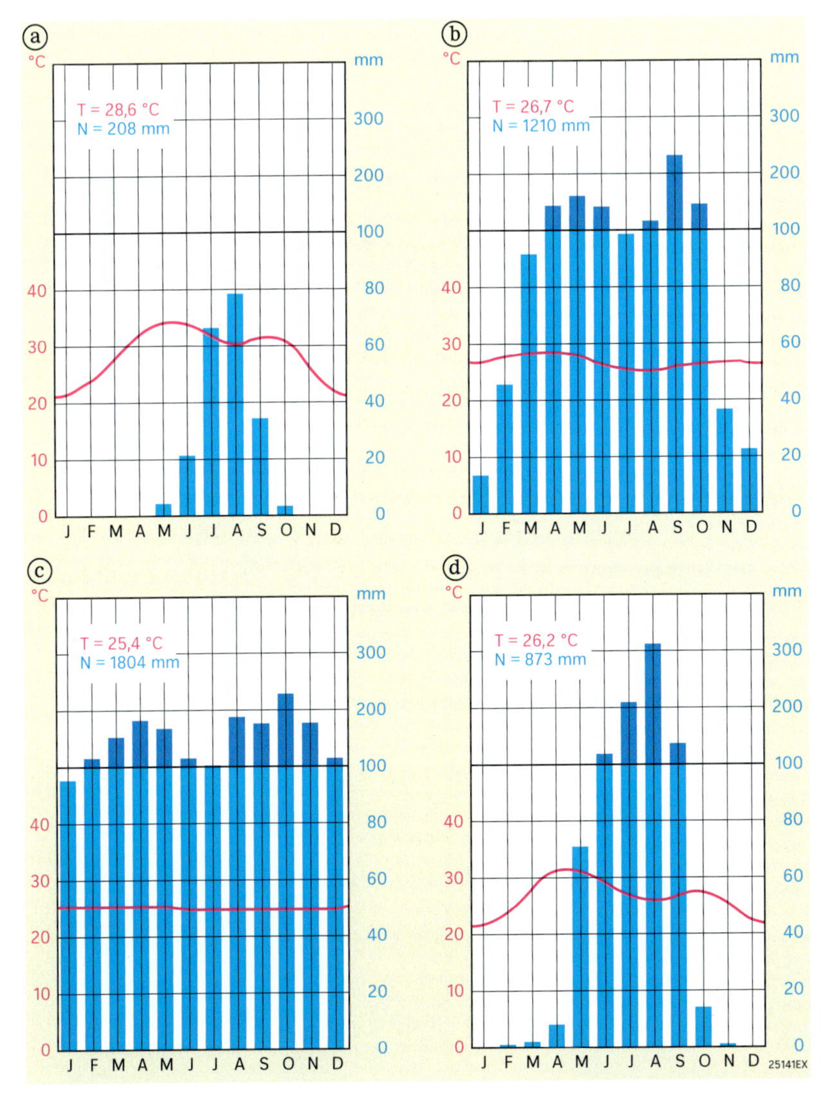


M4 Klimadiagramme ausgewählter Stationen aus den Tropen

## AUFGABEN

**1** **Die ITC verlagert sich im Jahresverlauf. Erläutern Sie die Ursachen und Auswirkungen auf die Passatzirkulation.**

**2** **Sowohl Nouakchott/Mauretanien als auch Santo Domingo/Dominikanische Republik liegen auf ca. 18,5° nördlicher Breite. Während in Nouakchott die Jahresniederschläge 85 mm betragen, fällt in Santo Domingo 1165 mm Niederschlag im Jahr. Begründen Sie (M2, Atlas).**

**3** **Analysieren Sie die Klimadiagramme in M4 und ordnen Sie diese begründet den folgenden Stationen zu: Kisangani, Timbuktu, Kano und Bouaké (S. 81 M3, Atlas).**

# Analyse von Klimadiagrammen

**Jahresdurchschnittstemperatur**

| | |
|---|---|
| unter -10 °C: | sehr niedrig |
| -10 °C bis 0 °C: | niedrig |
| 0 °C bis 12 °C: | gemäßigt |
| 12 °C bis 24 °C: | hoch |
| über 24 °C: | sehr hoch |

**Temperaturamplitude**

| | |
|---|---|
| unter 5 °C: | sehr gering |
| unter 20 °C: | gering |
| 20 °C bis 40 °C: | hoch |
| über 40 °C: | sehr hoch |

**Jahresniederschlag**

| | |
|---|---|
| unter 250 mm: | sehr gering |
| 250 bis 500 mm: | niedrig |
| 500 bis 1000 mm: | mittel |
| über 1000 mm: | hoch |
| über 2000 mm: | sehr hoch |

**Anzahl der humiden Monate**

| | |
|---|---|
| 0 bis 2: | arides Klima |
| 3 bis 5: | semiarides Klima |
| 6 bis 9: | semihumides Klima |
| 10 bis 12: | humides Klima |

M1 Charakterisierung der Temperatur- und Niederschlagswerte

## Auswertung von Klimadiagrammen

Klimadiagramme stellen in einer einheitlichen und übersichtlichen Form die wichtigsten klimatischen Kennzeichen eines Ortes dar. Sie enthalten neben den Angaben zu der jeweiligen Klimastation (z. B. Name, geographische Koordinaten) Werte hinsichtlich der Verteilung des Niederschlags und der Temperaturschwankungen im Laufe des Jahres. Darüber hinaus geben sie Auskunft über den Jahresniederschlag und die Jahresdurchschnittstemperatur. Alle Werte in Klimadiagrammen sind Durchschnittswerte, die über einen Zeitraum von 30 Jahren ermittelt wurden. Ein Klimadiagramm beschreibt also den typischen Zustand der erdnahen Atmosphäre an einem Ort. Damit ist das Klimadiagramm nur sehr eingeschränkt zur Wettervorhersage zu gebrauchen.
Klimadiagramme sind Koordinatensysteme mit drei Achsen. Die waagerechte Achse gibt die einzelnen Monate des Jahres wieder. Auf der linken senkrechten Achse ist die Temperatur in Grad Celsius, auf der rechten der Niederschlag in Millimeter (= Liter pro Quadratmeter) eingezeichnet.
Temperaturwerte (T) und Niederschlagswerte (N) werden auf den beiden senkrechten Achsen im Verhältnis 1:2 gegenübergestellt. 10 °C auf der Temperaturachse entsprechen 20 mm auf der Niederschlagsachse. So lässt sich grob erkennen, ob in einem Monat **humide** oder **aride** Klimaverhältnisse herrschen, die bestimmte Auswirkungen auf das Pflanzenwachstum oder die landwirtschaftliche Nutzung haben. Liegt N über T, so ist der Monat humid, andernfalls arid. Diese Zuordnung entspricht nicht überall auf der Erde den tatsächlichen Verhältnissen, erspart aber eine aufwendige Messung oder gar Berechnung der Verdunstung. Es gibt aber auch Diagramme, in denen die potenzielle Landschaftsverdunstung eingetragen ist. Hierbei werden auf Basis der Verdunstung über freien Wasserflächen zusätzlich noch Einflüsse von Vegetation und Landnutzung in ihrem jahreszeitlichen Wandel berücksichtigt.

### Leitfaden zur Auswertung und Analyse von Klimadiagrammen

1. **Beschreibung der Ortslage**
   Name der Station und des Landes, Lage im Gradnetz, Höhenlage, Lage zum Meer, Lagebesonderheiten (z. B. Hanglage)
2. **Auswertung der Temperaturwerte**
   Jahresdurchschnittstemperatur, Temperaturmaximum / Temperaturminimum (Wert, Angabe des Monats), Jahresamplitude der Temperatur, Besonderheiten im jahreszeitlichen Temperaturverlauf
3. **Auswertung der Niederschlagswerte**
   Jahresniederschlag, Niederschlagsmaximum und Niederschlagsminimum (Wert, Angabe des Monats), Verteilung von Regen- und Trockenzeiten, Anzahl und jahreszeitliche Verteilung der humiden und ariden Monate
4. **Analyse der klimatischen Gegebenheiten**
   Allgemeine Zirkulation der Atmosphäre, regionale und lokale Besonderheiten
5. **Beurteilung der Auswirkungen des Klimas**
   auf die natürliche Vegetation, die Böden und die Möglichkeiten zur landwirtschaftlichen Nutzung

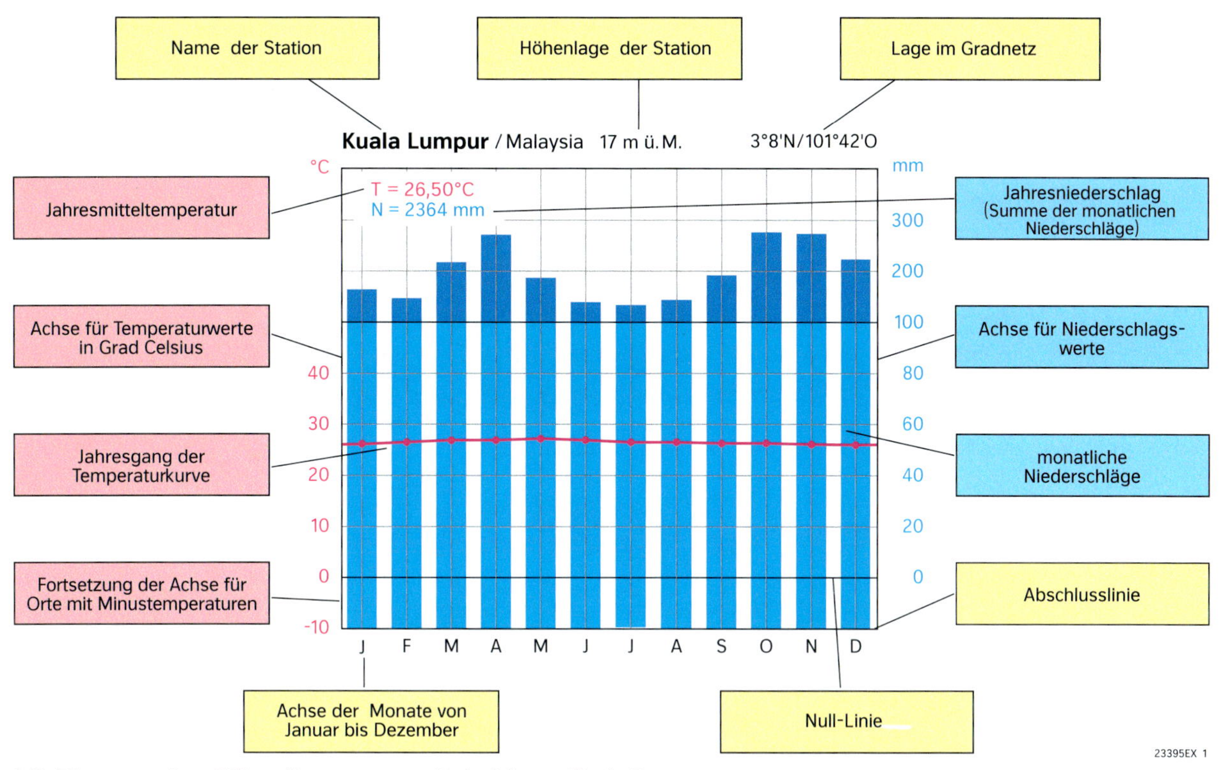


M2 Elemente eines Klimadiagramms am Beispiel von Kuala Lumpur

Kuala Lumpur, die Hauptstadt Malaysias, liegt 17 Meter über dem Meeresspiegel. Die Stadt befindet sich etwa 35 km von der Westküste der Halbinsel Malakka entfernt (Lage im Gradnetz: ca. 3° n. Br. und 102° ö. L.).
In Kuala Lumpur herrschen ganzjährig sehr hohe Temperaturen. Die Jahresdurchschnittstemperatur beträgt 26,5 °C. Die monatlichen Durchschnittstemperaturen sind annähernd konstant (tropisches Tageszeitenklima). Das Temperaturminimum wird im Dezember mit etwa 26 °C erreicht, wohingegen der Mai der wärmste Monat mit etwa 27 °C ist. Die Temperaturamplitude ist mit ca. 1 °C sehr gering.
Der Jahresniederschlag ist mit 2364 mm sehr hoch. Die Niederschläge liegen in allen Monaten über 100 mm. Das Maximum wird im Oktober mit etwa 280 mm, das Minimum im Juli mit etwa 130 mm erreicht. Das Klima ist somit ganzjährig humid.
Kuala Lumpur, mit seiner äquatornahen Lage, genießt ganzjährig eine hohe Einstrahlung, was die konstant hohen Temperaturwerte erklärt. Die malaysische Hauptstadt liegt zudem ganzjährig im Einflussbereich der äquatorialen Tiefdruckrinne, woraus die hohen Niederschläge resultieren. Die Sonne steht in Kuala Lumpur im Jahresverlauf zwei Mal im Zenit. In diese Zeiträume (etwas verspätet) fallen die beiden jährlichen Niederschlagsmaxima (ca. 270 mm im April und 280 mm im Oktober).

M3 Beispiel für die Analyse des Klimadiagramms von Kuala Lumpur

M4 Skyline von Kuala Lumpur

# Klimadaten weltweit

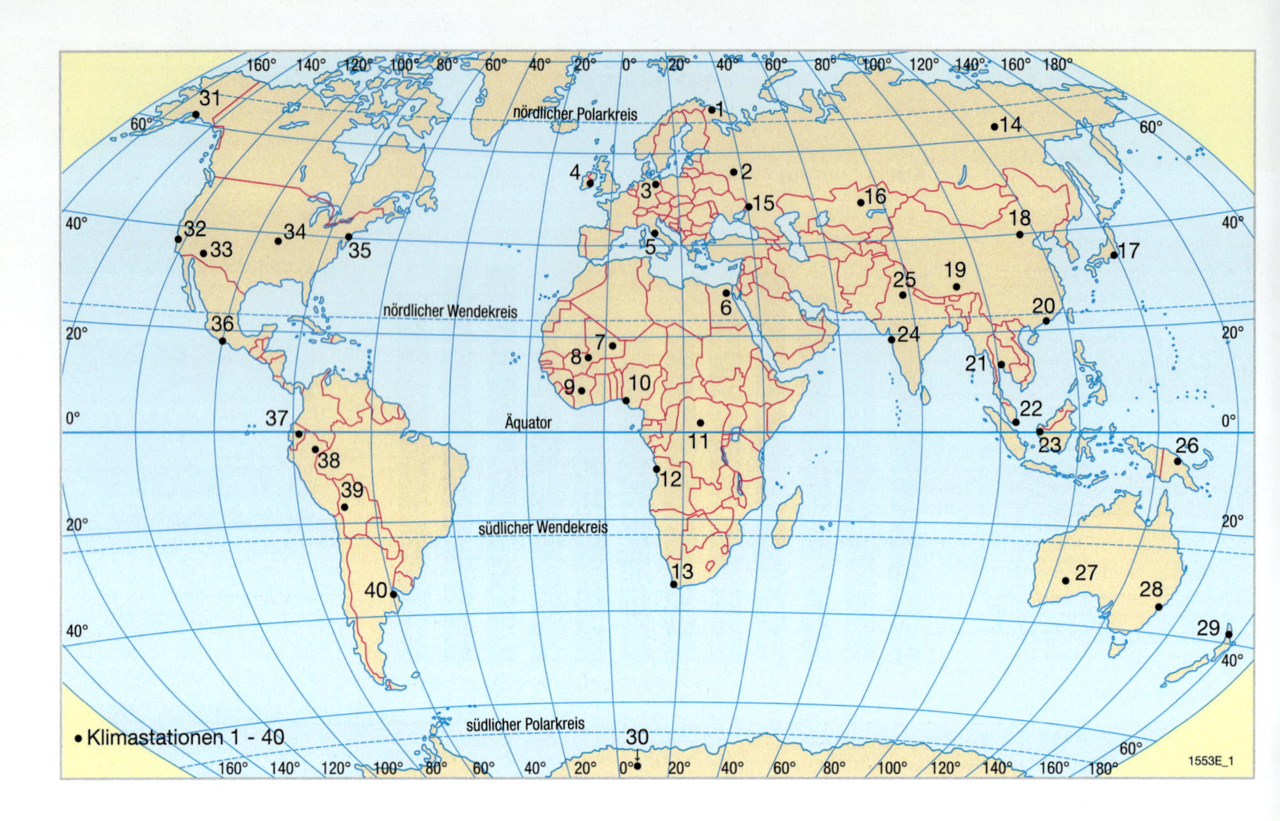


| Europa | | | J | F | M | A | M | J | J | A | S | O | N | D | Jahr |
|---|---|---|---|---|---|---|---|---|---|---|---|---|---|---|---|
| 1 Murmansk | (46 m ü.M.) | °C | -10,9 | -11,4 | -8,1 | -1,4 | 3,9 | 10,0 | 13,4 | 11,1 | 6,9 | 0,9 | -3,8 | -7,9 | 0,2 |
| (Russland) | 68° 58' N / 33° 03' O | mm | 19 | 16 | 18 | 19 | 25 | 40 | 54 | 60 | 44 | 30 | 28 | 33 | 386 |
| 2 Moskau | (156 m ü.M.) | °C | -10,3 | -9,7 | -5,0 | 3,7 | 11,7 | 15,4 | 17,8 | 15,8 | 10,4 | 4,1 | -2,3 | -8,0 | 3,6 |
| (Russland) | 55° 45' N / 37° 34' O | mm | 31 | 28 | 33 | 35 | 52 | 67 | 74 | 74 | 58 | 51 | 36 | 36 | 575 |
| 3 Berlin | (51 m ü.M.) | °C | -0,6 | -0,3 | 3,6 | 8,7 | 13,8 | 17,0 | 18,5 | 17,7 | 13,9 | 8,9 | 4,5 | 1,1 | 8,9 |
| (Deutschland) | 52° 28' N / 13° 18' O | mm | 43 | 40 | 31 | 41 | 46 | 62 | 70 | 68 | 46 | 47 | 46 | 41 | 581 |
| 4 Dublin | (68 m ü.M.) | °C | 4,5 | 4,8 | 6,5 | 8,4 | 10,5 | 13,5 | 15,0 | 14,8 | 13,1 | 10,5 | 7,2 | 5,8 | 9,6 |
| (Irland) | 53° 26' N / 6° 15' W | mm | 71 | 52 | 51 | 43 | 62 | 55 | 66 | 80 | 77 | 68 | 67 | 77 | 769 |
| 5 Rom | (46 m ü.M.) | °C | 6,9 | 7,7 | 10,8 | 13,9 | 18,1 | 22,1 | 24,7 | 24,5 | 21,1 | 16,4 | 11,7 | 8,5 | 15,5 |
| (Italien) | 41° 54' N / 12° 29' O | mm | 76 | 88 | 77 | 72 | 63 | 48 | 14 | 22 | 70 | 128 | 116 | 106 | 880 |
| Afrika | | | | | | | | | | | | | | | |
| 6 Kairo | (95 m ü.M.) | °C | 13,3 | 14,7 | 17,5 | 21,1 | 25,0 | 27,5 | 28,3 | 28,3 | 26,1 | 24,1 | 20,0 | 15,0 | 21,7 |
| (Ägypten) | 30° 08' N / 31° 34' O | mm | 4 | 5 | 3 | 1 | 1 | 0 | 0 | 0 | 0 | 1 | 1 | 8 | 24 |
| 7 Gao | (270 m ü.M.) | °C | 22,0 | 25,0 | 28,8 | 32,4 | 34,6 | 34,5 | 32,3 | 29,8 | 31,8 | 31,9 | 28,4 | 23,3 | 29,6 |
| (Mali) | 16° 16' N / 0° 03' W | mm | <1 | 0 | <1 | <1 | 8 | 23 | 71 | 127 | 38 | 3 | <1 | <1 | 270 |
| 8 Mopti | (280 m ü.M.) | °C | 22,6 | 25,2 | 29,0 | 31,6 | 32,8 | 31,2 | 28,6 | 27,3 | 28,3 | 28,8 | 26,8 | 23,1 | 27,9 |
| (Mali) | 14° 30' N / 4° 12' W | mm | <1 | <1 | 1 | 5 | 23 | 56 | 147 | 198 | 94 | 18 | 1 | <1 | 543 |
| 9 Bouaké | (365 m ü.M.) | °C | 27,1 | 28,0 | 28,4 | 27,9 | 27,2 | 26,1 | 24,8 | 24,5 | 25,5 | 26,1 | 26,7 | 26,7 | 26,6 |
| (Elfenbeinküste) | 7° 42' N / 5° 00' W | mm | 13 | 46 | 92 | 140 | 154 | 135 | 99 | 108 | 225 | 140 | 35 | 23 | 1210 |
| 10 Douala | (11 m ü.M.) | °C | 26,7 | 27,0 | 26,8 | 26,6 | 26,3 | 25,4 | 24,3 | 24,1 | 24,7 | 25,0 | 26,0 | 26,4 | 25,8 |
| (Kamerun) | 4° 01' N / 9° 43' O | mm | 57 | 82 | 216 | 243 | 337 | 486 | 725 | 776 | 638 | 388 | 150 | 52 | 4150 |
| 11 Yangambi | (487 m ü.M.) | °C | 24,7 | 25,3 | 25,5 | 25,2 | 24,9 | 24,5 | 23,6 | 23,9 | 24,3 | 24,5 | 24,3 | 24,3 | 24,6 |
| D.R. Kongo (Zaire) | 0° 49' N / 24° 29' O | mm | 85 | 99 | 148 | 150 | 177 | 126 | 146 | 170 | 180 | 241 | 180 | 126 | 1828 |
| 12 Luanda | (45 m ü.M.) | °C | 25,6 | 26,3 | 26,5 | 26,2 | 24,8 | 21,9 | 20,1 | 20,1 | 21,6 | 23,6 | 24,9 | 25,3 | 23,9 |
| (Angola) | 8° 49' S / 13° 13' O | mm | 26 | 35 | 97 | 124 | 19 | 0 | 0 | 1 | 2 | 6 | 34 | 23 | 367 |
| 13 Kapstadt | (17 m ü.M.) | °C | 21,2 | 21,5 | 20,3 | 17,5 | 15,1 | 13,4 | 12,6 | 13,2 | 14,5 | 16,3 | 18,3 | 20,1 | 17,0 |
| (Südafrika) | 33° 54' S / 18° 32' O | mm | 12 | 8 | 17 | 47 | 84 | 82 | 85 | 71 | 43 | 29 | 17 | 11 | 506 |

| Asien | | J | F | M | A | M | J | J | A | S | O | N | D | Jahr |
|---|---|---|---|---|---|---|---|---|---|---|---|---|---|---|
| 14 Jakutsk (100 m ü.M.) | °C | -43,2 | -35,8 | -22,0 | -7,4 | 5,6 | 15,4 | 18,8 | 14,8 | 6,2 | -7,8 | -27,7 | -39,6 | -10,2 |
| (Russland) 62° 05' N / 129° 45' O | mm | 7 | 6 | 5 | 7 | 16 | 31 | 43 | 38 | 22 | 16 | 13 | 9 | 213 |
| 15 Rostow (77 m ü.M.) | °C | -5,3 | -4,9 | -0,1 | 9,4 | 16,8 | 20,9 | 23,5 | 22,3 | 16,4 | 9,0 | 2,4 | -2,7 | 9,0 |
| (Russland) 47° 15' N / 39° 49' O | mm | 38 | 41 | 32 | 39 | 36 | 58 | 49 | 37 | 32 | 44 | 40 | 37 | 483 |
| 16 Karaganda (537 m ü.M.) | °C | -15,2 | -14,0 | -8,9 | 2,4 | 13,0 | 18,5 | 20,6 | 18,3 | 11,8 | 3,2 | -6,9 | -9,4 | 2,8 |
| (Kasachstan) 49° 48' N / 73° 08' O | mm | 11 | 11 | 15 | 22 | 28 | 41 | 43 | 28 | 21 | 24 | 15 | 14 | 273 |
| 17 Tokio (4 m ü.M.) | °C | 3,7 | 4,3 | 7,6 | 13,1 | 17,6 | 21,1 | 25,1 | 26,4 | 22,8 | 16,7 | 11,3 | 6,1 | 14,7 |
| (Japan) 35° 41' N / 139° 46' O | mm | 48 | 73 | 101 | 135 | 131 | 182 | 146 | 147 | 217 | 220 | 101 | 61 | 1562 |
| 18 Peking (52 m ü.M.) | °C | -4,7 | -1,9 | 4,8 | 13,7 | 20,1 | 24,7 | 26,1 | 24,9 | 19,9 | 12,8 | 3,8 | -2,7 | 11,8 |
| (China) 39° 57' N / 116° 19' O | mm | 4 | 5 | 8 | 17 | 35 | 78 | 243 | 141 | 58 | 16 | 11 | 3 | 619 |
| 19 Lhasa (3685 m ü.M.) | °C | -1,7 | 1,1 | 4,7 | 8,1 | 12,2 | 16,7 | 16,4 | 15,6 | 14,2 | 8,9 | 3,9 | 0,0 | 8,3 |
| (China) 29° 40' N / 91° 07' O | mm | 2 | 13 | 8 | 5 | 25 | 64 | 122 | 89 | 66 | 13 | 3 | 0 | 410 |
| 20 Hongkong (33 m ü.M.) | °C | 15,6 | 15,0 | 17,5 | 21,7 | 25,6 | 27,5 | 28,1 | 28,1 | 27,2 | 25,0 | 20,9 | 17,5 | 22,5 |
| (China) 22° 18' N / 114° 10' O | mm | 33 | 46 | 74 | 292 | 394 | 381 | 394 | 361 | 247 | 114 | 43 | 30 | 2409 |
| 21 Bangkok (2 m ü.M.) | °C | 26,0 | 27,8 | 29,2 | 30,1 | 29,7 | 28,9 | 28,5 | 28,4 | 28,0 | 27,7 | 27,0 | 25,7 | 28,1 |
| (Thailand) 13° 45' N / 100° 28' O | mm | 9 | 30 | 36 | 82 | 165 | 153 | 168 | 183 | 310 | 239 | 55 | 8 | 1438 |
| 22 Singapur (10 m ü.M.) | °C | 26,4 | 27,0 | 27,5 | 27,5 | 27,8 | 27,5 | 27,5 | 27,2 | 27,2 | 27,0 | 27,0 | 27,0 | 27,2 |
| (Singapur) 1° 18' N / 103° 50' O | mm | 251 | 173 | 193 | 188 | 173 | 173 | 170 | 196 | 178 | 208 | 254 | 256 | 2413 |
| 23 Pontianak (3 m ü.M.) | °C | 27,0 | 28,1 | 27,8 | 27,8 | 28,1 | 28,1 | 27,5 | 27,8 | 28,1 | 27,8 | 27,5 | 27,2 | 27,7 |
| (Indonesien) 0° 01' S / 109° 20' O | mm | 274 | 208 | 241 | 277 | 282 | 221 | 165 | 203 | 229 | 339 | 389 | 323 | 3151 |
| 24 Bombay (Mumbai) (11 m ü.M.) | °C | 23,9 | 23,9 | 26,1 | 28,1 | 29,7 | 28,9 | 27,2 | 27,0 | 27,0 | 28,1 | 27,2 | 25,6 | 26,9 |
| (Indien) 18° 54' N / 72° 49' O | mm | 3 | 3 | 3 | 2 | 18 | 485 | 617 | 340 | 264 | 64 | 13 | 3 | 1815 |
| 25 Neu-Delhi (218 m ü.M.) | °C | 13,9 | 16,7 | 22,5 | 28,1 | 33,3 | 33,6 | 31,4 | 30,0 | 28,9 | 26,1 | 20,0 | 15,3 | 25,0 |
| (Indien) 28° 35' N / 77° 12' O | mm | 23 | 18 | 13 | 8 | 13 | 74 | 180 | 173 | 117 | 10 | 3 | 10 | 642 |
| 26 Madang (6 m ü.M.) | °C | 27,3 | 27,0 | 27,3 | 27,2 | 27,5 | 27,2 | 27,2 | 27,2 | 27,2 | 27,5 | 27,5 | 27,5 | 27,3 |
| (Papua-Neuguinea) 5° 14' S / 145° 45' O | mm | 307 | 302 | 378 | 429 | 384 | 274 | 193 | 122 | 135 | 254 | 338 | 368 | 3484 |
| **Australien** | | | | | | | | | | | | | | |
| 27 Kalgoorlie (380 m ü.M.) | °C | 25,7 | 24,9 | 23,0 | 18,7 | 14,7 | 12,0 | 10,8 | 12,3 | 15,3 | 18,2 | 21,4 | 24,3 | 18,4 |
| (Australien) 30° 45' S / 121° 30' O | mm | 24 | 27 | 24 | 18 | 22 | 25 | 24 | 23 | 13 | 14 | 15 | 13 | 244 |
| 28 Sydney (42 m ü.M.) | °C | 22,0 | 21,9 | 20,8 | 18,3 | 15,1 | 12,8 | 11,8 | 13,0 | 15,2 | 17,6 | 19,5 | 21,1 | 17,4 |
| (Australien) 33° 51' S / 151° 31' O | mm | 104 | 125 | 129 | 101 | 115 | 141 | 94 | 83 | 72 | 80 | 77 | 86 | 1207 |
| 29 Auckland (49 m ü.M.) | °C | 19,2 | 19,6 | 18,4 | 16,4 | 13,8 | 11,8 | 10,8 | 11,3 | 12,6 | 14,3 | 15,9 | 17,7 | 15,2 |
| (Neuseeland) 36° 51' S / 174° 46' O | mm | 84 | 104 | 71 | 109 | 122 | 140 | 140 | 109 | 97 | 107 | 81 | 79 | 1243 |
| **Südpol/Antarktis** | | | | | | | | | | | | | | |
| 30 Südpol (2800 m ü.M.) | °C | -28,8 | -40,1 | -54,4 | -58,5 | -57,4 | -56,5 | -59,2 | -58,9 | -59,0 | -51,3 | -38,9 | -28,1 | -49,3 |
| 90° S | mm | keine Angaben | | | | | | | | | | | | |
| **Amerika** | | | | | | | | | | | | | | |
| 31 Anchorage (27 m ü.M.) | °C | -10,9 | -7,8 | -4,8 | 2,1 | 7,7 | 12,5 | 13,9 | 13,1 | 8,8 | 1,7 | -5,4 | -9,8 | 1,8 |
| (USA) 61° 10' N / 149° 59' W | mm | 20 | 18 | 13 | 11 | 13 | 25 | 47 | 65 | 64 | 47 | 26 | 24 | 373 |
| 32 San Francisco (16 m ü.M.) | °C | 10,4 | 11,7 | 12,6 | 13,2 | 14,1 | 15,1 | 14,9 | 15,2 | 16,7 | 16,3 | 14,1 | 11,4 | 13,8 |
| (USA) 37° 47' N / 122° 25' W | mm | 116 | 93 | 74 | 37 | 16 | 4 | 0 | 1 | 6 | 23 | 51 | 108 | 529 |
| 33 Phoenix (340 m ü.M.) | °C | 10,4 | 12,5 | 15,8 | 20,4 | 25,0 | 29,8 | 32,9 | 31,7 | 29,1 | 22,3 | 15,1 | 11,4 | 21,4 |
| (USA) 33° 26' N / 112° 01' W | mm | 19 | 22 | 17 | 8 | 3 | 2 | 20 | 28 | 19 | 12 | 12 | 22 | 184 |
| 34 Kansas City (226 m ü.M.) | °C | -0,7 | 1,6 | 6,0 | 12,9 | 18,4 | 24,1 | 27,2 | 26,3 | 21,6 | 15,4 | 6,7 | 1,6 | 13,4 |
| (USA) 39° 07' N / 94° 35' W | mm | 36 | 32 | 63 | 90 | 112 | 116 | 81 | 96 | 83 | 73 | 46 | 39 | 867 |
| 35 New York (96 m ü.M.) | °C | 0,7 | 0,8 | 4,7 | 10,8 | 16,9 | 21,9 | 24,9 | 23,9 | 20,3 | 14,6 | 8,3 | 2,2 | 12,5 |
| (USA) 40° 47' N / 73° 58' W | mm | 84 | 72 | 102 | 87 | 93 | 84 | 94 | 113 | 98 | 80 | 86 | 83 | 1076 |
| 36 Acapulco (3 m ü.M.) | °C | 26,7 | 26,5 | 26,7 | 27,5 | 28,5 | 28,6 | 28,7 | 28,8 | 28,1 | 28,1 | 27,7 | 26,7 | 27,7 |
| (Mexiko) 16° 50' N / 99° 56' W | mm | 6 | 1 | <1 | 1 | 36 | 281 | 256 | 252 | 349 | 159 | 28 | 8 | 1377 |
| 37 Quito (2818 m ü.M.) | °C | 13,0 | 13,0 | 12,9 | 13,0 | 13,1 | 13,0 | 12,9 | 13,1 | 13,2 | 12,9 | 12,8 | 13,0 | 13,0 |
| (Ecuador) 0° 13' S / 78° 30' W | mm | 124 | 135 | 159 | 180 | 130 | 49 | 18 | 22 | 83 | 133 | 110 | 107 | 1250 |
| 38 Iquitos (104 m ü.M.) | °C | 27,4 | 26,6 | 26,5 | 26,4 | 26,0 | 25,6 | 25,6 | 26,3 | 26,6 | 26,7 | 26,9 | 27,5 | 26,5 |
| (Peru) 3° 46' S / 73° 20' W | mm | 256 | 276 | 349 | 306 | 271 | 199 | 165 | 157 | 191 | 214 | 244 | 217 | 2845 |
| 39 La Paz (3632 m ü.M.) | °C | 17,5 | 16,2 | 15,5 | 14,1 | 11,7 | 10,1 | 9,8 | 10,9 | 14,4 | 15,5 | 17,5 | 17,9 | 14,3 |
| (Bolivien) 16° 30' S / 68° 08' W | mm | 92 | 89 | 62 | 26 | 11 | 2 | 4 | 7 | 34 | 28 | 48 | 85 | 488 |
| 40 Buenos Aires (25 m ü.M.) | °C | 23,7 | 23,0 | 20,7 | 16,6 | 13,7 | 11,1 | 10,5 | 11,5 | 13,6 | 16,5 | 19,5 | 22,1 | 16,9 |
| (Argentinien) 34° 35' S / 58° 29' W | mm | 104 | 82 | 122 | 90 | 79 | 68 | 61 | 68 | 80 | 100 | 90 | 83 | 1027 |

# Die Einteilung des Klimas

## AUFGABE

1 **Erläutern Sie die Unterschiede zwischen genetischen und effektiven Klimaklassifikationen.**

## Genetische und effektive Klimaklassifikationen

Das komplexe Zusammenwirken der Elemente des globalen Klimasystems führt überall auf der Erde zu ganz speziellen regionalen bzw. lokalen Ausprägungen des Klimas. Gebiete mit ähnlichen klimatischen Gegebenheiten lassen sich zu Klimazonen zusammenfassen. Dazu gibt es unterschiedliche Modelle.

*Genetische Ansätze* definieren Klimate auf der Basis der sie hervorrufenden Faktoren und Ursachen: den unterschiedlichen Summen der ein- und ausgestrahlten Energiemenge. Als genetisch gelten auch solche Ansätze, die auf der daraus resultierenden atmosphärischen Zirkulation basieren. Dabei finden vor allem die charakteristische, gegebenenfalls jahreszeitlich wechselnde Lage der Luftdruck- und Windsysteme sowie die variierende Verbreitung und Häufigkeit bestimmter Luftmassen und Fronten Berücksichtigung.

Ein Beispiel für eine solche genetische **Klimaklassifikation** ist die Klimakarte nach Neef aus dem Jahr 1954.

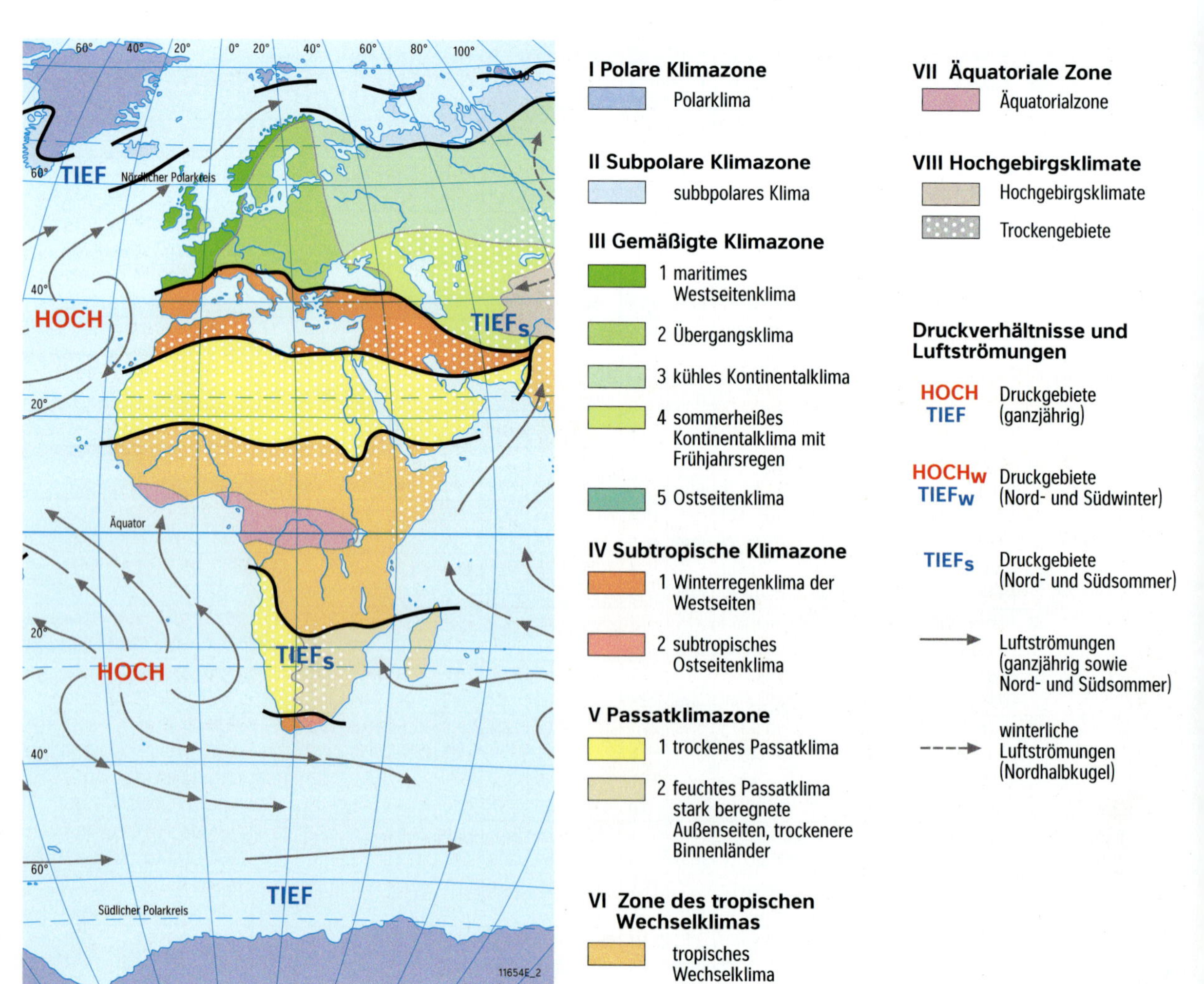


M1 Ausschnitt aus der Klimakarte nach Neef (1954)

*Effektive Klimaklassifikationen* beschreiben hingegen die Ergebnisse und Auswirkungen der klimatischen Vorgänge. Dabei geht man meist von den effektiv herrschenden klimatischen Bedingungen aus, das heißt vor allem von den sich jahreszeitlich verändernden Werten der Lufttemperatur und des Niederschlags.

Ein Beispiel für eine effektive Klimaklassifikation ist die von Köppen und Geiger. Bereits Ende des 19. Jahrhunderts entwickelte Köppen erste Ansätze zur Klassifizierung des Klimas auf der Erde. Da das weltweite Klimastationen-Netz um die Jahrhundertwende jedoch noch große Lücken aufwies, nutzte er die natürliche Vegetation als Klimaindikator.

Im Jahr 1928 entstand in Zusammenarbeit mit Geiger eine Klimawandkarte mit ihrem bis heute weitgehend beibehaltenen Erscheinungsbild. Das Klimamodell erfasst zum einen die jahreszeitliche Verteilung von Temperatur und Niederschlag und berücksichtigt zum anderen bei der Abgrenzung der Klimazonen auch den Zusammenhang zwischen Klima und Vegetation.

## AUFGABE

**2** **Beschreiben Sie das Klima der Britischen Inseln nach Neef und nach Köppen / Geiger.**

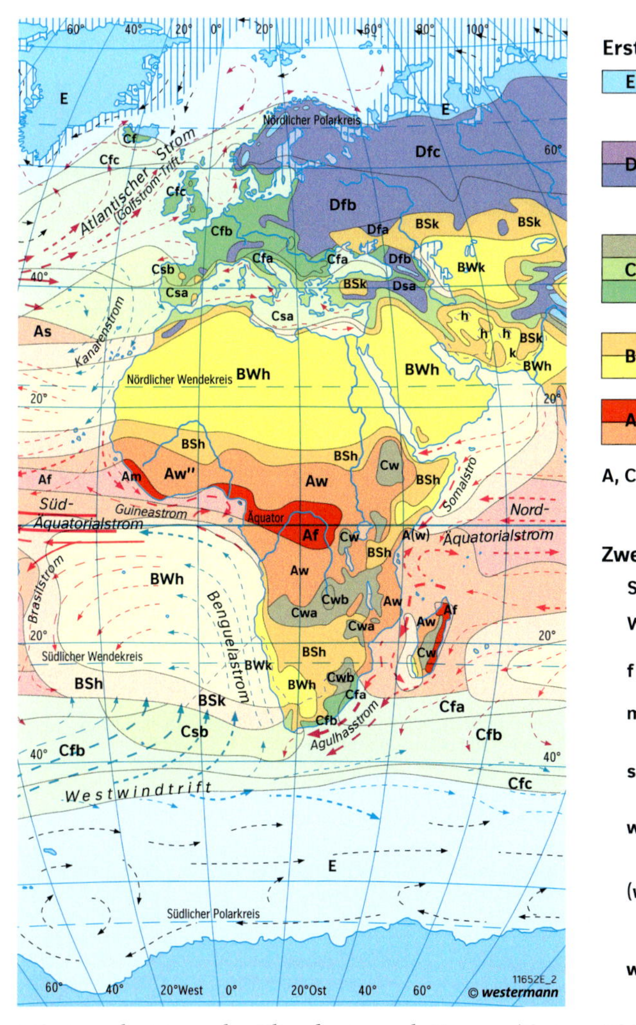


**Erster Buchstabe**

- **E** – **Eisklimate**: wärmster Monat unter 10 °C
- **D** – **Schneeklimate**: wärmster Monat über 10 °C, kältester Monat unter −3 °C
- **C** – **warmgemäßigte Klimate**: kältester Monat 18 °C bis −3 °C
- **B** – **Trockenklimate**
- **A** – **Tropische Klimate**: alle Monate über 18 °C Mitteltemperatur
- **A, C, D**: genügend Wärme und Niederschlag für hochstämmigen Baumwuchs

**Zweiter Buchstabe**

- **S** Steppenklima
- **W** Wüstenklima
- **f** alle Monate ausreichender Niederschlag
- **m** Urwaldklima trotz Trockenzeit (z. B. Monsunregen)
- **s** Trockenzeit im Sommer der betreffenden Halbkugel
- **w** Trockenzeit im Winter der betreffenden Halbkugel
- **(w)** desgleichen auf die andere Halbkugel übergreifend
- **w''** große Trockenzeit im Winter, kleine im Sommer

**Dritter Buchstabe**

- **a** wärmster Monat über 22 °C
- **b** wärmster Monat unter 22 °C, mindestens 4 Monate über 10 °C
- **c** weniger als 4 Monate über 10 °C
- **d** desgleichen, kältester Monat unter −38 °C
- **h** trockenheiß, Jahrestemperatur über 18 °C
- **k** trockenkalt, Jahrestemperatur unter 18 °C

**Meeresströmungen im Nordwinter**

Temperatur des Stromes
- warme
- kühle
- kalte Strömungen

Geschwindigkeit des Stromes in 24 Stunden
- über 24
- 12 - 24
- 6 - 12 Seemeilen (1 Seemeile = 1852 m)

Beständigkeit des Stromes
- 50 - 75
- 25 - 50
- unter 25 %

Küsteneis im Winter

M2 Ausschnitt aus der Klimakarte nach Köppen / Geiger (1928)

# Landschaftszonen der Erde

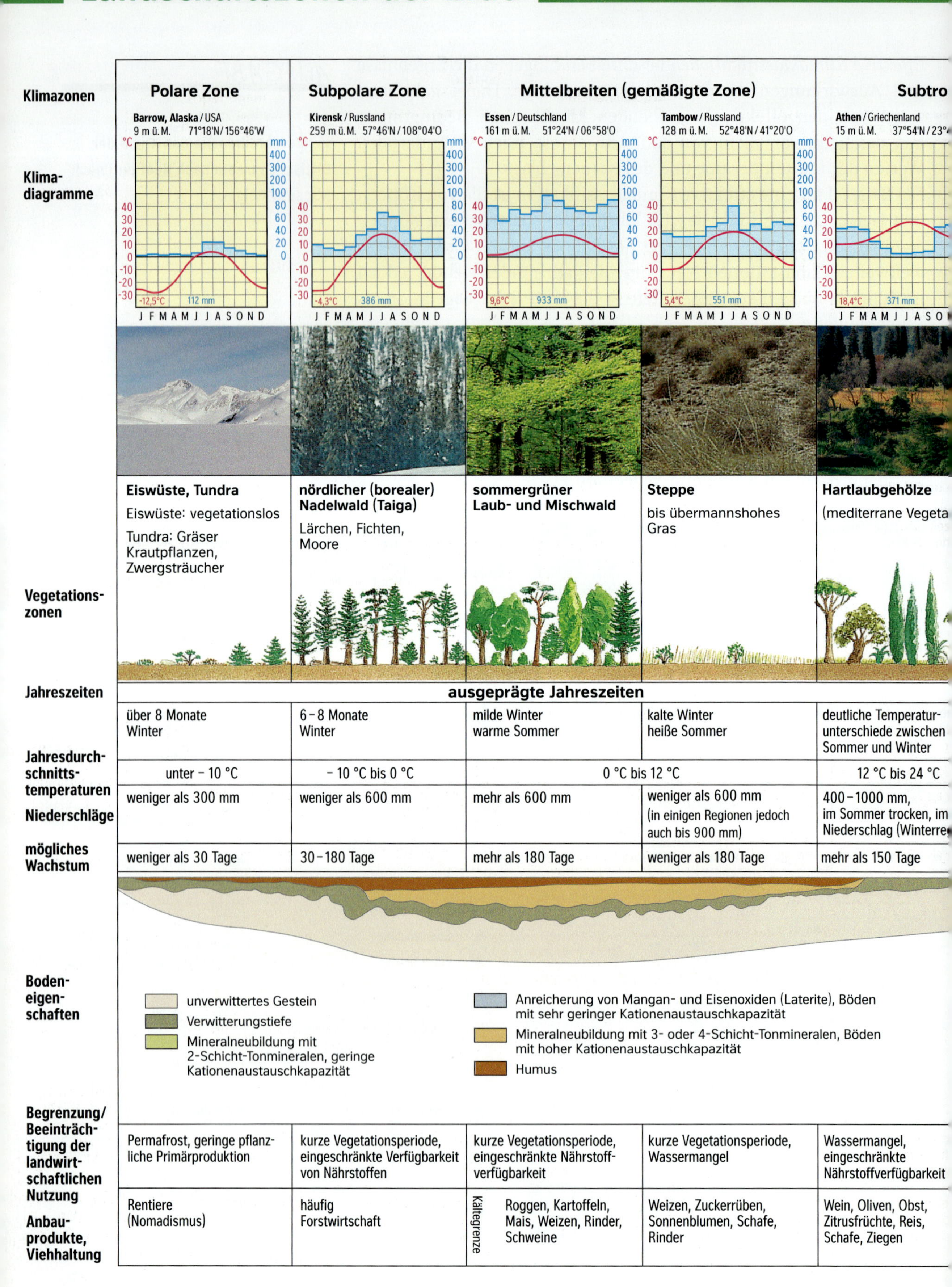

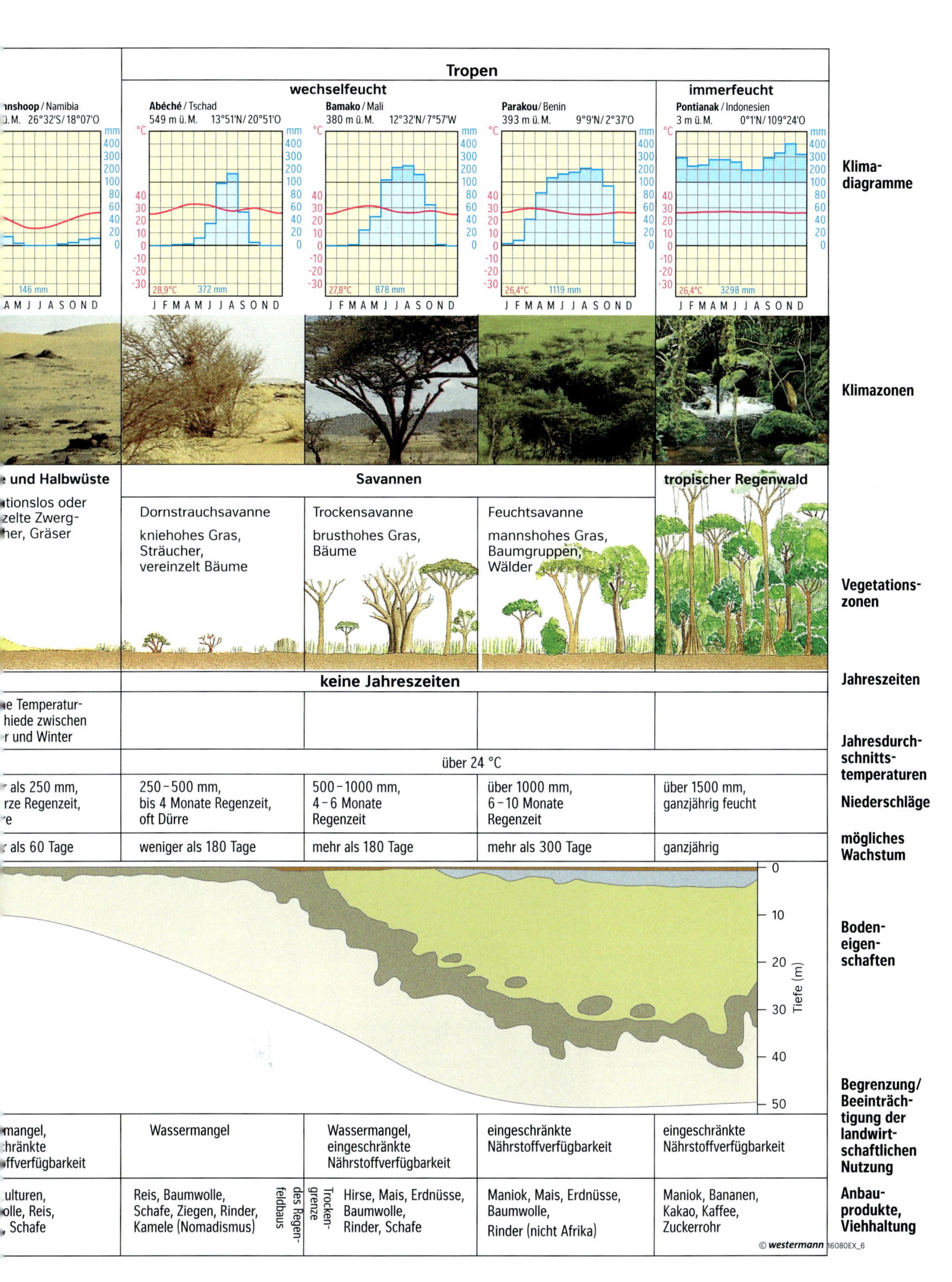
Tropen
wechselfeucht
immerfeucht
Namibia
26°32'S/18°07'O
146 mm
Abéché / Tschad
549 m ü. M. 13°51'N/20°51'O
28,9°C 372 mm
Bamako / Mali
380 m ü. M. 12°32'N/7°57'W
27,8°C 878 mm
Parakou / Benin
393 m ü. M. 9°9'N/2°37'O
26,4°C 1119 mm
Pontianak / Indonesien
3 m ü. M. 0°1'N/109°24'O
26,4°C 3298 mm
°C
mm
J F M A M J J A S O N D
Klimadiagramme
Klimazonen
und Halbwüste
Savannen
tropischer Regenwald
Dornstrauchsavanne
kniehohes Gras, Sträucher, vereinzelt Bäume
Trockensavanne
brusthohes Gras, Bäume
Feuchtsavanne
mannshohes Gras, Baumgruppen, Wälder
Vegetationszonen
keine Jahreszeiten
Jahreszeiten
hiede zwischen
Jahresdurchschnittstemperaturen
über 24 °C
als 250 mm,
250–500 mm, bis 4 Monate Regenzeit, oft Dürre
500–1000 mm, 4–6 Monate Regenzeit
über 1000 mm, 6–10 Monate Regenzeit
über 1500 mm, ganzjährig feucht
Niederschläge
als 60 Tage
weniger als 180 Tage
mehr als 180 Tage
mehr als 300 Tage
ganzjährig
mögliches Wachstum
0
10
20
30
40
50
Tiefe (m)
Bodeneigenschaften
Wassermangel
Wassermangel, eingeschränkte Nährstoffverfügbarkeit
eingeschränkte Nährstoffverfügbarkeit
eingeschränkte Nährstoffverfügbarkeit
Begrenzung/Beeinträchtigung der landwirtschaftlichen Nutzung
Reis, Baumwolle, Schafe, Ziegen, Rinder, Kamele (Nomadismus)
Trockengrenze des Regenfeldbaus
Hirse, Mais, Erdnüsse, Baumwolle, Rinder, Schafe
Maniok, Mais, Erdnüsse, Baumwolle, Rinder (nicht Afrika)
Maniok, Bananen, Kakao, Kaffee, Zuckerrohr
Anbauprodukte, Viehhaltung
© westermann 16080EX_6

# Raumanalyse mit klimageographische

## Vorgehensweise und Arbeitsschritte

Eine Raumanalyse mit einem klimageographischen Schwerpunk ist eine umfangreiche Untersuchung der natur- und kulturgeographischen Gegebenheiten eines Raumes sowie deren Verflechtungen unter der besonderen Berücksichtigung des Klimas. Hierdurch lässt sich ein möglichst genaues und umfassendes Bild der Besonderheiten gerade dieses Raumes gewinnen. Dazu müssen nacheinander die einzelnen Merkmale analysiert werden, welche den Raum prägen und begründet in einen Zusammenhang gesetzt werden.
Am Raumbeispiel Spanien soll mithilfe der Seiten 90 – 97 und des Diercke Weltatlas eine Raumanalyse mit klimageographischem Schwerpunkt durchgeführt werden.

**Ländername:**
Königreich Spanien
**Staatsform:**
parlamentarische Monarchie
**Staatsoberhaupt:**
König Felipe VI, seit dem 19.06.2014
**Religion:**
römisch-katholisch (über 90 %)
**Landesfläche:** 505 990 km²
**Hauptstadt:** Madrid
**Einwohner:** 46,4 Mio. (2015)
**Landessprachen:**
Spanisch (Castellano) ist verfassungsmäßige Staatssprache. In den autonomen Gemeinschaften Baskenland, Galicien, Katalonien und Valencia haben daneben die jeweiligen regionalen Sprachen offiziellen Rang.

M1 Daten zu Spanien

**Leitfaden zur Durchführung der Raumanalyse mit klimageographischem Schwerpunkt**

1. Bestimmung der geographischen Lage (z. B. Lage im Gradnetz, Erstreckung des Raumes)
2. Beschreibung und Erklärung der klimatischen Gegebenheiten
3. Analyse der klimatischen Unterschiede innerhalb des Raumes und Begründung dieser unter Einbeziehung der entsprechenden Klimafaktoren
4. Erörterung der Auswirkungen des Klimas auf verschiedene Bereiche, zum Beispiel:
   a) die Vegetation
   b) die Landwirtschaft
   c) den Tourismus

M2 Plaza de Cibeles in Madrid

M3 Benidorm an der Costa Blanca

M5 Gemüseanbau westlich von Madrid

M4 Landschaft in der Provinz Avila

M6 Strandpromenade auf Teneriffa

# Die winterfeuchten Subtropen: Raumbeispiel Spanien

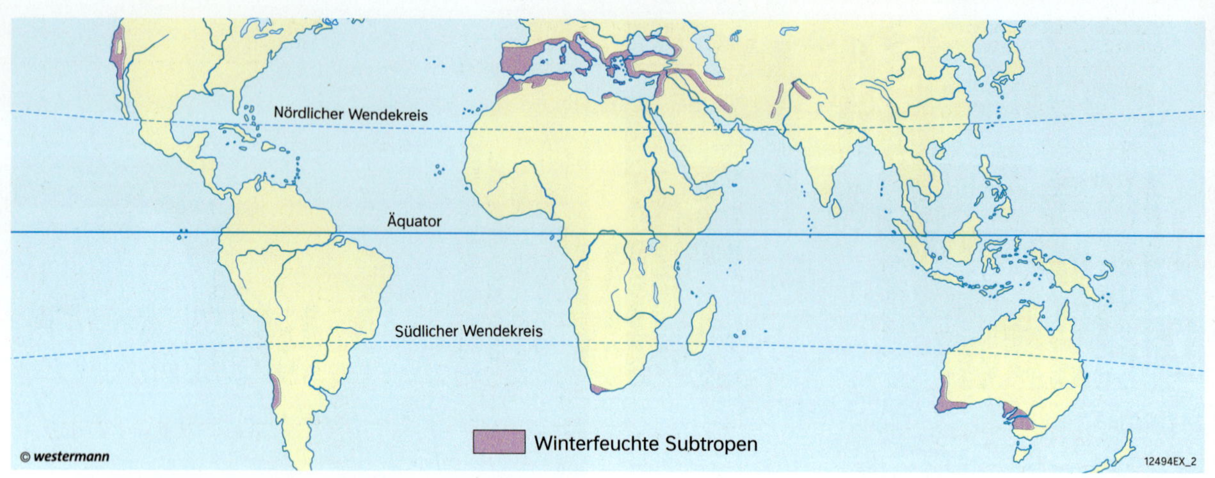


M1 Lage der winterfeuchten Subtropen

Die Region rund um das Mittelmeer gehört zusammen mit ähnlichen Klimagebieten der Nord- und Südhalbkugel zu den winterfeuchten Subtropen.
Das **Mittelmeerklima** kennzeichnen warme bis heiße und überwiegend trockene Sommer sowie eine milde und niederschlagsreiche Periode von Herbst bis Frühjahr.
Wegen seiner Lage zwischen ungefähr 25 ° und 45 ° nördlicher Breite gelangt das Mittelmeergebiet im Sommer unter den Einfluss des subtropischen Hochdruckgürtels (Azorenhoch); das führt zur Erwärmung und Trockenheit. Die Sommer im östlichen Teil des Mittelmeerraums sind dabei noch trockener als im westlichen Mittelmeergebiet und nahezu niederschlagsfrei, was auf die kontinentale (= relativ warme und trockene) Luft aus Osteuropa zurückzuführen ist.
Im Winter verlagert sich der Hochdruckgürtel und mit ihm das Azorenhoch gleichzeitig mit der Südwanderung der ITC nach Süden. Damit gerät das Mittelmeergebiet unter den Einfluss der Westwindzone und der Regen bringenden dynamischen Tiefdruckgebiete.
Die jahreszeitliche Verteilung der Niederschläge ist auf relativ engem Raum unterschiedlich ausgeprägt. Neben Perioden mit verheerender Trockenheit gibt es solche mit sintflutartigen Regenfällen; neben Schauern als Folge horizontaler (Zyklonen) stehen Wärmegewitter als Folge vertikaler (thermischer) Luftbewegungen und Temperaturveränderungen.

M2 Klima der winterfeuchten Subtropen

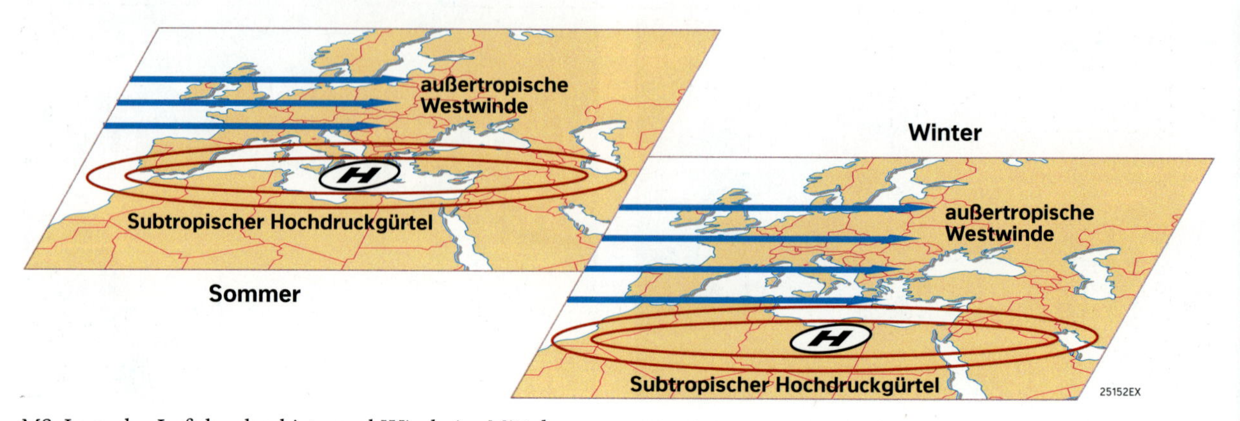


M3 Lage der Luftdruckgebiete und Winde im Mittelmeerraum

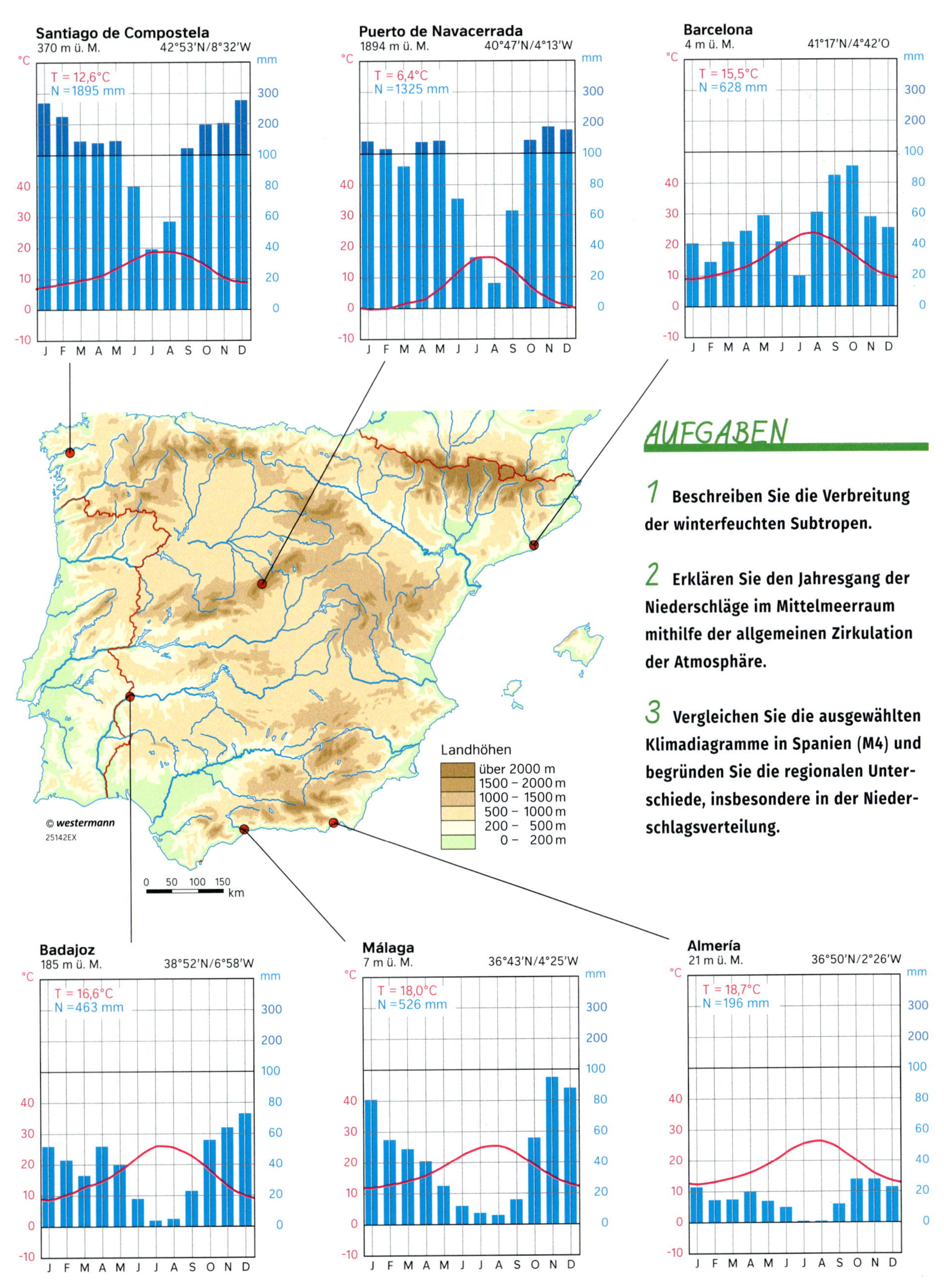


M4 Klimadiagramme ausgewählter Stationen in Spanien

## AUFGABEN

**1** **Beschreiben Sie die Verbreitung der winterfeuchten Subtropen.**

**2** **Erklären Sie den Jahresgang der Niederschläge im Mittelmeerraum mithilfe der allgemeinen Zirkulation der Atmosphäre.**

**3** **Vergleichen Sie die ausgewählten Klimadiagramme in Spanien (M4) und begründen Sie die regionalen Unterschiede, insbesondere in der Niederschlagsverteilung.**

# Die winterfeuchten Subtropen: Raumbeispiel Spanien

M1 Steineichenwald

M4 Degradierte Vegetation (Macchie)

Die Vegetation in den winterfeuchten Subtropen ist von immergrünen Hartlaubgewächsen bestimmt. Zur Verringerung der Verdunstung und damit zur Anpassung an das warme und halbtrockene Klima sind ihre Blätter meist klein. Dazu besitzen die Pflanzen eine harte und häufig noch mit Wachs überzogene Blattoberfläche. Die Wurzeln der Hartlaubgewächse reichen bis tief in den Boden, um an entfernte Grundwasserschichten zu gelangen.
Die ursprüngliche Vegetation des westlichen Mittelmeerraums bestand überwiegend aus geschlossenen Eichenwäldern (vor allem Steineichen) und in den Höhenlagen aus sommergrünen Laubhölzern. In größerer Meeresferne wuchsen dagegen vornehmlich Nadelhölzer wie Aleppokiefern und Wacholder.
Die menschliche Nutzung hat diese Vegetation allerdings stark zerstört, sodass sie oft nur noch als Hartlaub-Strauchvegetation erhalten ist, wie die Macchie (ital. macchia, franz. maquis: Dickicht), ein zwei bis vier Meter hohes Gebüsch.
Nach Norden (z. B. in Nordspanien) schließt sich an diese Vegetationszone aufgrund der zunehmenden Niederschläge, auch im Sommer, der sommergrüne Laub- und Mischwald an.

M2 Vegetation der winterfeuchten Subtropen

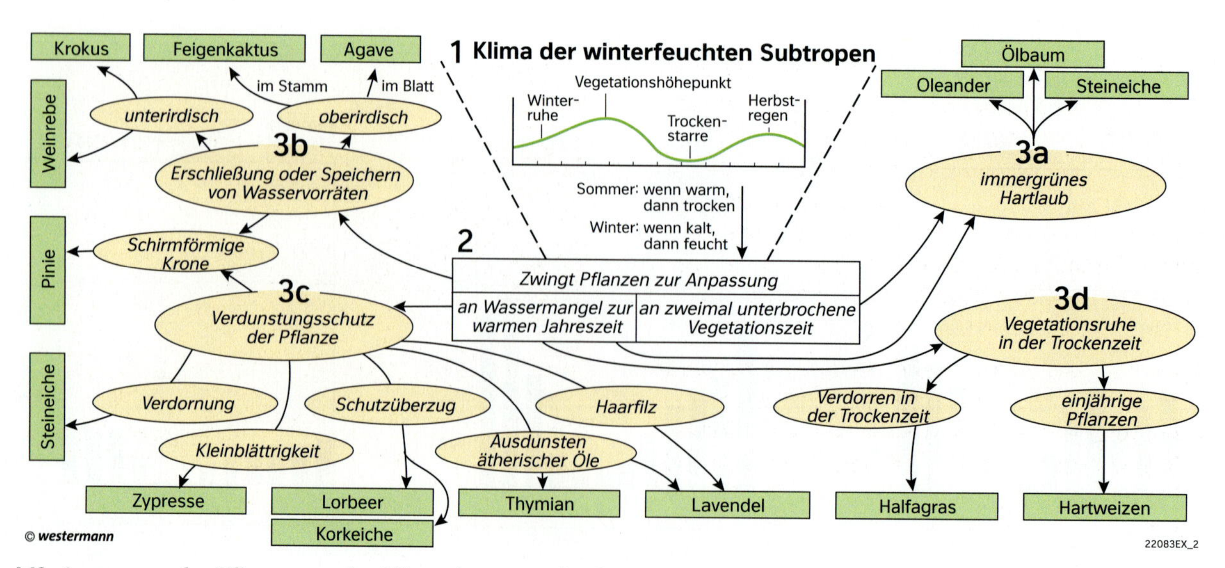

M3 Anpassung der Pflanzen an das Klima der winterfeuchten Subtropen

Der Olivenbaum oder auch Ölbaum (Olea europaea) stammt aus dem östlichen Mittelmeerraum oder aus Vorderasien. Er ist dort als eine der bedeutendsten Wirtschaftspflanzen schon seit dem 3. Jahrtausend v. Chr. in Kultur genommen worden. Olivenzweige galten im Altertum als Zeichen des Sieges und des Friedens. Der knorrige, oft bizarre Baum erreicht ein hohes Alter. 800 – 1000 Jahre alte Bäume sind nicht selten.
Der Olivenbaum gedeiht bei mittleren Temperaturen von 15 – 22 °C und bei 500 – 700 mm Niederschlag optimal. Er entwickelt ein bis zu 6 m tiefes und bis zu zwölf Meter weitreichendes Wurzelwerk, sodass der Baum auch mit 200 mm Niederschlag und weniger günstigen Bodenverhältnissen auskommt. Sein immergrünes Blattwerk ist an die sommerliche Trockenheit angepasst.

(Nach: Michael Geiger: Apfelsinenbaum und Ölbaum, In: Praxis Geographie, H. 11/ 1990)

M5 Der Olivenbaum

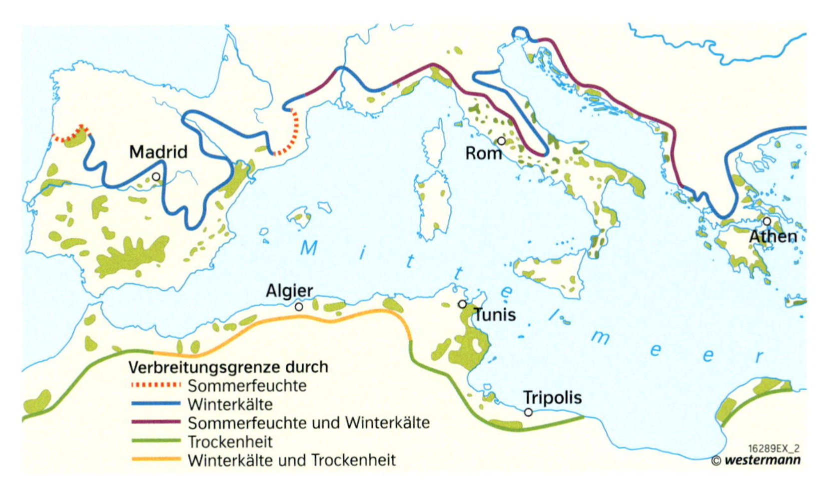


M6 Verbreitung von Olivenbaum und Agave im Mittelmeerraum

## AUFGABEN

**1** **Die Pflanzen in den winterfeuchten Subtropen haben sich an die klimatischen Bedingungen angepasst. Erläutern Sie die unterschiedlichen Anpassungsmechanismen charakteristischer Pflanzen des Mittelmeerraums.**

**2** **Beschreiben Sie die Veränderung der natürlichen Vegetation des Mittelmeerraums durch den Eingriff des Menschen.**

Bei Agaven handelt es sich um eine sehr artenreiche Gattung innerhalb der Pflanzenfamilie der Agavengewächse. Sie sind charakteristische Pflanzen der Trockengebiete. Der größte Artenreichtum findet sich zwar in Mexiko, aber auch im Mittelmeerraum sind Agaven weit verbreitet. Ihre Blätter enden meistens in einer sehr harten und scharfen Spitze und besitzen am Rand harte Stacheln. Damit schützen sie sich unter anderem gegen Fressfeinde.

Agaven werden zu den Sukkulenten, den wasserspeichernden Pflanzen, gezählt. Sie können Wasser gleichmäßig im gesamten Blattgewebe speichern und deshalb auch längere Trockenperioden überstehen. Damit haben sie sich trockenen Standorten optimal angepasst.

M7 Die Agave

M1 Wasser und Wassernutzung in Spanien

| Frucht | Wassergehalt |
|---|---|
| Galiamelone | 89 % |
| Paprika | 91 % |
| Aubergine | 92 % |
| Tomate | 95 % |
| Gurke | 97 % |
| Wassermelone | 98 % |
| Während ihres Reifungsprozesses benötigen die Pflanzen noch ein Vielfaches an Wasser. Beispielsweise benötigt eine einzige Tomate 13 Liter Wasser bis sie geerntet wird. | |

M4 Auswahl von Obst und Gemüse aus El Ejido (Almería)

Im Zeitraum von wenigen Jahrzehnten hat die Landwirtschaft in den südöstlichen Landesteilen (z. B. in Andalusien) einen starken Landnutzungswandel hin zu einer Intensivlandwirtschaft vollzogen. Riesige Flächen mit Foliengewächshäusern sind entstanden. Die Grundlage für die Wettbewerbsfähigkeit der Landwirtschaft, die sich hier in einer der trockensten europäischen Regionen befindet, stellt die künstliche Bewässerung dar. Dadurch kann der Standortvorteil der günstigen Temperaturen zur Produktion großer Mengen von Obst und (Früh-)Gemüse für den mitteleuropäischen Markt genutzt werden.
Die Bewässerungslandwirtschaft spielt für die spanische Wirtschaft eine wichtige Rolle. Aktuell erwirtschaftet sie 50 % des gesamten Agrareinkommens, obwohl sie lediglich einen Anteil von knapp 15 % an der landwirtschaftlich genutzten Fläche Spaniens hat. Zudem entfallen fast 300 000 Arbeitsplätze auf diese Landwirtschaftsform, was 38 % der Gesamtarbeitsplätze im primären Sektor entspricht.
Aus ökologischer Sicht jedoch stellt sich diese Entwicklung weniger positiv dar. Zum einen kommt es infolge des enormen Wasserverbrauchs (fast 80 % des Trinkwassers) zu einer fortlaufenden Verknappung der Ressource Wasser. Zum anderen hat sich der Grundwasserspiegel durch eine Übernutzung der wasserführenden Schichten (z. B. durch Brunnenbau) in den letzten Jahren stark abgesenkt.

M2 Bewässerungslandwirtschaft in Südost-Spanien

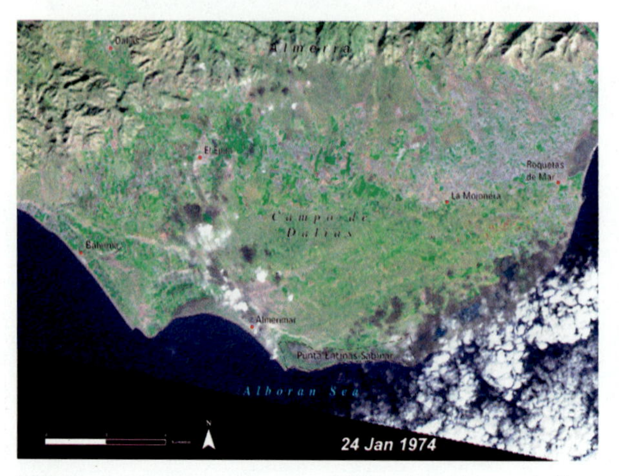

M3 Landnutzung in Almería 1974 und 2004. Innerhalb von 30 Jahren haben Warmbeetkulturen unter Plastikfolien und in Treibhäusern aus Plastikplanen die Landschaft völlig verändert.

M5 Beregnung

M8 Furchenbewässerung

M6 Tröpfchenbewässerung

M9 Anbau unter Plastikfolie (Kombination mit Tröpfchenbewässerung)

## AUFGABEN

**1** **Analysieren Sie die Verteilung des Wassers und dessen Bedarf in Spanien (M1).**

**2** **Die Bewässerungslandwirtschaft nimmt innerhalb der spanischen Wirtschaft eine wichtige Rolle ein.**
**a) Nennen Sie die klimatisch bedingten Gründe dieser Landwirtschaftsform.**
**b) Beschreiben und vergleichen Sie die verschiedenen Bewässerungsverfahren.**
**c) Charakterisieren Sie die wesentlichen Merkmale und die wirtschaftliche Bedeutung der Bewässerungslandwirtschaft für Spanien.**
**d) Die Bewässerungslandwirtschaft ist mit ökologischen Problemen verbunden. Erläutern Sie.**

| | **Oberflächenbewässerung (z. B. Furchenbewässerung)** | **Beregnung** | **Tröpfchenbewässerung ggf. kombiniert mit Folientunneln** |
|---|---|---|---|
| Technik | Flächen werden mithilfe von Furchen oder Kanälen überstaut. | Flächen werden beregnet (z. B. mit Sprinkleranlagen). | Durch Schläuche mit kleinen Düsen werden geringe Wassermengen direkt über bzw. an die Wurzeln der Pflanze gebracht. |
| Verdunstungsverluste | hoch | hoch | gering |
| Versickerungsverluste | mittel | gering | gering |
| Wassernutzungseffizienz | 40 – 50 Prozent | 60 – 70 Prozent | 80 – 90 Prozent |
| Installationskosten | gering | hoch | sehr hoch |
| Ansprüche an Boden und Untergrund | schwere, nicht sandige Böden, evtl. Planieren nötig | alle Böden, kein oder sehr geringes Gefälle | alle Böden, jedes Gefälle |
| weitere Merkmale | arbeitsintensiv, nicht kapitalintensiv | kapitalintensiv (Installation und Betrieb), Dünger und Pflanzenschutzmittel können mit dem Wasser aufgebracht werden, windempfindlich | kapitalintensiv (v. a. Installation), arbeitsintensiv (Wartung, Wasserzufuhr muss genau geregelt werden), Dünger und Pflanzenschutzmittel können mit dem Wasser gegeben werden. |
| geeignete Kulturen | stauwassertolerante Arten (z. B. Reis,) oder Arten, die nur temporäre Bewässerung brauchen (z. B. Zitrusfrüchte) | v. a. einjährige Pflanzen (z. B. Alfalfa, Gemüse, Getreide) | v. a. Dauerkulturen, aber auch Gemüsebau |

M7 Vergleich verschiedener Bewässerungsverfahren

# Die winterfeuchten Subtropen: Raumbeispiel Spanien

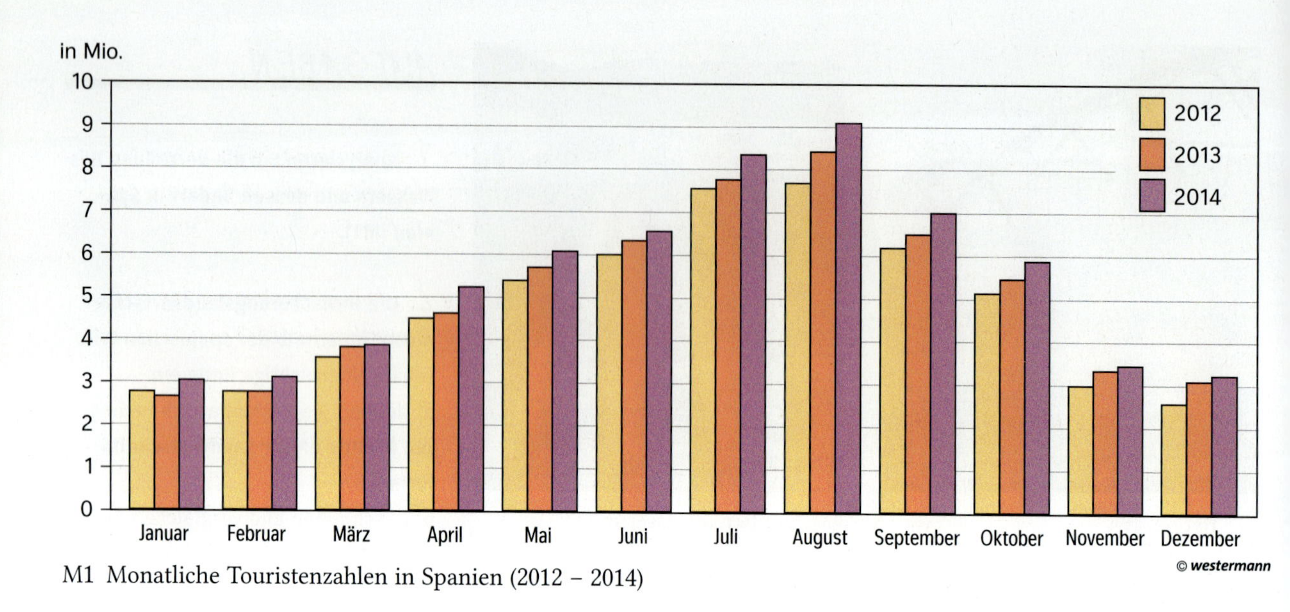


M1 Monatliche Touristenzahlen in Spanien (2012 – 2014)

Während die Terrorangst in der Türkei, in Tunesien und in Ägypten vielen Urlaubern die Reiselust verdirbt, boomt Spaniens Tourismus wie noch nie. Das Königreich verzeichnete im Jahr 2015 mit 68 Millionen internationalen Touristen einen neuen Rekord. Übers ganze Jahr gesehen wuchs der Tourismus im gesamten Land erneut um fünf Prozent. Spanien gilt somit als der große Krisengewinner im europäischen Tourismusgeschäft. Allein die Kanarischen Inseln, Spaniens berühmtestes Winterreiseziel, war über den Jahreswechsel so voll wie noch nie. Viele Flüge und Hotels waren restlos ausgebucht. Das beliebte Strand- und Surfparadies Fuerteventura zum Beispiel meldete für Dezember und Januar ein Buchungsplus von satten 21 Prozent. Die bei den Ausländern beliebteste spanische Urlaubsregion ist aber eine andere: das abtrünnige Katalonien mit Barcelona und der Costa Brava. Dort erholten sich 2015 rund 25 Prozent aller Reisenden – meist Deutsche, Franzosen und Briten.

(Ralph Schulze. In: Saarbrücker Zeitung, 14.01.2016, S. A2)

M2 Entwicklung des Tourismus im Jahr 2015

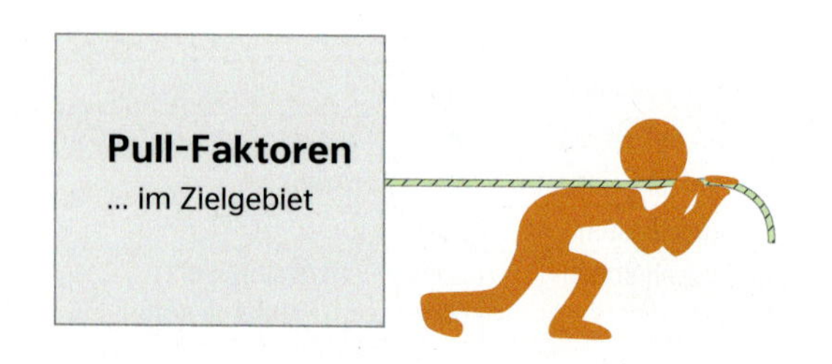


- zunehmender Wohlstand breiter Kreise der Bevölkerung
- wachsende Freizeit
- garantierter Jahresurlaub
- Einführung neuer Transporttechnologien (z. B. Düsenflugzeuge)
- Gründung von Reiseveranstaltern (z. B. TUI im Jahr 1968)

- flache, sandige Küsten
- lange jährliche Sonnenscheindauer
- geringe Niederschläge (vor allem im Sommer)
- hohe Durchschnittstemperaturen
- gut ausgebaute allgemeine und touristische Infrastruktur (z. B. Flughäfen, Straßennetz, Hotels, Restaurants)
- stabile politische Lage

25150EX

M3 Push- und Pull-Faktoren des Tourismus in Spanien

M4 Touristische Überprägung auf Mallorca

## AUFGABEN

**1** **Stellen Sie einen Zusammenhang zwischen den Touristenzahlen Spaniens im Jahresverlauf und dem Klima dieser Region heraus (M1, S.91 M4).**

**2** **Beschreiben Sie die aktuelle Entwicklung des Tourismus in Spanien und nennen Sie Gründe für diese Entwicklung.**

**3** **Für viele Einwohner Spaniens ist der Tourismus Fluch und Segen zugleich. Erläutern Sie.**

Der Besucheransturm auf Mallorca mit 9,6 Millionen Urlaubern (2014) ist eine wirtschaftliche Erfolgsgeschichte. Bis verschiedene Reiseveranstalter Anfang der 1960er-Jahre den Pauschaltourismus nach Mallorca brachten, lebten die meisten Menschen als Bauern, Fischer oder Tagelöhner. Mittlerweile wird auf der Baleareninsel das zweithöchste Pro-Kopf-Einkommen Spaniens erzielt und die Arbeitslosenquote liegt weit unter dem nationalen Durchschnitt. Doch ein genauerer Blick zeigt, dass der Tourismus für die Insel nicht nur Segen, sondern zugleich auch Fluch bedeutet. Die Urlauberschwemme hat insbesondere in der Anfangszeit einen unkontrollierten Bauboom ausgelöst. Die Folgen sind gravierend: Die Küstenregionen büßen einen großen Teil ihrer Natur- und traditionellen Kulturlandschaft unwiederbringlich ein.
Aus ökologischer Sicht ergeben sich vor allem im Bereich der begrenzten Wasserreserven große Schwierigkeiten. Infolge des hohen Verbrauchs des Tourismus (u. a. Golfplätze, Pools) kam es in den 1990er-Jahren zur Absenkung des Grundwasserspiegels und zu Einsickerungen von Meerwasser ins Grundwasser. Mittlerweile wird ein großer Teil des Trinkwassers mit Schiffen vom Festland herübergebracht. Eine 1999 neu gebaute Meerwasserentsalzungsanlage entschärft diese Problematik, kann den Trinkwasserbedarf jedoch nicht vollends decken.

M5 Tourismus auf Mallorca: Fluch und Segen zugleich

M6 Proteste an einem mallorquinischen Naturstrand gegen einen Hotelbau im Jahr 2012

# Kompetenz-Training (S. 50 – 97)

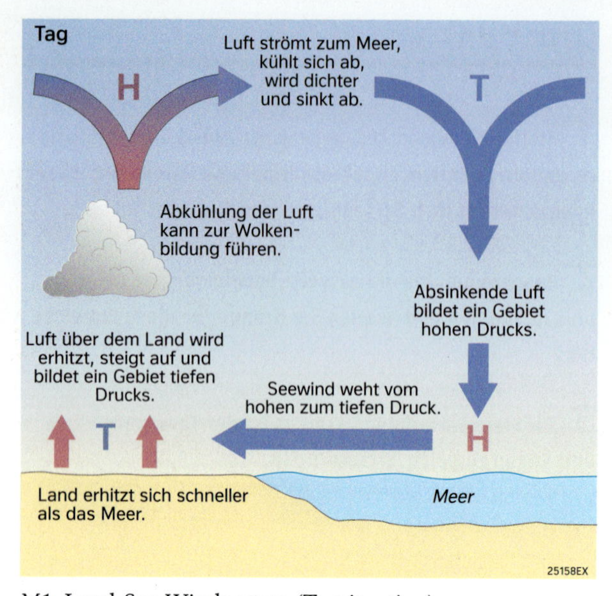


M1 Land-See-Windsystem (Tagsituation)

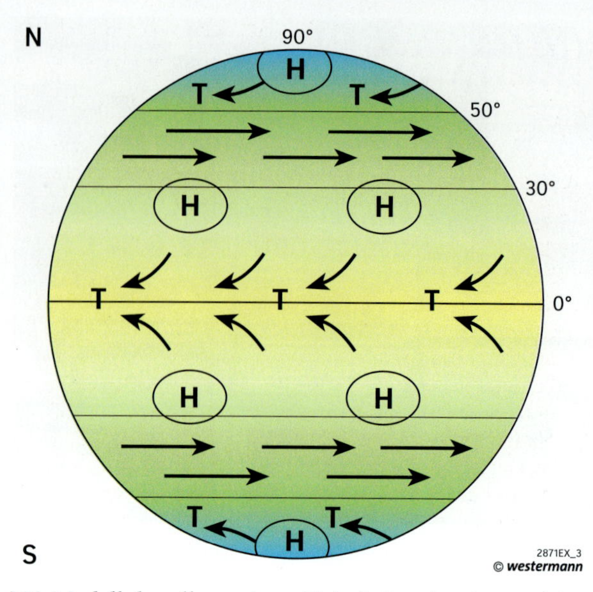


M4 Modell der allgemeinen Zirkulation der Atmosphäre

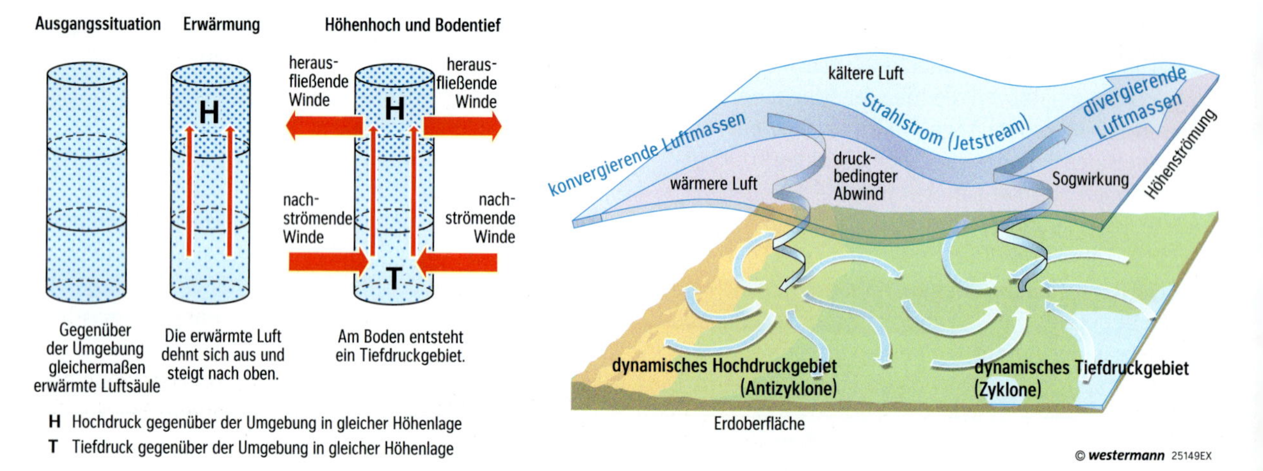


M2 Hoch- und Tiefdruckgebiete – thermische und dynamische Entstehung

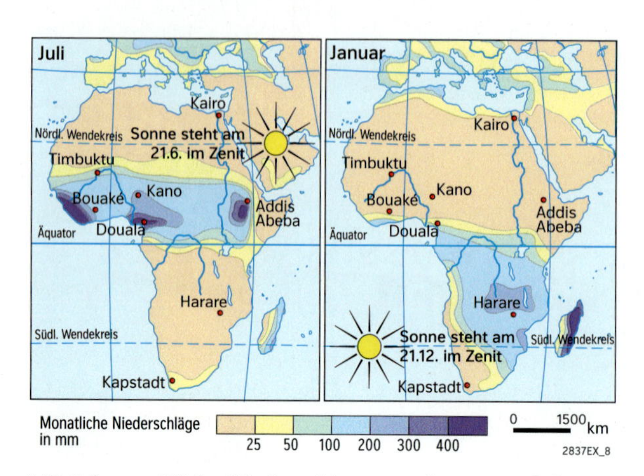


M3 Jahreszeitliche Niederschlagsverteilung in Afrika

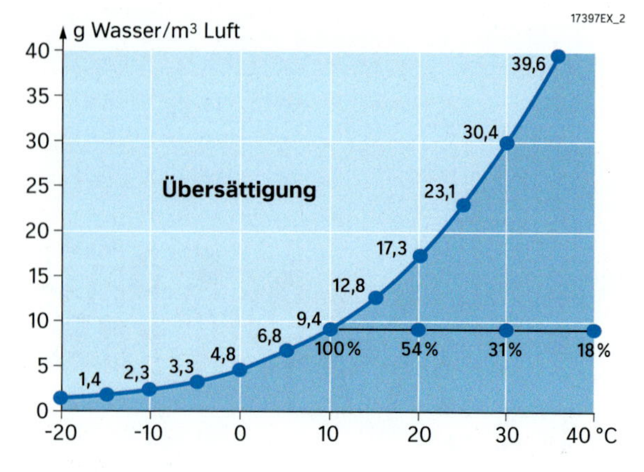


M5 Taupunktkurve

## Grundbegriffe

Wetter
Witterung
Klima
Klimadiagramm
Klimaelement
Klimafaktor
Atmosphäre
Zenit
Wendekreis
Äquinoktium
solare Klimazone
Polarkreis
Tageszeitenklima
Jahreszeitenklima
Albedo
Solarkonstante
latente Wärme
natürlicher Treibhauseffekt
Taupunkt
relative Feuchte
trockenadiabatischer Prozess
feuchtadiabatischer Prozess
Leeseite
Luvseite
Steigungsregen
Regenschatten
Konvektion
Inversion
Luftdruck
Isobare
Kältehoch
Hitzetief
Gradientkraft
Corioliskraft
Frontalzone
Westwindzone
Jetstream
Antizyklone
subtropischer Hochdruckgürtel
Zyklone
subpolare Tiefdruckrinne
innertropische Konvergenzzone (ITC)
polares Hoch
Passat
polarer Ostwind
Zenitalregen
humid
arid
Klimaklassifikation
Mittelmeerklima

Bewerten Sie sich selbst mit dem **Ampelsystem**, das auf Seite 49 erklärt ist. Die Erläuterung der **Kompetenzen** finden Sie ebenfalls auf Seite 49.

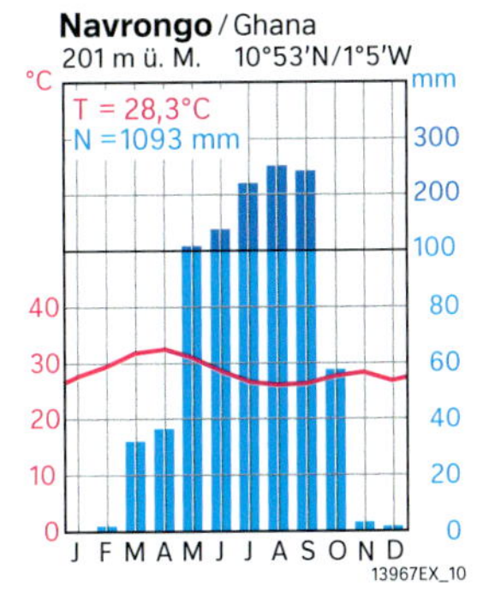


M6 Klimadiagramm

M7 Feigenkaktus

### Sachkompetenz

**1** Erklären Sie die Entstehung der solaren Klimazonen durch die unterschiedlichen Einstrahlungsverhältnisse (S. 56/57).

**2** Erklären Sie die Niederschlagsbildung (S. 60/61).

**3** Erklären Sie die Entstehung von thermischen und dynamischen Hochdruck- und Tiefdruckgebieten am Beispiel von M2 (S. 65 und 71/72).

**4** Erläutern Sie die allgemeine Zirkulation der Atmosphäre mithilfe von M4 (S. 73/74).

**5** Der Passatkreislauf ist das vorherrschende Windsystem in Afrika.
a) Erläutern Sie den Passatkreislauf.
b) Beschreiben und erklären Sie die in M3 dargestellten Niederschlagsverhältnisse (S. 76 – 79).

**6** Erklären Sie die Entstehung der Wendekreiswüste Kalahari unter der Verwendung der Begriffe relative und absolute Luftfeuchte (S. 77).

**7** Erläutern Sie das Mittelmeerklima mithilfe der planetarischen Zirkulation (S. 90).

**8** Begründen Sie klimatische Unterschiede eines Raumes am Fallbeispiel Spaniens mithilfe von Klimafaktoren (S. 91).

### Orientierungskompetenz

**9** Erstellen Sie auf Grundlage von M3 und M4 zwei thematische Karten mit den Druck- und Windgürteln im Sommer- und im Winterhalbjahr (S. 73 – 75).

### Methodenkompetenz

**10** Die Taupunktkurve zeigt die maximale Luftfeuchte bei unterschiedlichen Temperaturen an. Erklären Sie anhand von M5, warum es bei einer Abkühlung um 10 °C in den Tropen zu wesentlich stärkeren Niederschlägen kommt als in den Polarregionen (S. 60/61).

**11** Das Land-See-Windsystem ist ein lokal begrenztes Windsystem, das an heißen Tagen zum Beispiel an Küsten auftritt.
a) Erläutern Sie das Land-See-Windsystem (M1).
b) Skizzieren und erläutern Sie die Situation in der Nacht (S. 67).

**12** Interpretieren Sie das Klimadiagramm von Navrongo in M6 (S. 80/81).

### Beurteilungs- und Handlungskompetenz

**13** Erörtern Sie die Auswirkungen der klimatischen Gegebenheiten in Spanien auf Vegetation (M7), Landschaft und Tourismus (S. 90 – 97).

M1 Vom Industriestandort zum Touristenmagneten: Weltkulturerbe Völklinger Hütte

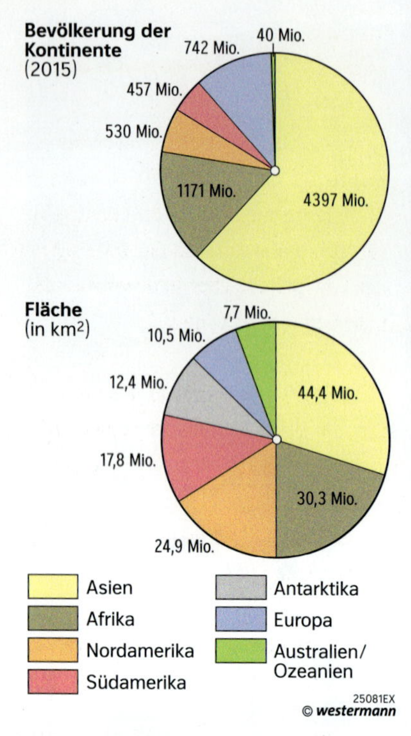


M1 Die Kontinente im Vergleich

M2 Europa bei Nacht

## AUFGABEN

1 **Beschreiben Sie die Lage Europas und recherchieren Sie den Grenzverlauf des Kontinents (Atlas).**

2 **Vergleichen Sie die Kontinente nach Flächengröße und Bevölkerungszahl (M1).**

## Blick auf Deutschland und Europa

*„Europa ist uneinheitlich und eigentlich nur eine zerfranste Halbinsel Asiens. Man sollte daher von der Landmasse Eurasien sprechen"*, so der berühmte deutsche Geograph Alexander von Humboldt (1769 – 1859). Folglich ist der Grenzverlauf Europas vor allem im Osten nicht eindeutig. Nichtsdestotrotz wird Europa aufgrund seiner Geschichte und Kultur als eigenständiger Kontinent betrachtet. Kein anderer Erdteil zeigt eine so vielfältige Gliederung auf engstem Raum wie Europa. Meere und Meeresbuchten reichen tief in das Festland hinein. So besteht ein Drittel der Landmasse aus Inseln und Halbinseln. Die Länge der Meeresküsten beträgt 37 200 km. Charakteristische Umrissformen sind dabei zu erkennen. So gleicht die Iberische Halbinsel einer Faust, Italien gleicht einem Stiefel.

Deutschland liegt mit seinen knapp 82 Millionen Einwohnern im Zentrum Europas und ist der bevölkerungsreichste Staat des Kontinents. Die wirtschaftliche Entwicklung Deutschlands wird von der Lage in Mitteleuropa beeinflusst und macht das Land zu einer Brücke zwischen Nord und Süd sowie zum Transitweg zwischen West und Ost.

# Einen Raum geographisch einordnen

## Geographische Einordnung eines Landes

Am Anfang einer Raumanalyse steht die geographische Einordnung eines Landes. Diese soll einen ersten Überblick über den zu analysierenden Raum geben.

### Leitfaden zur geographischen Einordnung eines Landes

1. **Bestimmung der globalen Lage**
   Geben Sie an, auf welchem Kontinent sich das Land befindet und wie sich die Lage des Landes auf dem Kontinent darstellt.
2. **Feststellung, ob Binnenstaat oder Küstenstaat**
   Stellen Sie fest, ob das Land einen Zugang zum Meer besitzt oder nicht.
3. **Bestimmung der Lage im Gradnetz**
   Bestimmen Sie die Lage des Landes im Gradnetz, indem Sie den nördlichsten, östlichsten, südlichsten und westlichen Punkt des (Fest-)Landes angeben. Hilfreich ist hierbei, wenn Sie zunächst eine politische Karte betrachten, um die Ausdehnung des Landes genau zu erkennen.
4. **Ermittlung der Erstreckung in Kilometern**
   Mithilfe des Maßstabes bestimmen Sie die Nord-Süd- sowie die Ost-West-Erstreckung des Landes.
5. **Angabe der Nachbarstaaten**
   Geben Sie die politischen Grenzen des Landes an. Auch hier empfiehlt es sich, eine politische Karte anzuschauen, um die Nachbarstaaten strukturiert (z.B. im Uhrzeigersinn) angeben zu können.
6. **Angabe von natürlichen Grenzen**
   Geben Sie beispielhaft natürliche Grenzen zu Nachbarstaaten an. Dies können Meere oder Meeresteile, Gebirgsketten, Seen oder Grenzflüsse sein.

## AUFGABEN

**3** a) Ermitteln Sie die Einwohnerdichte der Kontinente (M1).
b) Diskutieren Sie Vor- und Nachteile verschiedener Formen der Darstellung der Einwohnerdichte in unterschiedlichen Diagrammtypen.

**4** Erstellen Sie mithilfe des Computers ein Diagramm mit der Einwohnerdichte der Kontinente der Erde.

**5** Erstellen Sie eine Mental Map von Deutschland.

**6** Ordnen Sie Deutschland geographisch ein.

Polen liegt im Osten Europas und ist ein Küstenstaat. Das Land erstreckt sich von 49° n. Br. bis 55° n. Br. und von 14° ö. L. bis 24° ö. L.
Die Nord-Süd-Erstreckung Polens beträgt etwa 600 km, während die Ost-West-Ausdehnung des Landes etwa 660 km ausmacht.
Polen grenzt im Norden an Russland, im Nordosten an Litauen, im Osten an Weißrussland, im Südosten an die Ukraine. Darüber hinaus besitzt Polen im Süden eine politische Grenze zur Slowakei und zur Tschechischen Republik sowie im Westen zu Deutschland.
Natürliche Grenzen Polens sind die Ostsee im Norden, der Grenzfluss Bug als natürliche Grenze zu Weißrussland und zur Ukraine sowie die Beskiden als Grenze zur Slowakei. Die Sudeten stellen eine natürliche Grenze zur Tschechischen Republik dar und die Grenzflüsse Neiße und Oder bilden natürliche Grenzen zu Deutschland.

M3 Beispiel für eine geographische Einordnung Polens

M4 Lage Polens in Europa

# Deutschland

◁ M1 Satellitenbild Deutschlands

M4 Potsdamer Platz in Berlin

## AUFGABEN

**1** **Verorten Sie auf M1 Berlin, den Schwarzwald, den Harz, den Bodensee sowie Rügen.**

**2** **Bestimmen Sie die Bundesländer und ihre Hauptstädte (M2).**

## Eine Reise ohne Navi

Sie möchten mit Freunden in den Sommerferien verschiedene Reisen durch Deutschland unternehmen, doch leider funktioniert das Navigationsgerät nicht und auch der Akku des Smartphones ist leer. Kommen Sie auch ohne technische Hilfsmittel ins Ziel? Wie gut ist Ihre Mental Map von Deutschland?

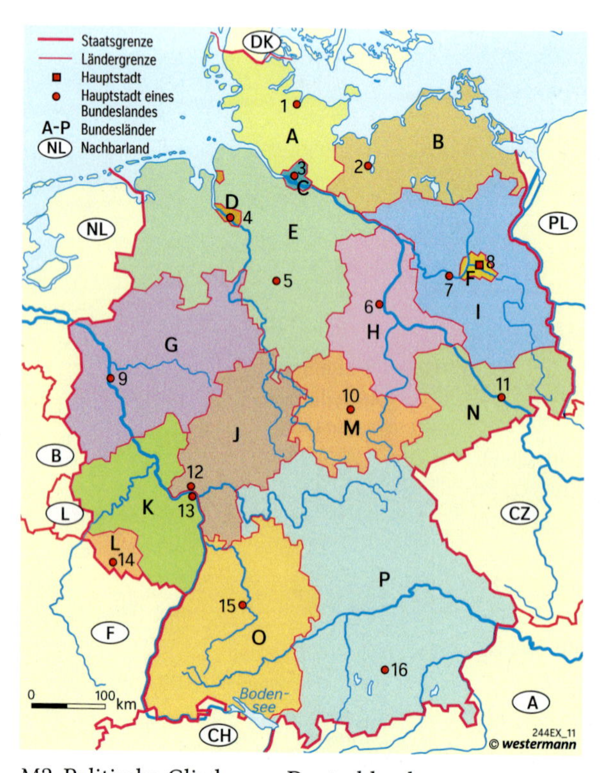


M2 Politische Gliederung Deutschlands

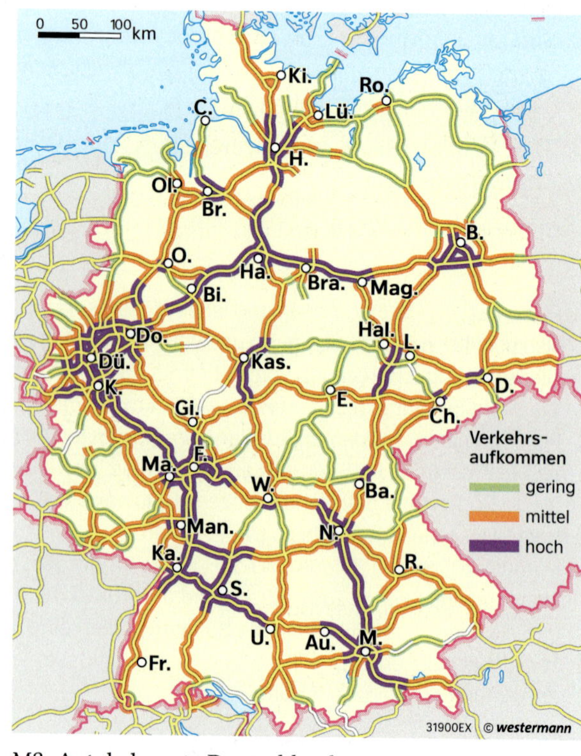


M3 Autobahnnetz Deutschlands

M5 Tourismusziel Hamburg

M6 Zugspitze mit Eibsee

**Reise 1: Konzerttour**

Ihre Lieblingsband plant eine Deutschlandtour und versucht, die Fahrtzeiten zu den einzelnen Auftritten so kurz wie möglich zu gestalten. Die Tour beginnt in Saarbrücken. Ordnen Sie die Städte in einer logischen Reihenfolge, verorten Sie die Städte in einer Kartenskizze und ergänzen Sie mithilfe eines Autoatlasses die Autobahnen (z.B. A 1), die die Band nutzt.
Für die Tournee einer Band ist es wichtig, frühzeitig in den Konzertstädten anzukommen, um für den Auftritt jeweils noch proben zu können und Marketing-Termine wahrzunehmen. Eine Verzögerung durch hohes Verkehrsaufkommen oder Stau auf der Reise kann zu Schwierigkeiten führen. Diskutieren Sie Ihre Wahl der Reihenfolge der Konzertstädte, wenn Sie das durchschnittliche Verkehrsaufkommen zwischen den einzelnen Städten berücksichtigen und eine Anfahrt jeweils nicht mehr als drei Stunden dauern soll (M3).

**Städte auf der geplanten Konzerttour:**

- Berlin
- Bremen
- Dortmund
- Dresden
- Erfurt
- Frankfurt/ Main
- Hamburg
- Hannover
- Köln
- Leipzig
- Mannheim
- München
- Rostock
- Stuttgart

**Reise 2: Von Nord nach Süd**

Ihre Freunde planen verschiedene Städtetouren und wollen mit dem Auto jeweils mehrere Städte von Norden nach Süden besuchen.
Ordnen Sie ohne Hilfsmittel die Städte jeweils von Norden nach Süden.
Berechnen Sie anschließend mithilfe des Atlas, welche Reise am weitesten ist.

**Tour A:**
- Bonn
- Flensburg
- Karlsruhe
- Magdeburg
- Rostock
- Schwerin

**Tour B:**
- Bremen
- Freiburg
- Hamburg
- Magdeburg
- Wolfsburg
- Würzburg

**Reise 3: Außenseitertouren**

Zum Schluss wollen Sie mit Ihren Freunden jeweils Reisen zu besonderen Zielen unternehmen.
Diskutieren Sie, welches Ziel jeweils aus der Reihe fällt und begründen Sie Ihre Entscheidung.

- Dortmund – Düsseldorf – Münster – Essen
- Feldberg – Großer Arber – Zugspitze – Erbeskopf
- Elbe – Rhein – Donau – Weser
- München – Hamburg – Bremen – Berlin

M1 Berlin bei Nacht

M3 Königssee in Bayern

M2 Kühe auf der Weide

M4 Brandenburger Tor

## Wirtschaftsräume in Deutschland

Für die wirtschaftsräumliche Gliederung eines Landes wird als ein Abgrenzungskriterium die Produktionsstruktur herangezogen. Darin kommt zum Ausdruck, welche Wirtschaftsbereiche und -zweige dominant vertreten sind und welche Anteile sie an der Gesamtproduktion haben. Auf diese Weise können unterschiedliche Wirtschaftsräume in einem Land ausgewiesen werden.
**Industrieräume**, in denen neben einem ausgeprägten Dienstleistungssektor eine hohe Zahl an Arbeitsplätzen im sekundären Sektor zu finden ist, sind **Verdichtungsräume**. In diesen Verdichtungsräumen wohnen viele Menschen auf relativ kleinem Raum – die Mehrheit davon in der Großstadt als Kern des Verdichtungsraumes, in der es besonders viele Arbeitsplätze gibt. Die hohe Zahl an Arbeitsplätzen im tertiären Sektor macht die Verdichtungsräume nicht nur zu Industrieräumen, sondern gleichzeitig zu **Dienstleistungszentren**. Die Verkehrsinfrastruktur ist in Verdichtungsräumen meist gut ausgebaut.
Daneben existieren **Agrarräume**, die auch als ländliche Räume bezeichnet werden, sowie **Erholungsräume**, in denen der Tourismus eine wichtige Rolle spielt.

### AUFGABEN

**1 a) Beschreiben Sie die Abbildungen M1 – M4.**
**b) Diskutieren Sie, welche Abbildung nicht zu den anderen passt.**

**2 Sie planen Ihren nächsten Urlaub in den Sommerferien. Erörtern Sie, welchen der in M1 – M4 und im Text dargestellten Räume Sie als Ziel bevorzugen würden.**

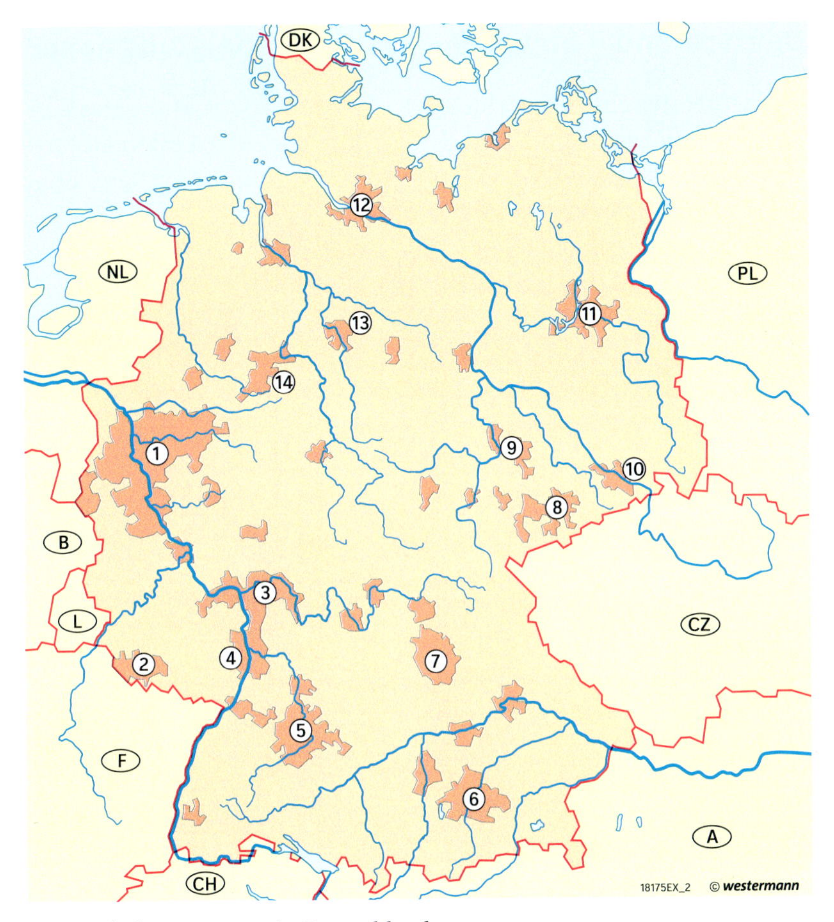


M5 Verdichtungsräume in Deutschland

## AUFGABEN

3 Ordnen Sie den Verdichtungsräumen 1 – 14 in M5 die richtigen Bezeichnungen aus M6 zu.

4 Erstellen Sie eine Kartenskizze, die die wichtigsten Verdichtungs-, Agrar- und Erholungsräume Deutschlands zeigt (Atlas).

5 Stellen Sie die Bevölkerung der Verdichtungsräume (absolut und pro km²) mithilfe des Computers in einem Diagramm dar.

6 Ein Mitschüler von Ihnen ist erkrankt. Schreiben Sie ihm eine E-Mail und erklären Sie ihm, wie er bei der Erstellung des Diagramms mit dem Computer vorgehen muss.

| Bezeichnung | Fläche in km² | Bevölkerung | |
|---|---|---|---|
| | | insgesamt | je km² |
| Berlin | 2 794,57 | 4 289 729 | 1 535 |
| Bielefeld | 1 158,34 | 911 856 | 787 |
| Chemnitz / Zwickau | 2 038,50 | 893 210 | 438 |
| Dresden | 644,78 | 766 720 | 1 189 |
| Halle / Leipzig | 1 246,58 | 979 909 | 786 |
| Hamburg | 1 382,22 | 2 240 001 | 1 621 |
| Hannover | 572,54 | 774 230 | 1 352 |
| München | 2 000,11 | 2 276 281 | 1 138 |
| Nürnberg / Fürth / Erlangen | 1 563,70 | 1 184 386 | 757 |
| Rhein-Main | 2 554,84 | 3 004 829 | 1 176 |
| Rhein-Neckar | 1 338,41 | 1 364 729 | 1 020 |
| Rhein-Ruhr | 8 983,38 | 10 902 393 | 1 214 |
| Saar | 1 307,00 | 758 294 | 580 |
| Stuttgart | 2 973,05 | 2 900 102 | 975 |

M6 Größe der Verdichtungsräume (Stand: 2015)

## AUFGABEN

**1** **Ordnen Sie die im Kreis dargestellten Fotos 1 – 4 den einzelnen Wirtschaftssektoren zu.**

**2** **Vergleichen Sie die Entwicklung der Beschäftigten nach Sektoren in M1 mit dem Modell von Fourastié in M2.**

**3** **Erläutern Sie den Begriff Tertiärisierung und diskutieren Sie Gründe für diese Entwicklung.**

**4** **Ordnen Sie die Aussagen in M4 zeitlich in das Modell von Fourastié in M2 ein und begründen Sie Ihre Einordnung.**

| Jahr | primärer Sektor | sekundärer Sektor | tertiärer Sektor |
|---|---|---|---|
| 1800 | 80 | 6 | 14 |
| 1900 | 42 | 31 | 27 |
| 1950 | 18 | 38 | 44 |
| 2015 | 1 | 25 | 74 |

M1 Beschäftigte in Deutschland (in %)

## INFO

### Drei-Sektoren-Modell

**Die Wirtschaft befindet sich in einer ständigen Dynamik. Der Franzose Jean Fourastié beschrieb mit seiner 1954 veröffentlichten Drei-Sektoren-Theorie die langfristige Verlagerung der wirtschaftlichen Tätigkeit von einer Agrargesellschaft über eine Industriegesellschaft bis hin zur Dienstleistungsgesellschaft.**

## Deutschland – Industrie- oder Dienstleistungsland?

Betrachtet man die Entwicklung der Wirtschaftsstruktur eines Landes, so kann man zum Beispiel – mithilfe von Atlaskarten aus verschiedenen Zeiten – Veränderungen in der räumlichen Verteilung der Wirtschaftsbranchen analysieren.

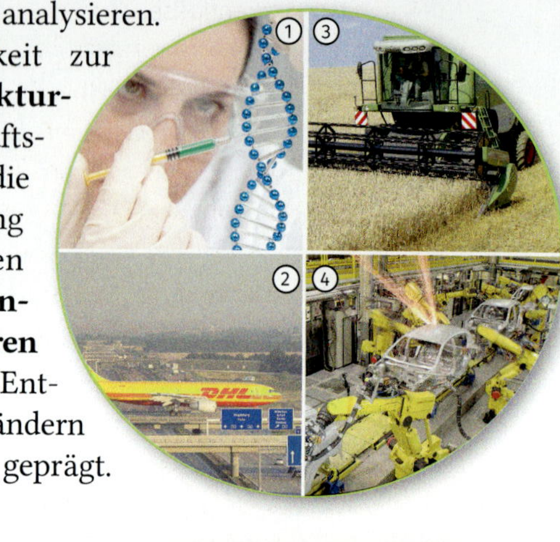


Eine weitere Möglichkeit zur Beschreibung des **Strukturwandels** in der Wirtschaftsstruktur eines Landes ist die Analyse der Entwicklung der Beschäftigtenzahlen im **primären**, im **sekundären** und im **tertiären Wirtschaftssektor**. Die Entwicklung ist in vielen Ländern von der **Tertiärisierung** geprägt.

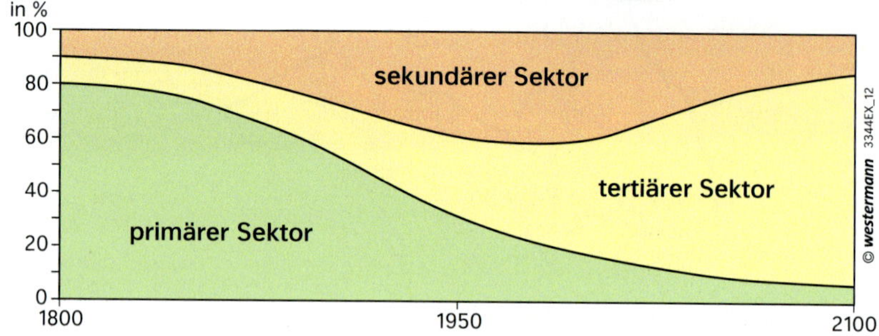


M2 Beschäftigte in den Wirtschaftssektoren nach Fourastié

Der Dienstleistungsbereich wird häufig gegliedert nach Art der Nachfrage in unternehmensorientierte Dienstleistungen, die hauptsächlich von Betrieben nachgefragt werden, und personenbezogene Dienstleistungen, die individuell von den Konsumenten nachgefragt werden. Personenorientierte Dienstleister sind beispielsweise Fitnessstudios, Frisöre und Supermärkte. Zu den unternehmensorientierten Dienstleistern zählen unter anderem Sicherheitsdienste, Gebäudereinigung, Logistikunternehmen und Bereiche der Werbung.
Der Dienstleistungssektor umfasst hinsichtlich der von den Beschäftigten ausgeübten Tätigkeiten einfache Dienstleistungen (Tätigkeiten im Einzelhandel oder in der Gastronomie) sowie höherwertige Dienstleistungen, wie beispielsweise Tätigkeiten im Management oder in der Rechtsberatung. Für die einfachen Dienstleistungen ist in der Regel kein hohes Bildungsniveau erforderlich und diese Tätigkeiten weisen meistens ein niedriges Lohnniveau auf.
Die hoch qualifizierten Dienstleistungen werden mitunter auch als quartärer Wirtschaftssektor bezeichnet; dazu gehören beispielsweise Dienstleistungen aus dem Bereich Forschung und Entwicklung.

M3 Struktur des Dienstleistungssektors

1. Der Bauer Johann Huber ist stolz auf seine acht Kinder, die alle auf dem kleinen Hof bei der Ernte mithelfen.
2. Die Firma Kuka vermeldet einen neuen Rekordgewinn. Sie stellt Roboter für die Automobilindustrie her.
3. Sabine Schmid ist entlassen worden, weil ihre Firma die Produktion von Handys nach Taiwan verlagert hat.
4. Selim Demir hört im türkischen Radio, dass in den deutschen Industriebetrieben großer Arbeitskräftemangel herrscht. Er folgt dem Aufruf der deutschen Regierung und fährt mit einem Sonderzug für Gastarbeiter von Istanbul nach Stuttgart.
5. Julia findet nach ihrer Lehre als Buchdruckerin keine Stelle und macht eine Umschulung zur Softwareentwicklerin.
6. Georg Huber kauft sich einen kleinen Mähdrescher und kann den Hof nun alleine mit seiner Frau bewirtschaften.
7. Maria freut sich auf den Sonntagsausflug mit dem neuen VW-Käfer, das erste Auto, von dem ihre Eltern schon so lange geträumt haben.
8. Klaus Winkler findet keine Arbeit mehr bei den Bauern in seinem Dorf und geht als Stahlarbeiter nach Duisburg.
9. Mike Huber hat den Bauernhof zu einer Ferienpension umgebaut. Seine Felder hat er an Karl Maier verpachtet, den letzten verbliebenen Landwirt im Dorf.
10. Seit Frau Hauser ihr Reisebüro auf einen Leitveranstalter umgestellt hat, kommen wieder so viele Kunden, dass sie zwei neue Mitarbeiter einstellen konnte.

M4 Wirtschaftliche Tätigkeiten im Wandel der Zeit

M6 Verschiedene Dienstleistungen

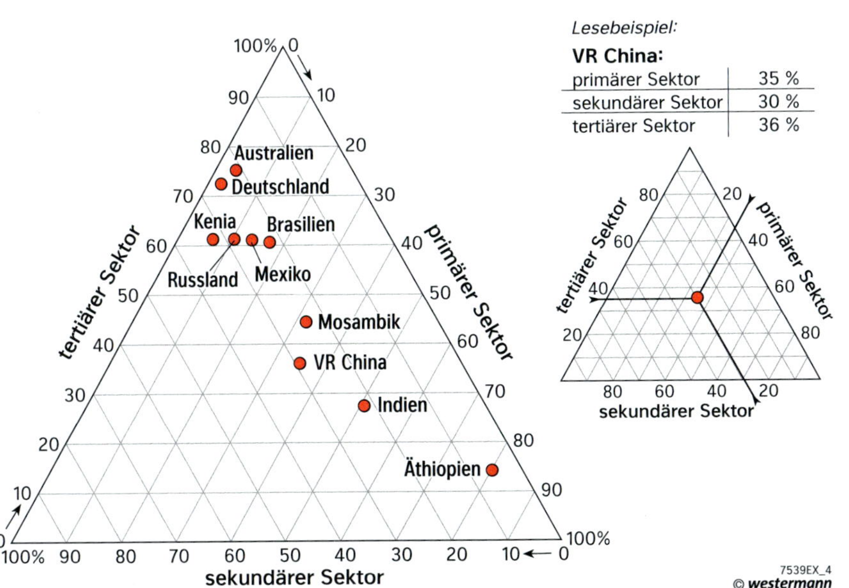


M5 Bedeutung der Wirtschaftssektoren in verschiedenen Ländern der Erde

## AUFGABEN

**5** **Erfassen Sie tabellarisch die Bedeutung der Wirtschaftssektoren in den zehn Ländern in M5 (Lesebeispiel beachten!).**

**6** **Entwickeln Sie eine These zur Verteilung der Beschäftigtenanteile in den einzelnen Wirtschaftssektoren im internationalen Vergleich (M5).**

# Rhein-Main-Gebiet und Mecklenburg-Vorpommern i

## AUFGABEN

**Nach Abschluss der Schule möchten Sie Ihre Heimat verlassen und überlegen, zum Studium nach Frankfurt/Main oder in den Ostseeraum zu ziehen.**

1 **Vergleichen Sie das Rhein-Main-Gebiet mit dem Raum Mecklenburg-Vorpommern unter sozioökonomischen Gesichtspunkten. Werten Sie dabei die Materialien auf den Seiten 110 – 113 aus und nutzen Sie die Atlaskarte „Deutschland – Wirtschaftsstruktur“.**

2 **Analysieren Sie Folgen sozioökonomischer Disparitäten anhand der beiden Raumbeispiele.**

3 **Diskutieren Sie, wohin Sie Ihren Lebensmittelpunkt verlagern wollen.**

## Disparitäten in Deutschland

Die Herstellung gleichwertiger Lebensverhältnisse innerhalb Deutschlands gehört zur zentralen Leitvorstellung des Staates und der Bundesländer. Dies zielt auf eine gleichmäßige Entwicklung der Teilräume, vor allem bezogen auf die Daseinsgrundfunktionen (z. B. wohnen, arbeiten), Einkommen und Erwerbsmöglichkeiten. Nichtsdestotrotz bestehen in Deutschland räumliche **Disparitäten** sowohl innerhalb verschiedener Bundesländer als auch zwischen einzelnen Bundesländern im Westen und im Osten. Darüber hinaus ist Deutschland von einem Nord-Süd-Gefälle geprägt: Im Durchschnitt sind die südlichen Gebiete wirtschaftlich stärker als die nördlichen Räume.

## INFO

### Disparitäten

(von lat. disparitum: abgesondert, getrennt) Disparitäten kennzeichnen die Unausgeglichenheit der Lebensbedingungen und Entwicklungsmöglichkeiten in verschiedenen Regionen. In diesem Zusammenhang werden **Aktivräume** und **Passivräume** unterschieden. Während Aktivräume eine dynamische Wirtschaftsstruktur aufweisen, sind Passivräume oftmals von Strukturschwächen gekennzeichnet. Eine mögliche Folge dieser Disparitäten ist die **Migration**, die dauerhafte Verlagerung des Wohnortes von Personen.

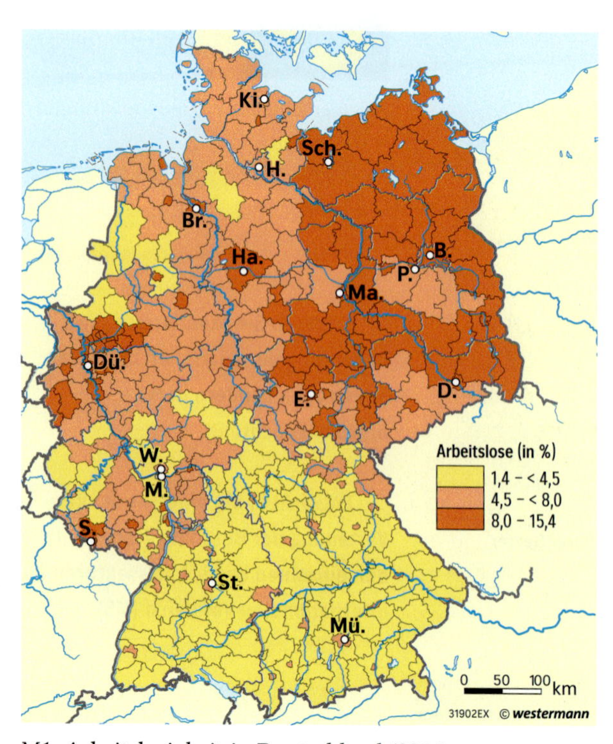


M1 Arbeitslosigkeit in Deutschland (2014)

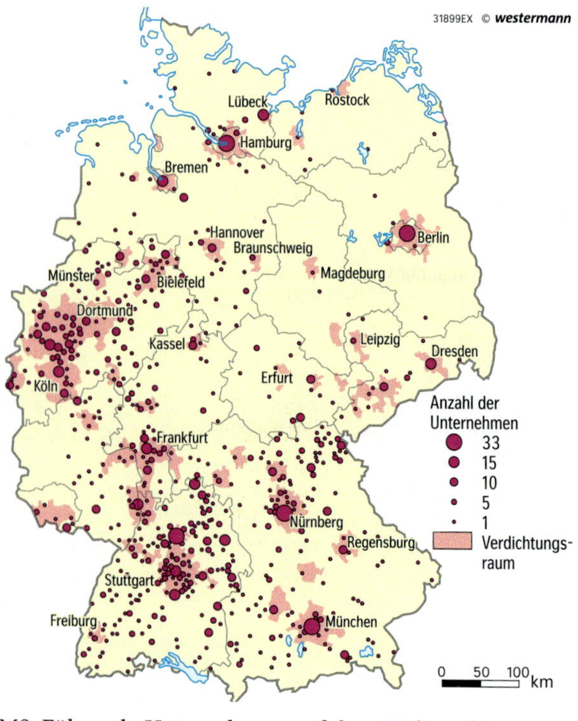


M2 Führende Unternehmen auf dem Weltmarkt

**Frankfurt – „Bankfurt"**

Frankfurt am Main liegt im Zentrum des Verdichtungsraumes Rhein-Main: Stadt und Region setzen auf den Dienstleistungssektor. Stark vertretene Branchen sind die Telekommunikation, Werbewirtschaft, Informationstechnologie, der Handel, Verkehr und insbesondere das Bankenwesen. Als internationales Finanzzentrum nimmt Frankfurt in Kontinentaleuropa die führende Rolle ein. Mit dem Sitz der Europäischen Zentralbank (EZB) ist Frankfurt die Stadt des Euro. Hier werden für die Euro-Staaten – das heißt für über 300 Millionen Menschen – die währungspolitischen Entscheidungen getroffen. Die Deutsche Bundesbank ist seit ihrer Gründung in der Stadt zu Hause. Über 300 Banken, davon etwa 200 ausländische Institute, haben sich hier niedergelassen. Auch die Deutsche Börse AG, eine der modernsten elektronischen Börsen der Welt, hat in Frankfurt ihren Sitz. Der Raum Frankfurt ist auch ein internationaler Versicherungsplatz mit zahlreichen Deutschland-Direktionen ausländischer Versicherungsgesellschaften.

M3 Dienstleistungszentrum Frankfurt/Main

M6 Verdichtungsraum Rhein-Main

Bankenviertel: Tagsüber Trubel – nachts Geisterstadt

Japans Banken zieht's nach Frankfurt

Frankfurt – der wichtigste Euro-Finanzplatz

Schafft der Brexit 10 000 neue Arbeitsplätze in Frankfurt?

M4 Schlagzeilen zu Frankfurt/Main

M7 Bankenviertel Frankfurt/Main

**Das Frankfurter Kreuz**
- ist der wichtigste Knotenpunkt des deutschen Autobahnnetzes.
- verbindet die Autobahnen von Hamburg nach Basel und vom Ruhrgebiet nach München.
- wird täglich von rund 300 000 Kraftfahrzeugen passiert.

**Der Flughafen-Bahnhof**
- ist ein Fernbahnhof (ICE- und IC-Verbindungen), auf dem täglich etwa 100 Züge ein- und abfahren.
- ist ein Regionalbahnhof (für den Nahverkehr) für S-Bahn, Regional-Express und Stadt-Express.
- wickelt täglich 220 Zugverbindungen ab.

Fraport
Frankfurt Airport Services Worldwide

**Der Frankfurter Flughafen**
- ist der achtgrößte Flughafen der Welt sowohl im Passagier- als auch im Frachtverkehr.
- nimmt Platz 1 in der Fracht und Platz 3 (hinter London und Paris) bei den Passagieren in Europa ein.
- ist Ausgangspunkt für 1200 Starts und Landungen pro Tag.

**Der Frankfurter Flughafen**
- ist ein Transfer-Flughafen: 50 Prozent der Passagiere sind Umsteiger.
- ist Standort für 110 Fluggesellschaften im Passagierverkehr und etwa 50 Fluggesellschaften im Charterverkehr (Sonderflüge überwiegend für Urlauber).
- ist Ausgangspunkt und Zwischenstation für 290 Ziele in 109 Ländern.

M5 Frankfurter Flughafen – Luftverkehrsdrehkreuz

# Rhein-Main-Gebiet und Mecklenburg-Vorpommern

## AUFGABEN

1 **Bewerten Sie die Zuverlässigkeit der Quelle in M4 (Atlas, M1).**

2 **Präsentieren Sie die Ergebnisse des Vergleichs des Rhein-Main-Gebietes und Mecklenburg-Vorpommerns sowie der Folgen der sozioökonomischen Disparitäten mithilfe einer Präsentationssoftware.**

3 **Erstellen Sie ein Thesenblatt mit den wichtigsten Inhalten Ihrer Präsentation.**

4 **Beurteilen Sie die Präsentationen und die Thesenblätter Ihrer Mitschülerinnen und Mitschüler. Berücksichtigen Sie dabei die Kriterien Inhalt, Aufbau und Gestaltung der Präsentation sowie den Vortragsstil.**

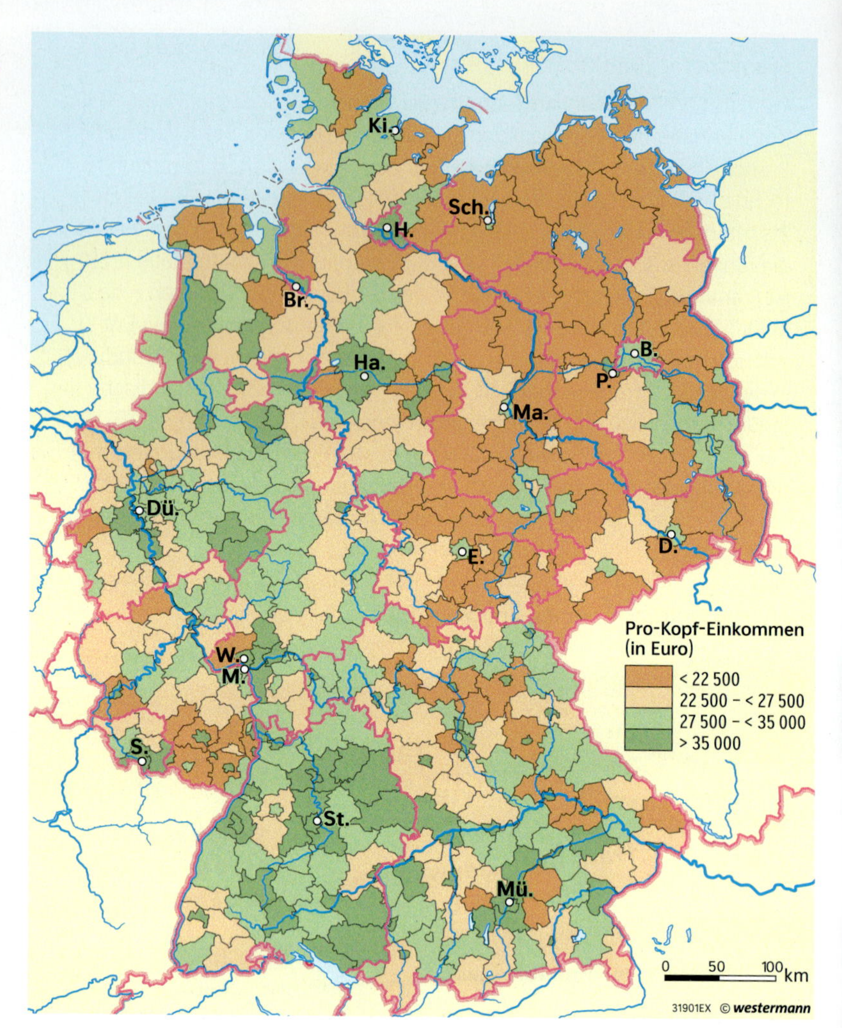


M2 Pro-Kopf-Einkommen in Deutschland 2014

| | Regionalverband Frankfurt-Rhein-Main (= Kernraum des Rhein-Main-Verdichtungsraumes) | Mecklenburg-Vorpommern |
|---|---|---|
| Fläche | 2458,5 km² | 23 210 km² |
| Einwohner | 2 248 258 | 1 599 138 |
| Einwohnerdichte | 914 Einwohner / km² | 69 Einwohner / km² |
| Wanderungssaldo | + 65 226 Einwohner (2011 – 2013) | - 10 562 Einwohner (2008 – 2009)<br>+ 8 486 Einwohner (2013 – 2014) |
| Anteil der Beschäftigten im tertiären Sektor | 82 % | 75,8 % |
| Bruttowertschöpfung | 110 981 Mio. € | 37 312 Mio. € |
| Pro-Kopf-Bruttolöhne | 49 363 € | 23 332 € |
| Arbeitslosenquote | 8,2 % (2005); 6,9 % (2015) | 20,3 % (2005); 10,4 % (2015) |

(Zusammengestellt nach: www.region-frankfurt.de/Verband/Region-in-Zahlen/Gebiet-des-Regionalverbandes; www.statistik-mv.de/cms2/STAM_prod/STAM/de/start/index.jsp)

M1 Strukturdaten im Vergleich

M3 Hafenanlagen in Wismar

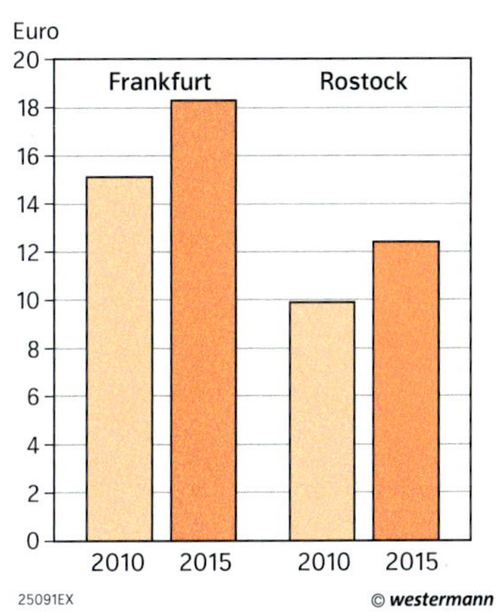


M5 Mietpreise für ein WG-Zimmer pro m²

Mecklenburg-Vorpommern lockt mit seiner Vielfalt. Es ist die einzigartige Mischung aus unberührter Natur zwischen Seen und Meeresstrand, Kultur und urbanem Flair in Städten zwischen jahrhundertealter Tradition und innovativer Moderne, die die Menschen hierher kommen lässt. Schließlich bietet Mecklenburg-Vorpommern beste Bedingungen für den Start ins Leben, etwa für Studierende, die hier moderne Universitäten mit hoher Qualität in Lehre und Forschung finden. Es ist jedoch auch für immer mehr Menschen das Land, in dem sie ihren Lebensabend verbringen wollen, als aktive Senioren mit Lust auf Natur und Kultur, mit der guten Gewissheit, hier auch die richtige Pflege zu finden. Schließlich ist der Ostseestrand der richtige Ort, um einem anspruchsvollen Beruf mit Zukunft nachzugehen und dabei genug Zeit für Familie und Erholung zu haben. Innovative Unternehmen etablieren sich hier als attraktive Arbeitgeber, die Work-Life-Balance ist kaum irgendwo so ausgewogen wie hier.

Mecklenburg-Vorpommern ist nicht nur ein guter Platz zum Leben, sondern auch ein guter Ort zum Arbeiten. Das Land an der Ostsee fördert gezielt zukunftsfähige Bereiche und lockt interessante Arbeitgeber an. Gleichzeitig bietet das Land Freiräume und Unterstützung für motivierte Menschen mit guten Ideen: Wenige Bundesländer sind für Selbstständige und Gründer so interessant wie Mecklenburg-Vorpommern. Ein Grund dafür ist auch die hervorragende Hochschullandschaft. Hier studieren junge Talente unter erstklassigen Bedingungen und haben beste Chancen für den Berufsstart in neuen, innovativen Branchen. Einer der besten Gründe für eine Karriere in Mecklenburg-Vorpommern ist jedoch das Land selbst: immer nah an der Natur bei gleichzeitiger Nähe zu den beiden größten Metropolen Deutschlands und eine hohe Lebensqualität.

M4 Internetauftritt des Landes Mecklenburg-Vorpommern (gekürzt und leicht verändert)

Frankfurt am Main, das Finanz- und Dienstleistungszentrum von Weltrang, gehört als Mittelpunkt der dynamischen Wirtschaftsregion Frankfurt-Rhein-Main zu den führenden europäischen Unternehmensstandorten. Die zentrale Lage, die exzellente Infrastruktur mit einem der größten Flughäfen des Kontinents, die Konzentration zukunftsorientierter Unternehmen und seine Internationalität geben der Stadt eine Spitzenstellung im europäischen Vergleich. Als Sitz der Europäischen Zentralbank ist die Stadt geld- und währungspolitisch von internationaler Bedeutung.

Frankfurt ist die Kernstadt der Rhein-Main-Region, in der 5,52 Millionen Menschen leben. 365 000 Unternehmen erwirtschaften dort ein jährliches Bruttoinlandsprodukt von 200,5 Milliarden Euro und beschäftigen 2,88 Millionen Menschen. In diesem produktiven Umfeld mit seinem internationalen Branchenmix florieren Unternehmen aller Größen, vom großen Industriekonzern bis zum kleinen Softwareentwickler.

M6 Internetauftritt der Stadt Frankfurt (gekürzt und leicht verändert)

# Ein Referat präsentieren

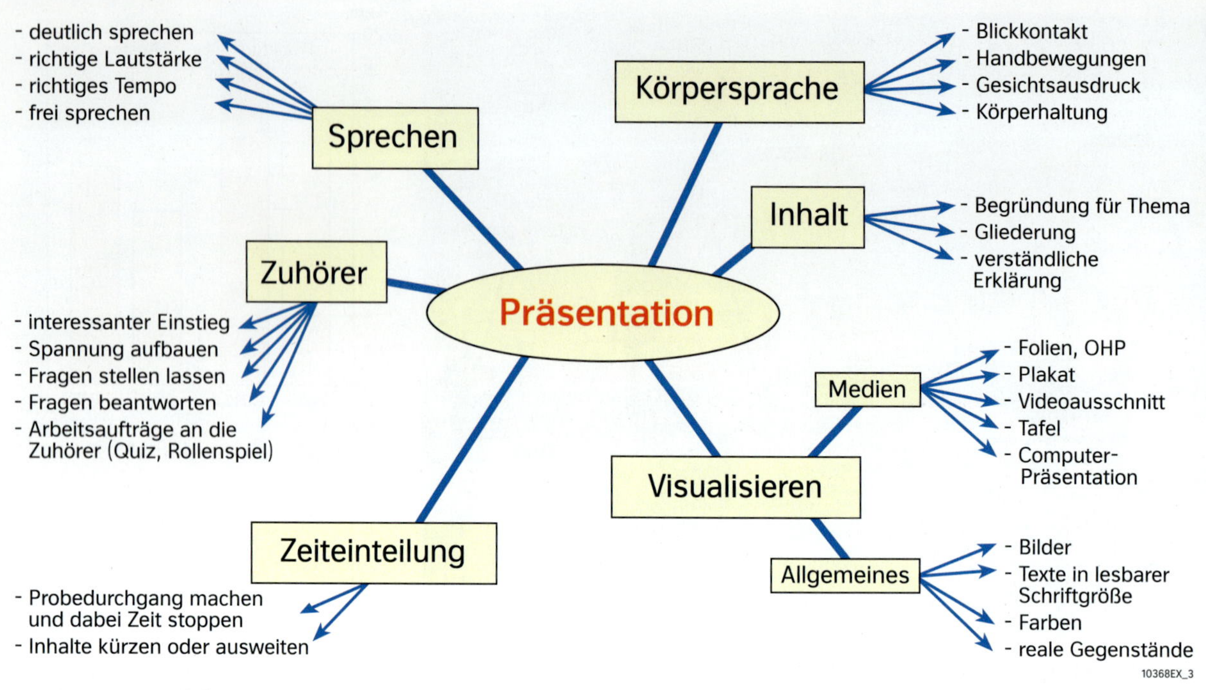


M1 Was muss ich bei einer Präsentation beachten?

## Ein Referat gekonnt halten

Nachdem Sie die Materialien für Ihr Referatsthema recherchiert und durchgearbeitet haben, müssen Sie überlegen, wie Sie Ihren Vortrag gestalten möchten. M1 zeigt, welche Aspekte für eine erfolgreiche Präsentation wichtig sind.
Es reicht nicht aus, nur das Referat vorzutragen, denn es ist für Ihr Publikum schwierig, nur durch Zuhören das Thema inhaltlich zu verstehen. Sie wecken Interesse, wenn Sie die Inhalte anschaulich machen und Bilder oder Diagramme zeigen. Dadurch erfassen Ihre Mitschülerinnen und Mitschüler das Referat nicht nur akustisch, sondern auch visuell. So können sie sich mehr merken.

### Sechs Tipps für einen guten Vortrag

1. Überprüfen Sie vor Beginn Ihres Vortrags, ob alle benötigten Materialien an der richtigen Stelle liegen und ob die einzusetzenden technischen Medien funktionieren.
2. Tragen Sie möglichst frei vor. Wenn nötig, können Sie ab und zu auf Ihre Stichwortzettel schauen.
3. Sprechen Sie deutlich, nicht zu schnell und schauen Sie Ihre Zuhörerinnen und Zuhörer an.
4. Lampenfieber hat jeder. Durch eine aufrechte Körperhaltung strahlt man aber Sicherheit aus.
5. Stellen Sie am Anfang die Gliederung Ihres Vortrags vor. Zwischendurch können Sie auf die Gliederung erneut verweisen.
6. Visualisieren Sie Ihren Vortrag mit Materialien.

Für den Vortrag ist es sinnvoll, Stichwortzettel zu erstellen. Sie dienen der Erinnerung und zum Abrufen von Wissen und sie gliedern Ihren Vortrag:

- DIN A5-Karteikarten verwenden (handlich und fest).
- Nur die Vorderseite beschreiben.
- Lesbar und groß schreiben.
- Nur Stichworte, keine ganzen Sätze bilden. Zahlen und Grundbegriffe notieren.
- Immer nur einen Gliederungspunkt des Vortrages pro Stichwortzettel schreiben.
- Zeitangaben oder Regie-Anweisungen (z.B. Folie XY auflegen) in einer anderen Farbe aufschreiben.

M2 Tipps für einen guten Stichwortzettel

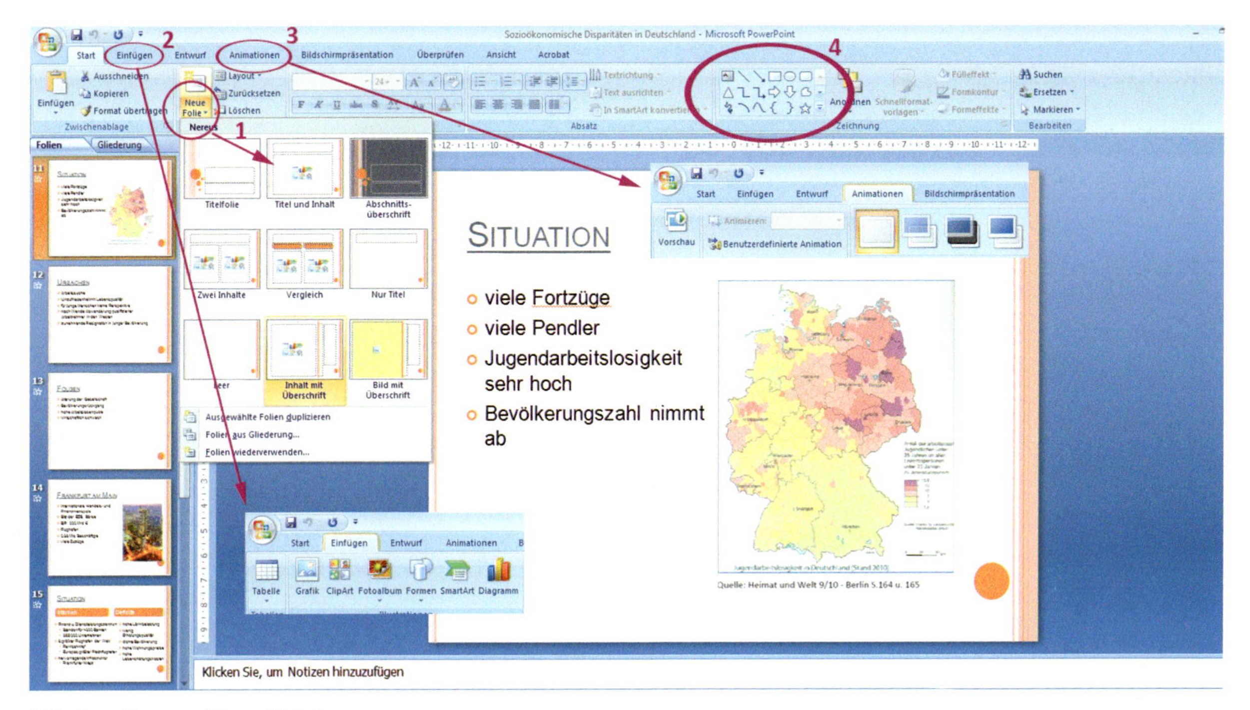


M3 Auszüge aus PowerPoint

## Eine Computer-Präsentation erstellen

Es gibt verschiedene Computerprogramme, die es ermöglichen, Ihren Vortrag geschickt zu veranschaulichen, zum Beispiel PowerPoint oder Impress (Open Office). Mithilfe dieser Programme lassen sich (Computer-)Folien erstellen, die mit einem Beamer präsentiert werden. Ein solches Programm ist ein gutes Hilfsmittel, um durch das Referat zu führen.

 **Vorsicht!** 

- Solche Programme können zu „Zeitfressern" werden (zu viele Animationen usw.).
- Sie können nicht schnell zwischen Themenaspekten wechseln. Dadurch können Sie schwer flexibel auf Einwürfe reagieren.
- Überladen Sie die Seiten nicht. Achten Sie auf große Schrift. Die Textmenge sollte sehr gering sein.
- Gestalten Sie den Hintergrund nicht zu dunkel, dafür aber für alle Seiten einheitlich.
- Die Präsentation ist kein Ablese-Skript, sondern soll Ihre gesprochenen Worte lediglich unterstützen.

M4 Zu beachten bei der Computerarbeit!

### Leitfaden zur Erstellung einer Präsentation

1. **Neue Folie wählen**
   Eine Folie ist eine Bildschirmseite Ihrer Präsentation. Hier können Sie das Grundlayout für Ihre Folie auswählen. Wählen Sie aus, ob Sie Bild, Text oder Diagramm darstellen wollen. Natürlich können Sie das bestehende Layout noch verändern.
2. **Einfügen von Bildern / Grafiken / Texten**
   Haben Sie bei der Materialsuche gute Bilder oder Grafiken gefunden, so können Sie diese in Power Point einfügen. Bei „Einfügen" – „Grafik" – [...] können Sie auf den Computerspeicher zugreifen. Die eingefügten Objekte können Sie auf der Folie verschieben, in der Größe verändern usw. Unter diesem Button können Sie auch eigene Diagramme erstellen.
3. **Benutzerdefinierte Animation**
   Hier können Sie entscheiden, was, wann, wie auf der Folie erscheinen soll. So können Sie die Folien besser auf Ihren Vortrag abstimmen. Aber Vorsicht: Zu viel Animation lenkt ab und ist auf Dauer langweilig!
4. **Autoformen**
   Über die Autoformen können Sie zum Beispiel Wichtiges durch Pfeile hervorheben.

# Energie, Klimawandel und Nachhaltigkeit

M1 Energieversorgung – nachhaltig?

# Energieverbrauch global

## AUFGABEN

**1** **Beschreiben Sie die Entwicklung des globalen Energieverbrauchs seit 1860 (M2).**

**2** **Stellen Sie die regionale Verteilung des Energieverbrauchs weltweit dar. Fertigen Sie dazu eine einfache Kartenskizze an (M3).**

**3** **Formulieren Sie Thesen zur Entwicklung der zukünftigen globalen Energiewirtschaft.**

**4** **Analysieren und bewerten Sie Ihr eigenes Verhalten bei der Energienutzung (M4).**

**5** **Diskutieren Sie die Kernaussagen der Fotos in M5 und M6 im Vergleich zu der Entwicklung des Energieverbrauchs in Deutschland (M3).**

## Wie geht es mit unserer Erde weiter?

Die drei Begriffe Energie, Klimawandel und Nachhaltigkeit sind Bestandteil der vielleicht wichtigsten globalen Themen der Menschheit im 21. Jahrhundert. Die Zukunft wird zeigen, ob die Welt sich den Herausforderungen, die im Zusammenhang mit Energie, Klimawandel und Nachhaltigkeit stehen, stellt.
Immer mehr Menschen auf der Erde verbrauchen immer mehr Waren und nehmen immer mehr Dienstleistungen in Anspruch. Eine Flugreise auf die Balearen für ein Wochenende, ein neuer Flachbildschirm für das Wohnzimmer oder ein neues Smartphone – all das ist selbstverständlich für viele Menschen.
Die wirtschaftliche Entwicklung und der wachsende Wohlstand haben in den letzten Jahrzehnten in vielen Ländern der Erde die Nachfrage nach Energie sehr stark anwachsen lassen.
Auch Sie sind täglich Bestandteil dieser Problematik, denn auch Sie verbrauchen jeden Tag Energie. Ob Ihr Verhalten bezüglich des Energieverbrauchs nachhaltig ist, sollte von jedem Einzelnen immer kritisch bewertet werden.

M1 Energieverbrauch in der Schule ▷

M2 Entwicklung des weltweiten Verbrauchs an Energierohstoffen

| | 2002 | 2015 |
|---|---|---|
| **Nordamerika** | 2741,4 | 2795,5 |
| USA | 2295,5 | 2280,6 |
| **Mittel- und Südamerika** | 474,9 | 699,3 |
| **Europa** (inkl. Russland) | 2852,0 | 2834,4 |
| EU | 1743,1 | 1630,9 |
| Russland | 628,2 | 666,8 |
| Deutschland | 334,0 | 320,6 |
| **Naher Osten** | 464,3 | 884,7 |
| **Afrika** | 291,9 | 435,0 |
| **Asien und Ozeanien** | 2773,7 | 5498,5 |
| VR China | 1073,8 | 3014,0 |
| Indien | 310,8 | 700,5 |
| Japan | 513,3 | 448,2 |
| ***Welt*** | ***9598,2*** | ***13147,3*** |

M3 Energieverbrauch nach Regionen und weltweit 2015 (in Mio. t Öleinheiten)

### *Mein Energiecheck*

- *Meine Familie heizt mit erneuerbaren Energieträgern als Zentralheizung.*
- *Wir besitzen zusätzlich einen Kaminofen (Holz, Pellets).*
- *Unsere Heizung hat eine Nachtabsenkung.*
- *Wir heizen die Räume entsprechend ihrer Nutzung (z. B. Schlafzimmer kühler).*
- *Wir bevorzugen das kurze Lüften mit offenem Fenster, statt die Fenster ständig gekippt zu haben.*
- *Unsere Heizkörper werden überwiegend nicht durch Möbel verdeckt.*
- *Unser Haus / unsere Wohnung ist gut isoliert.*
- *Unser Haus / unsere Wohnung besitzt Energiesparfenster.*
- *Ich ziehe zu Hause erst einmal einen Pulli an, bevor ich die Zimmertemperatur durch die Heizung erhöhe.*
- *Wir erzeugen Strom mit einer Solaranlage (Photovoltaik).*
- *Ich schalte das Licht aus, wenn ich das Zimmer / Haus verlasse.*
- *Meine Familie benutzt überwiegend energiesparende LED-Lampen.*
- *Ich schalte jeden Tag die Stand-by-Funktion meiner elektrischen Geräte aus.*
- *Mein Computer läuft nur, wenn ich ihn wirklich nutze.*
- *Ich nutze die „mobile Daten"-Funktion an meinem Smartphone nur, wenn ich sie wirklich brauche.*
- *Ich achte darauf, Strom zu sparen.*
- *Meine Familie achtet beim Kauf von Elektrogeräten auf die Verbrauchsangabe.*
- *Ich drehe das Wasser beim Zähneputzen ab.*
- *Ich dusche meistens, anstatt mich in die Badewanne zu legen.*
- *Unser Warmwasser wird mit Solarthermie oder durch einen Kaminofen erhitzt.*
- *Meine Familie versucht, kurze Strecken zu Fuß oder dem Fahrrad statt mit dem Auto zurückzulegen.*
- *Meine Familie versucht, das Auto durch Bus und Bahn zu ersetzen.*
- *Meine Familie versucht, Fahrgemeinschaften zu bilden.*

14673E

M4 Checkliste zur Überprüfung des eigenen Energieverbrauchs

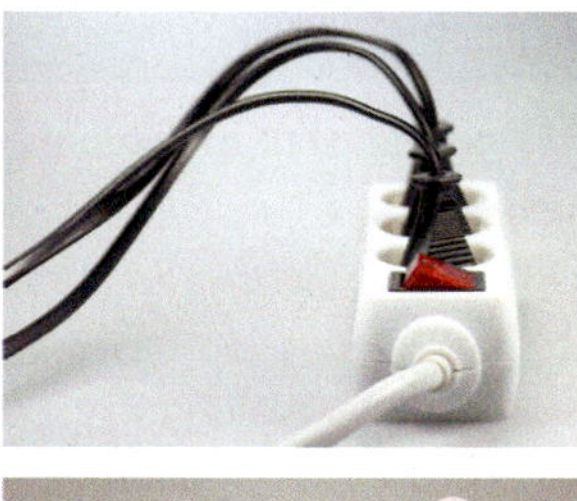

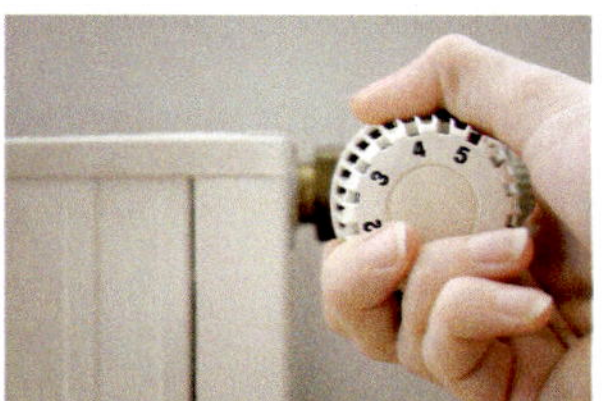

M5 „Energiehunger"

M6 Wärmebild

## AUFGABEN

**1** **Unterscheiden Sie tabellarisch fossile und regenerative Energieträger (Text, M2, M4).**

**2** **Erstellen Sie eine Mindmap über regenerative Energien (M2).**

**3** **Analysieren Sie die Heizungs- und Stromabrechnungen Ihrer Familie und schreiben Sie die Verbrauchsdaten in einer Tabelle auf. Vergleichen und beurteilen Sie anschließend den Energieverbrauch Ihrer Familie mit dem der Familien Ihrer Mitschülerinnen und Mitschüler.**

**4** **Bewerten Sie die Umfrage zum Energieverbrauch in M3.**

**5** **Erstellen Sie ein Plakat mit einer Deutschland-Karte. Tragen Sie dort großräumig als Flächensignaturen die Vorkommen der fossilen Energieträger in Deutschland ein (Atlaskarte: Deutschland – Energie). Tragen Sie zusätzlich in die Karte die Gunsträume für die Energiegewinnung aus Wind und Sonne ein (Atlaskarten: Deutschland – Regenerative Energien und Nachhaltigkeit).**

## Wie kommt der Strom in die Steckdose?

Ein Stromausfall in Deutschland ist sicherlich selten. Tritt er dennoch in unserer Region auf, so wird uns sehr schnell bewusst, wie abhängig wir in unserem Alltag von Energie sind. Für viele Menschen kommt Strom jedoch einfach aus der Steckdose. Ihnen ist nicht klar, dass der Strom vor der Nutzung aus Energieträgern gewonnen wird.
Energieträger sind Stoffe, deren Energiegehalt für Energieumwandlungsprozesse nutzbar ist. Primäre Energieträger werden direkt der Natur entnommen und nur geringfügig verarbeitet. Dazu gehören die **fossilen Energieträger** wie Erdöl, Kohle und Erdgas, die Kernbrennstoffe wie Uran sowie die **regenerativen Energieträger**.
Während die fossilen Energieträger aus toten Lebewesen und abgestorbenen Pflanzen in geologischer Vorzeit entstanden und damit endlich sind, stehen regenerative Energien praktisch unerschöpflich zur Verfügung und erneuern sich verhältnismäßig schnell. Zu den regenerativen Energieträgern zählen Biomasse, Erdwärme, Wasserkraft, Sonne und Wind.
Sekundäre Energieträger werden aus primären Energieträgern durch Umwandlung technisch erzeugt. Dazu gehören Treibstoffe aus der Erdölraffinerie (z.B. Dieselkraftstoff), Biogas, Strom und auch Wärme.

M1 Stromausfall in Hannover

## INFO 1

### Eine Energie – viele Einheiten

Die physikalische Einheit der Energie ist Joule (J). Da der globale Energieverbrauch sehr hoch ist, verwendet man zur Angabe der Energie die Vorsilben Peta (1 PJ = $10^{15}$ J) oder sogar Exa (1 EJ = $10^{18}$ J).
Der Verbrauch des wichtigen Sekundärenergieträgers Strom wird hingegen häufig in kWh (Kilowattstunden) angegeben und entspricht 3,6 MJ (Megajoule). Ein Vier-Personenhaushalt benötigt im Jahr etwa 4200 kWh Strom, ein Zwei-Personenhaushalt 2900 kWh.
In einigen Statistiken liest man manchmal zur Vergleichbarkeit der Energiemenge die Abkürzungen SKE oder ÖE. SKE steht für Steinkohleeinheit und entspricht der Energiemenge, die beim Verbrennen von 1 kg Steinkohle frei wird: 1 SKE = 29,3 MJ (Megajoule). Die Abkürzung ÖE steht für Öleinheit.

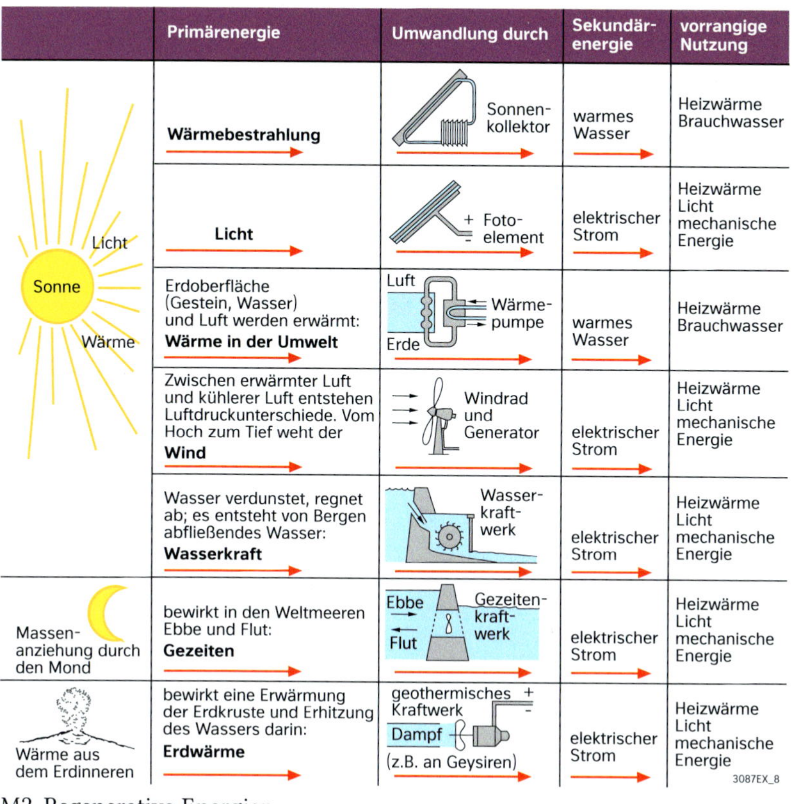

| | Primärenergie | Umwandlung durch | Sekundärenergie | vorrangige Nutzung |
|---|---|---|---|---|
| Sonne (Licht, Wärme) | **Wärmebestrahlung** | Sonnenkollektor | warmes Wasser | Heizwärme Brauchwasser |
| | **Licht** | Fotoelement | elektrischer Strom | Heizwärme Licht mechanische Energie |
| | Erdoberfläche (Gestein, Wasser) und Luft werden erwärmt: **Wärme in der Umwelt** | Wärmepumpe (Luft, Erde) | warmes Wasser | Heizwärme Brauchwasser |
| | Zwischen erwärmter Luft und kühlerer Luft entstehen Luftdruckunterschiede. Vom Hoch zum Tief weht der **Wind** | Windrad und Generator | elektrischer Strom | Heizwärme Licht mechanische Energie |
| | Wasser verdunstet, regnet ab; es entsteht von Bergen abfließendes Wasser: **Wasserkraft** | Wasserkraftwerk | elektrischer Strom | Heizwärme Licht mechanische Energie |
| Massenanziehung durch den Mond | bewirkt in den Weltmeeren Ebbe und Flut: **Gezeiten** | Gezeitenkraftwerk (Ebbe, Flut) | elektrischer Strom | Heizwärme Licht mechanische Energie |
| Wärme aus dem Erdinneren | bewirkt eine Erwärmung der Erdkruste und Erhitzung des Wassers darin: **Erdwärme** | geothermisches Kraftwerk (Dampf) (z.B. an Geysiren) | elektrischer Strom | Heizwärme Licht mechanische Energie |

3087EX_8

M2 Regenerative Energien

## INFO 2

### Rohstoffreserven und Rohstoffessourcen

**Rohstoffreserven** sind Rohstoffmengen, die zugänglich und mit heutiger Technik wirtschaftlich abbaubar sind.

**Rohstoffressourcen** sind nachgewiesene, aber derzeit technisch oder wirtschaftlich nicht abbaubare Rohstoffmengen.

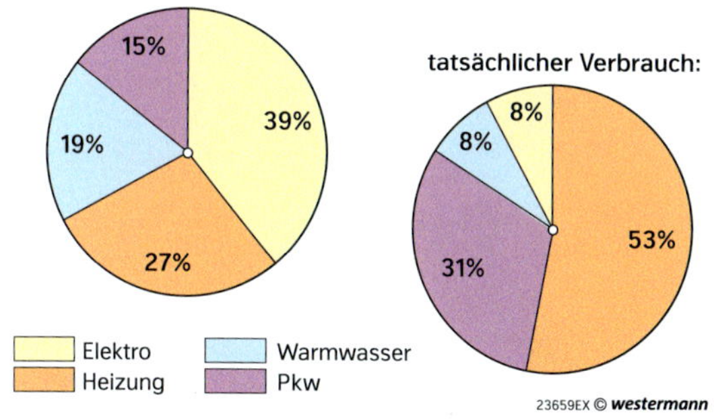


M3 Umfrage zum Energieverbrauch 2015

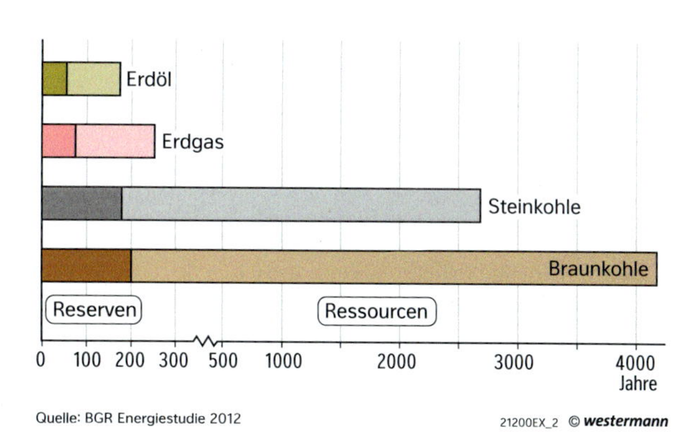


M4 Reichweite verschiedener Energieträger

Verantwortlich für die Schadensregulierung im Stein- oder auch Braunkohlebergbau sind die Bergbaufirmen, etwa die RAG. Die Beseitigung von Bergschäden kostet die RAG jährlich 300 Mio. Euro [...]. Nach seinem Ende im Jahr 2018 wird der Steinkohlebergbau sogenannte Ewigkeitslasten im Ruhrgebiet hinterlassen. So muss dauerhaft Wasser abgepumpt werden – auch damit sich nicht Wasser in den durch den Bergbau entstandenen Senken ansammelt und das Ruhrgebiet dadurch zu einer Art Seenplatte wird.

(Fälle aus NRW, vom 26.11.2013. In: RP ONLINE, 21.06.2016)

M5 Ewigkeitslasten des Kohlebergbaus

Bergbauschäden – A 43 bei Witten in Richtung Wuppertal voll gesperrt.
(WAZ, 23.01.2014)

Bergschaden bremst Züge am Essener Hauptbahnhof weiter aus. Stollen wird mit Beton verfüllt.
(Westfälische Rundschau, 22.11.2013)

M6 Zeitungsmeldungen

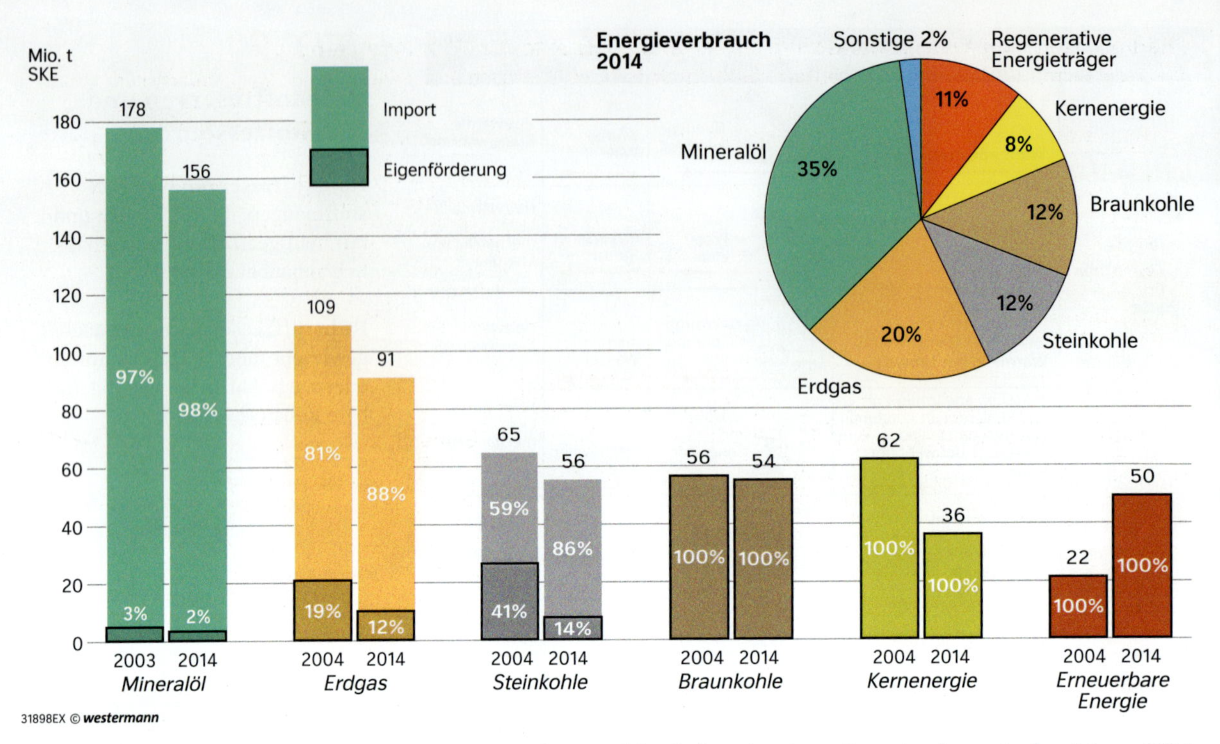


M1 Importabhängigkeit und Selbstversorgungsgrad Deutschlands bei einzelnen Energieträgern in den Jahren 2004 und 2014

M2 Energieerzeugung in einem Solarpark

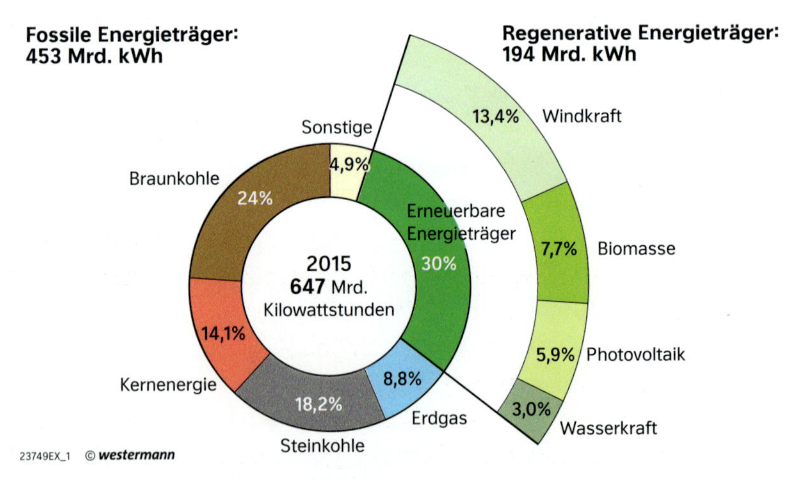


M3 Anteile der Energieträger an der Stromerzeugung in Deutschland 2015

## AUFGABE

**1 Erläutern und bewerten Sie das Potenzial an verschiedenen Energieträgern in Deutschland (M1 – M5, S. 121 M4 – M6 sowie Atlaskarten „Sonnenenergie und Geothermie", „Windenergie").**

Die Verbrennung von Erdöl zur Energiegewinnung schädigt das Klima, weil $CO_2$ in die Luft ausgestoßen wird.
Beim Transport des Erdöls ist es bereits häufig zu Tankerunfällen gekommen. Das ausgetretene Öl hat große Meeres- und Küstenabschnitte verunreinigt. Auch bei der Erdölförderung passieren immer wieder Unfälle, bei denen ganze Landschaften zerstört werden.

M4 Erdöl in der Kritik

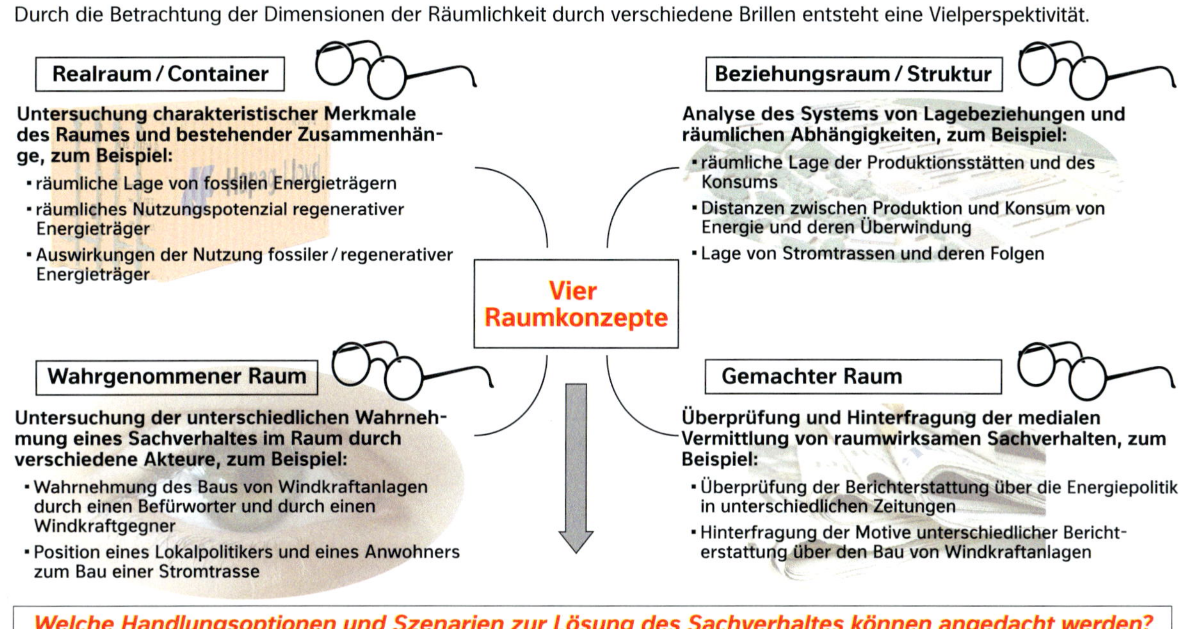


M5 Vier Raumkonzepte und die Energiewende in Deutschland

## Erneuerbare Energien sind die Zukunft Deutschlands!

Geographische Sachverhalte und Räume sind selten einfach strukturiert. Gerade wenn physische Bedingungen und anthropogenes Handeln zusammen betrachtet werden sollen, bedarf es geeigneter Instrumente zur Raumanalyse.
Auch die **Energiewende**, das heißt die Umstellung von fossilen zu regenerativen Energieträgern, in Deutschland ist komplexer, als es bei oberflächlicher Betrachtung erscheint.
Um diese Vielschichtigkeit besser zu verstehen, eignet sich beispielsweise die Analyse mittels der *vier Raumkonzepte*. Hierbei wird vierfach der Blickwinkel bei der Beschreibung und Erklärung gewechselt. Dieser Perspektivenwechsel sorgt für eine mehrdimensionale Durchdringung des Sachverhalts und Raums.
Die ersten beiden Raumkonzepte *Realraum/Container* und *Beziehungsraum/Struktur* betrachten den Sachverhalt und den Raum objektiv. Hierbei gilt es zum Beispiel, die naturgeographischen Voraussetzungen Deutschlands in Bezug auf das Nutzungspotenzial regenerativer Energieträger zu analysieren sowie die räumlichen Abhängigkeiten zwischen Energieproduktion und -verbrauch zu analysieren.
Bei den Raumkonzepten *Wahrgenommener Raum* und *Gemachter Raum* wird eine subjektive Komponente in den Vordergrund der Raumanalyse gestellt. Dabei wird die unterschiedliche Wahrnehmung eines Sachverhaltes im Raum durch verschiedene Personengruppen untersucht, so zum Beispiel, wie der Bau einer Stromtrasse durch Anwohner oder durch einen Manager der Energiewirtschaft gesehen wird. Darüber hinaus wird überprüft und hinterfragt, wie der Bau der Stromtrasse medial unterschiedlich dargestellt und vermittelt wird.
Schließlich gilt es, alle vier Raumkonzepte vernetzt in den geographischen Kontext zu setzen und einen Bezug zur Leitfrage oder These herzustellen. Diese problemorientierte Raumanalyse liefert ein multiperspektivisches Verständnis und vertiefende Einblicke in einen Sachverhalt und Raum.

## AUFGABEN

1 **Verorten Sie die drei großen deutschen Braunkohlereviere in einer Kartenskizze (Atlas) und ergänzen Sie die Fördermengen 2014 (M1).**

2 **Untersuchen Sie, wie die Nutzung der Braunkohle subjektiv unterschiedlich wahrgenommen und medial unterschiedlich vermittelt wird (M6).**

3 **Diskutieren Sie die Nutzung des fossilen Energieträgers Braunkohle unter Berücksichtigung des Nachhaltigkeitsdreiecks (M1 – M6, S. 126 Info).**

## Ist die Nutzung von Braunkohle nachhaltig?

Die Ressourcen an Braunkohle können nach Ansicht vieler Experten noch viele Jahre einen wichtigen Beitrag zur globalen Energieversorgung leisten. Deutschland ist dabei eines der größten Förderländer und auch für die nationale Energiewirtschaft spielt Braunkohle eine wichtige Rolle. Aber ist die Nutzung der Braunkohle zur Energieversorgung unseres Landes nachhaltig?
Das Modell der nachhaltigen Entwicklung (S. 126 Info) geht von der Vorstellung aus, dass eine Entwicklung, die die Bedürfnisse der Gegenwart befriedigt ohne zu riskieren, dass zukünftige Generationen ihre Bedürfnisse nicht befriedigen können, nur durch das gleichzeitige und gleichberechtigte Umsetzen von umweltbezogenen, wirtschaftlichen und sozialen Zielen erreicht werden kann. Ausschließlich auf diese Weise kann die ökologische, ökonomische und soziale Leistungsfähigkeit einer Gesellschaft sichergestellt und verbessert werden. Die drei Aspekte bedingen sich dabei gegenseitig.

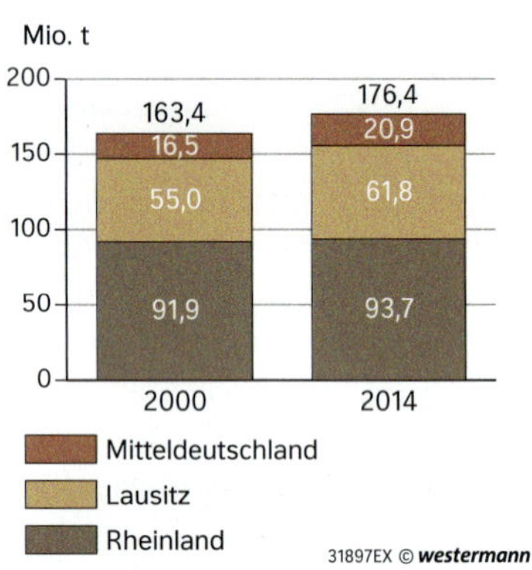


M1 Braunkohleförderung in Deutschland

| Revier | Landnutzung (gesamt) | Betriebsflächen | renaturierte Flächen | Beschäftigte 2014 |
|---|---|---|---|---|
| Mitteldeutschland | 48 720 ha | 11 010 ha | 37 710 ha | 2 536 |
| | 100 % | 22,6 % | 77,4 % | |
| Lausitz | 86 135 ha | 31 455 ha | 54 680 ha | 8 245 |
| | 100 % | 36,5 % | 63,5 % | |
| Rheinland | 31 514 ha | 9 266 ha | 22 248 ha | 10 146 |
| | 100 % | 29,4 % | 70,6 % | |

M3 Daten zu den drei größten Braunkohlerevieren in Deutschland

M2 Schaufelradbagger im Tagebau

Die deutschen Kraftwerksbetreiber müssen den heimischen Brennstoff effizienter nutzen. Die wohl größte Herausforderung für sie ist dabei, eine Lösung für das Treibhausgas $CO_2$ zu finden. Denn Braunkohle setzt bei der Verbrennung [große] Mengen davon frei […]. Hinzu kommt, dass Fortschritte beim Wirkungsgrad der Kraftwerke begrenzt sind. […] Dabei ist die Technik für Braunkohle-Großkraftwerke in den letzten Jahren deutlich verbessert worden. Die neuen [Kraftwerke] erreichen bereits Strom-Wirkungsgrade von 43 Prozent. Zum Vergleich: Die alten Braunkohleblöcke […] nutzen den Brennstoff nur zu 30 Prozent. Die Betreiber können die Stromwirkungsgrade weiter anheben, indem sie die feuchte Rohbraunkohle vor der Verbrennung trocknen. […] Die Techniker rechnen damit, dass bei Braunkohle-Kraftwerken ein Netto-Stromwirkungsgrad von 50 Prozent erreichbar ist, wenn die Kohletrocknung vollständig angewendet wird. Das wäre dann vergleichbar mit Steinkohleanlagen.

(Stefan Schroeter. In: Ingenieur.de, 20.07.2012)

M4 Braunkohle in der Kritik

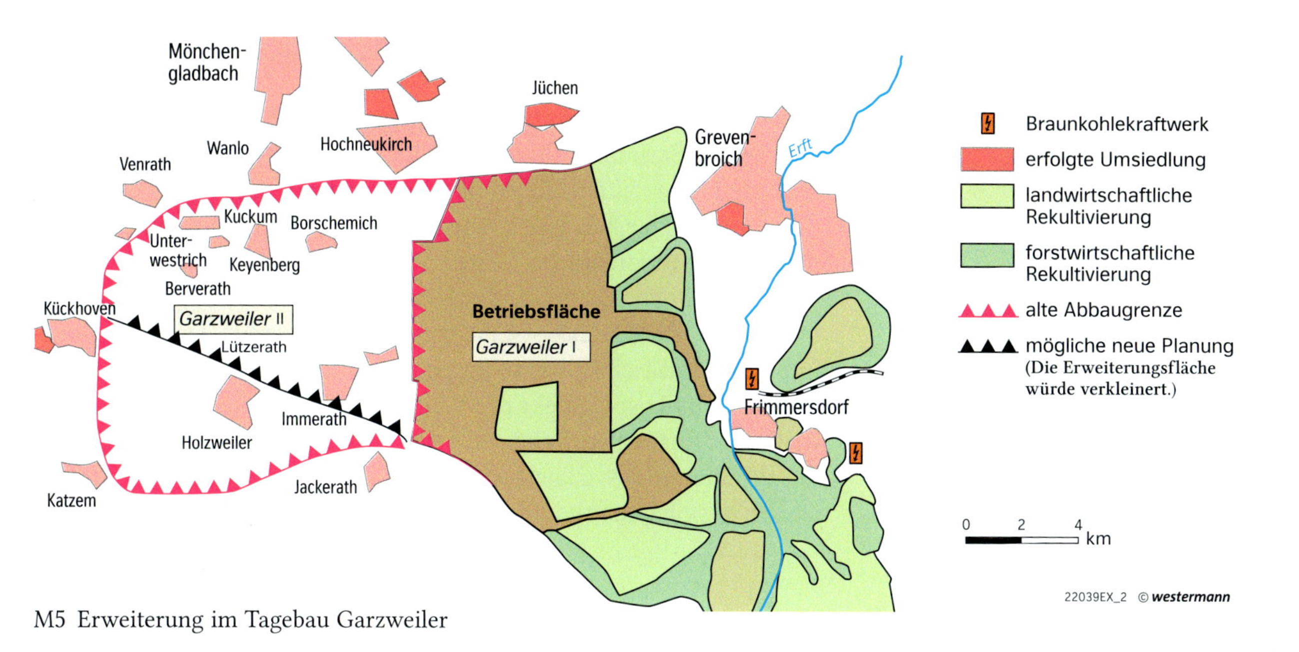


M5 Erweiterung im Tagebau Garzweiler

**Bund für Umwelt und Naturschutz:**
Garzweiler II bedeutet einen unverantwortlichen Eingriff in Natur, Umwelt und soziale Strukturen. RWE darf die Tagebaubetroffenen nicht länger in Geiselhaft für ihre rückwärtsgewandte Konzernpolitik nehmen. Die Braunkohlepläne müssten rasch so geändert werden, dass den betroffenen 3300 Menschen die jetzt noch geplante Zwangsumsiedlung erspart bleibt.
Die Landesregierung in Nordrhein-Westfalen muss zudem ein Ausstiegsszenario für die Braunkohle entwerfen, das im Einklang mit den Vorgaben des Landes-Klimaschutzgesetzes steht. Würde der Tagebau in Nordrhein-Westfalen wie bislang vorgesehen bis 2045 fortgeführt, würde das rund 1,2 Mrd. t $CO_2$ mehr für die Atmosphäre bedeuten.

**Braunkohleabbaugesellschaft**
Jede vierte Kilowattstunde Strom wird in Deutschland aus Braunkohle erzeugt. Der Energieträger hat einen Anteil von rund 25 Prozent an der gesamten deutschen Stromerzeugung. Im Abbaugebiet Garzweiler lagern in 210 m Tiefe 1,3 Mrd. t Braunkohle. Gezielte Maßnahmen mindern die Staub- und Lärmentwicklung aus dem Tagebau und minimieren damit die Belästigung der in der Nähe wohnenden Menschen.
Die Rekultivierung der ausgekohlten Tagebaubereiche hat höchsten Stellenwert. Das Abbaugebiet Garzweiler wird nach dem Auslaufen der Gewinnung in 35 Jahren überwiegend landwirtschaftlich rekultiviert sein. Doch auch der Freizeitwert für den Erholung suchenden Menschen wird nicht zu kurz kommen.

**Ilse Meyer (85 Jahre)**
Als wir in Immerath lebten, waren wir ganz autark. Hier gab es ein Krankenhaus, einen Bäcker, einen Metzger, eine Drogerie. Man musste nicht woanders hinfahren. Und wenn man Einkäufe machte, traf man immer jemanden „auf ein Schwätzchen“.
Nun habe ich meine Heimat verloren und wohne heute im über 10 km entfernten Neu-Immerath, einem Ortsteil von Kückhoven. Das ist kein Dorf, sondern ein schnödes Neubaugebiet. Traurig bin ich auch über den Abriss des Immerather Doms. Es ist ein großes Unrecht, was den Leuten hier angetan wird. Wir sind sogar gezwungen, unsere Toten umzubetten.

**Landesregierung Nordrhein-Westfalen**
Nordrhein-Westfalen verfügt über reiche Vorkommen an energetischen und mineralischen Rohstoffen. Der Bergbau hat sich daher über Generationen zu einem der bedeutendsten Wirtschaftszweige in unserem Land entwickelt. Die Braunkohlentagebaue im Rheinischen Revier haben aufgrund ihrer hohen Bedeutung für die Energiewirtschaft eine langfristige Perspektive. Der Wind schläft mal und die Sonne versteckt sich hinter Wolken. Das heißt: Bis unsere Ingenieure große Speicher entwickelt haben, brauchen wir Erdgas- und Kohlekraftwerke. Nur damit erreichen wir eine zuverlässige Versorgung mit bezahlbaren Strompreisen.

M6 Vier Positionen zur Braunkohle in Nordrhein-Westfalen bzw. zu Garzweiler

## INFO

### Nachhaltigkeitsdreieck – ein Modell zum Bewerten der Nachhaltigkeit

Das Nachhaltigkeitsdreieck gilt allgemein als das beste Modell zur Visualisierung des nachhaltigen Handelns. Auf jeder der drei Achsen wird eine Dimension der Nachhaltigkeit bewertet. Hierbei entsprechen die Dreiecksspitze dem Maximum und der Mittelpunkt dem Minimum. Je weiter der Punkt also von der Mitte entfernt ist, umso mehr ist die jeweilige Dimension erfüllt.

*Fiktives Beispiel:*

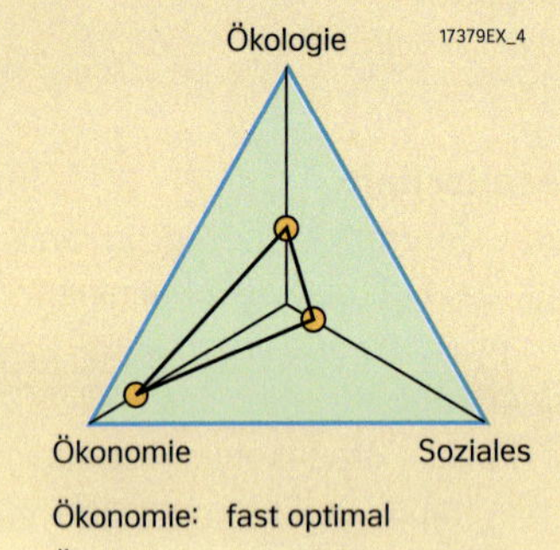


Ökonomie: fast optimal
Ökologie: unterdurchschnittlich
Soziales: gering erfüllt

Fazit: Das entstandene Dreieck entspricht deutlich nicht dem Nachhaltigkeitsdreieck.

## Ist die Nutzung von Windenergie nachhaltig?

Der Wind als regenerativer Energieträger gilt als unerschöpflich. Die besten Standorte für Windräder liegen dort, wo der Wind am stärksten und dauerhaft weht. Dies sind vor allem die Offshore-Standorte in der Nordsee. Dagegen ist der Verbrauch von Strom in den Verdichtungsräumen in der Mitte und im Süden Deutschlands besonders hoch. Der Bau von Hochspannungsleitungen ist jedoch umstritten. Bei Onshore-Windkraftanlagen werden die „Verspargelung" der Landschaft sowie Infraschall, Blinklichter, Eiswurf, Schattenwurf und Disco-Effekt der Windräder kritisiert.
In diesem Zusammenhang stellt sich daher die Frage, wie nachhaltig die Windenergie wirklich ist, vor allem wenn man die drei Dimensionen der Nachhaltigkeit betrachtet.

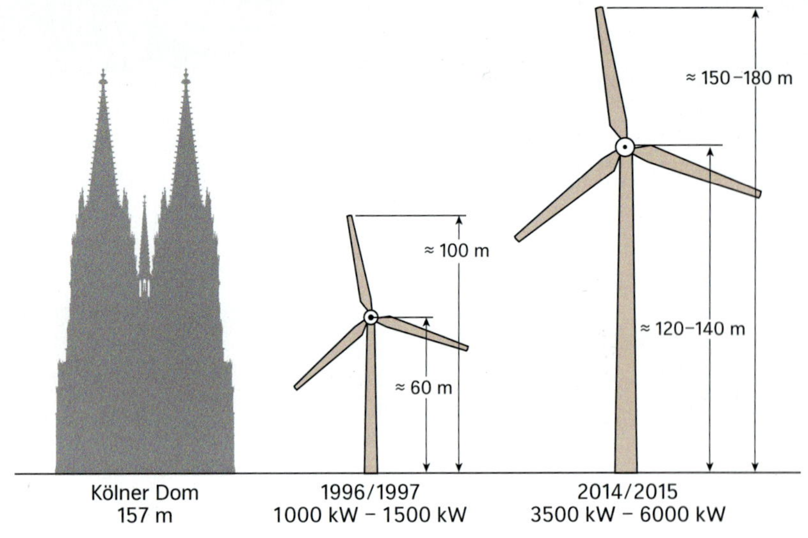


M1 Windräder werden immer höher.

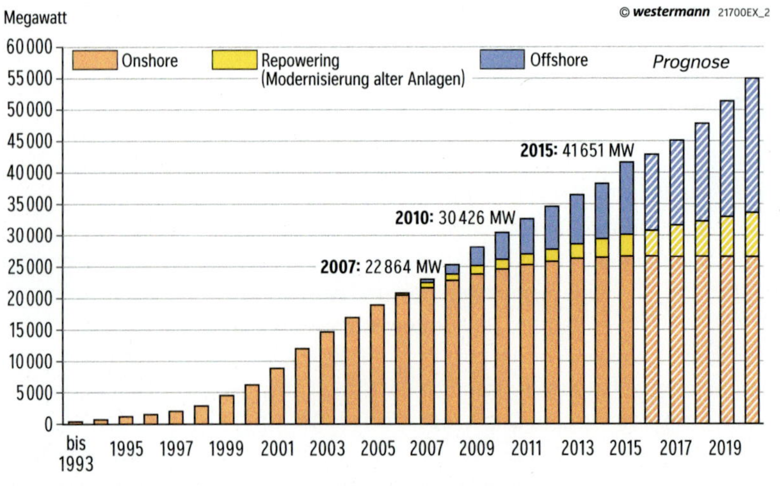


M2 Leistung der Windkraftanlagen in Deutschland
(maximale Leistung der in den Kraftwerken installierten Generatoren)

## AUFGABEN

**1** **Analysieren Sie die Entwicklungen bei der Nutzung der Windenergie (Text, M2, M5, M9, Atlas) unter der Realraum-Betrachtung (S. 123 M5).**

**2** **Diskutieren Sie die Nutzung des regenerativen Energieträgers Wind unter Berücksichtigung der drei Dimensionen der Nachhaltigkeit (M1 – M9).**

M3 Windpark

M7 Wartungsarbeiten an einem Windrotor

Die Einschränkung der Lebensqualität von Anwohnern ist ein Problem bei Onshore Anlagen. So können unter anderem nicht hörbare Geräusche, die durch die Bewegung der Rotoren erzeugt werden, die Anwohner stören. Dies ist ein Infraschall mit Frequenzen unter 20 Hertz. Schallquellen in diesem Frequenzbereich sind auch Gewitter, große Maschinen und Flugzeuge.
Der Infraschall ist unter bestimmten Voraussetzungen gesundheitsschädlich und kann zu Schlaflosigkeit, Herzrhythmusstörungen und Sehproblemen führen. Allerdings sind die Schallpegel der Windkraftanlagen nach Untersuchungen so gering, dass sie durch Abstandhaltung von Häusern (> 100 m) nicht mehr vom Körper aufgenommen werden.

M4 Infraschall von Windkraftanlagen

Die Krise in der Offshore-Industrie geht weiter: Die Bard-Gruppe stellt ihren Betrieb ein. Das Pionierprojekt des größten deutschen Meereswindparks Bard Offshore 1 übernimmt eine neue Gesellschaft. [...] Das Projekt mit 80 Anlagen rund 100 Kilometer nördlich von Borkum war Ende August 2013 eröffnet worden. Die Leistung von 400 Megawatt entspricht rechnerisch dem Jahresstrombedarf von mehr als 400 000 Haushalten. Mit weit über zwei Milliarden Euro Investitionskosten wurde er jedoch deutlich teurer als geplant. Bard hatte zudem mit technischen Schwierigkeiten beim Bau und mit schlechtem Wetter zu kämpfen. Die Eröffnung wurde um mehrere Jahre verschoben.

(ak/dpa. In: Manager Magazin vom 20.11.2013)

M8 Die Offshore-Industrie

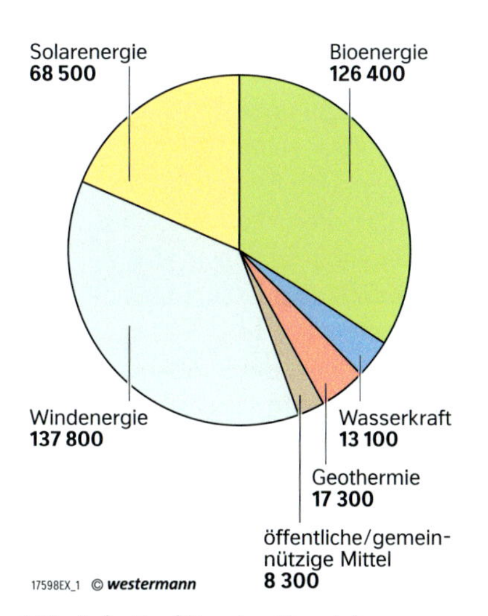


M5 Arbeitsplätze im Bereich regenerativer Energien 2014

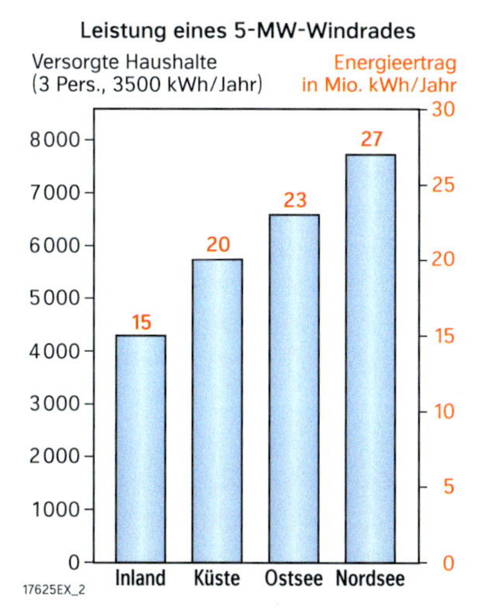


M6 Leistung eines Windrades

M9 Stromnetzausbau in Deutschland

## AUFGABEN

*1* **Erstellen Sie eine Übersicht über Maßnahmen und Ziele der Energiewende in Deutschland (Text, M2).**

*2* **Überprüfen Sie, ob die Einsparpotenziale bei Strom und Wärme sowie im Verkehr realistisch sind (M1, Internet).**

*3* **Erörtern Sie Maßnahmen, wie Sie persönlich zur Energiewende beitragen können.**

*4* **Beurteilen Sie die Umsetzung der Energiewende (Text, M1 – M5). Berücksichtigen Sie bei Ihrer Analyse auch die „Vier Raumkonzepte“ (S. 123 M5).**

## Brauchen wir die Energiewende?

Deutschland steckt mitten in der Energiewende. Energie aus regenerativen Energieträgern soll Energie aus fossilen Energieträgern sowie Kernenergie ablösen.
Die Art, wie wir gegenwärtig Energie erzeugen und nutzen, ist nicht nachhaltig. Die dabei entstehenden Treibhausgasemissionen und der immense Ressourcenverbrauch gefährden unsere natürlichen Lebensgrundlagen. Darüber hinaus hat die Katastrophe in Fukushima wieder einmal gezeigt, dass auch die Atomkraft zu viele Risiken in sich birgt. Wir brauchen einen grundlegenden Umbau der Energieversorgungssysteme auf eine nachhaltige Energieerzeugung und eine effizientere Energienutzung.
**Energieeinsparung** und **Energieeffizienz** sind daher zwei wesentliche Komponenten der Energiewende. Beide sind nicht nur für die Umwelt gut, sondern auch für den eigenen Geldbeutel.

**Energieeinsparpotenziale**
Nach Einschätzung der Deutschen Energieagentur kann in Deutschland der Energieverbrauch bis 2020 gegenüber 2005 deutlich gesenkt werden.

M1 Energieeinsparpotenziale

**Energiewende: Darum geht es!**

Der Ausbau der erneuerbaren Energien als Alternative zur Kernkraft ist die Grundidee des Konzepts. Der Energieanteil an der Stromerzeugung aus Sonne, Wind & Co. soll bis zum Jahr 2025 auf 40 bis 45 Prozent und bis zum Jahr 2035 auf 55 bis 60 Prozent ausgebaut werden. [...]
Doch eine Energieversorgung, die sich auf erneuerbare Energieträger stützt, birgt Herausforderungen: Es gibt mehr, aber dafür kleinere Anlagen als bisher. Ihr Strom muss in das Netz eingespeist und zu den Verbrauchern transportiert werden.
Außerdem wird künftig ein Großteil des Stroms durch Windkraft im Norden erzeugt und muss von dort nach Süddeutschland gelangen. Der Ausbau der großen überregionalen Übertragungsnetze und der Verteilnetze ist deshalb ein wichtiges Anliegen.
Erneuerbare Energie heißt auch, dass mehr Speicherkapazitäten nötig werden. Denn Sonne, Wind & Co. erzeugen Energie unbeständiger als fossile Großkraftwerke, sodass Energie aus Spitzenzeiten gespeichert werden muss, um sie in Flautezeiten zu nutzen. Und für den Fall, dass dies nicht genügt, muss es flexible Kraftwerke geben, die schnell hochgefahren werden können. Um erneuerbare Energien erschwinglich zu machen und durch Speicher und intelligente Netze optimal nutzen zu können, muss sich die Technik weiterentwickeln.
Energieforschung ist deshalb ein Förderschwerpunkt der Bundesregierung. Genauso wichtig ist es, mehr Energie einzusparen, vor allem beim Heizen von Wohnungen und Häusern und bei der Mobilität. Die Bundesregierung fördert daher Gebäudesanierungen und Elektroautos.

(Nach: www.bundesregierung.de)

M2 Ziele der Energiewende im Überblick

## Energiewende: Schon wieder Zoff um die Kohle

***Die Berliner Politikberatung Agora schlägt den Ausstieg aus der Kohle bis 2040 vor. Brandenburgs Wirtschaftsminister hält davon gar nichts.***

*Berlin.* Der Ärger des Ministers war nicht zu überhören. „Wer ist eigentlich Agora?“, fragte Albrecht Gerber, in der brandenburgischen Landesregierung für Wirtschaft und Energie zuständig. „Was legitimiert diese sogenannte Denkfabrik, einen von der Bundesregierung mit den betroffenen Interessenvertretern gerade erst ausgehandelten Kompromiss schon wieder infrage zu stellen?“ Der SPD-Politiker reagierte auf eine Studie unter dem Titel „Elf Eckpunkte für einen Kohlekonsens“, mit der die Politikberater von Agora bis 2040 aus der Kohle aussteigen wollen. Für Brandenburg ist das gravierend, denn in der Lausitz leben viele Tausende vom Abbau und der Verstromung der Braunkohle. Die Kohle hat indes einen großen Nachteil: Kein anderer Brennstoff bläst so viel $CO_2$ in die Luft.

Agora schlägt nun einen „Runden Tisch Nationaler Kohlekonsens“ vor und legt dazu gleich ein paar Punkte auf den Tisch: Von 2018 an sollten jedes Jahr mindestens drei Kraftwerke abgestellt werden, „zudem ist es unumgänglich, dass künftig keine neuen Braunkohletagebaue mehr aufgeschlossen werden“. In Ostdeutschland sind aber zwei neue Tagebaue bereits genehmigt. [...]

Deutlich weiter als Agora geht der BUND mit seiner Forderung, die Braunkohle-Verstromung hierzulande bis 2030 einzustellen. [...] Der Potsdamer Wirtschaftsminister Gerber dagegen sieht „keinen Anlass, den mühevoll ausgehandelten Klimakompromiss vom vergangenen Sommer schon wieder infrage zu stellen“. Solange es keine Speichertechnik für Strom aus erneuerbaren Energien gebe, „kann auch kein Ausstiegsdatum aus der Braunkohle festgelegt werden“, meinte Gerber. [...]

(Nach: Alfons Frese. In: Der Tagesspiegel, 12.01.2016)

M3 Zeitungsmeldung zur Energiewende

**Energie**

Waschmaschine

| Hersteller<br>Modell | Logo<br>ABC<br>123 |
|---|---|
| Niedriger Energieverbrauch<br>A B C D E F G<br>Hoher Energieverbrauch | A |
| Energieverbrauch<br>kWh/Waschprogramm<br>Der tatsächliche Energieverbrauch hängt von der Art der Nutzung des Gerätes ab. | 0,89 |
| Waschwirkung | ABCDEFG |
| Schleuderwirkung | ABCDEFG<br>1800 |
| Füllmenge (Baumwolle) kg<br>Wasserverbrauch | 5<br>39 |
| Geräusch (dB(A) re 1 pW) Waschen Schleudern | |

Ein Datenblatt mit weiteren Geräteangaben ist in den Prospekten enthalten.

Norm EN 134, Ausgabe Mai 2004
Waschmaschinen - Richtlinie 04/3/BG

M5 Energiesparen im Haushalt

M4 Ein Problem, unterschiedliche Sichtweisen

## AUFGABEN

1 **Beschreiben und erklären Sie den Zusammenhang zwischen Energiewirtschaft und Klimawandel (M4 – M7, Internet).**

2 **Erläutern Sie Ursachen natürlicher und anthropogen bedingter Klimaveränderungen (Text, M1 – M7).**

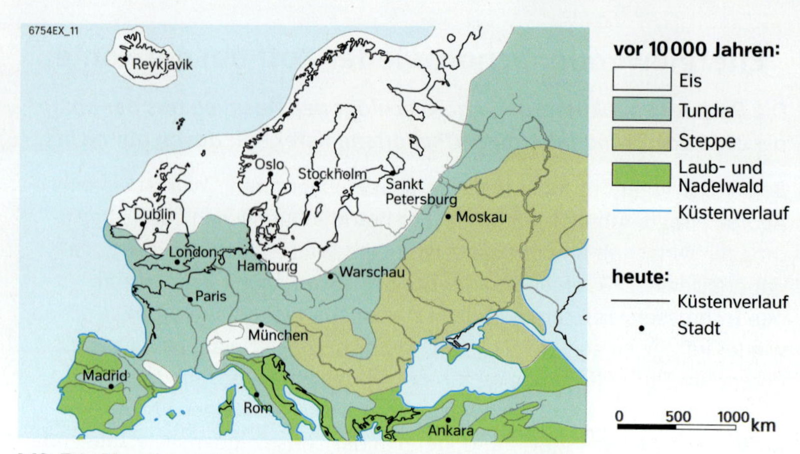


M2 Die Vereisung Europas während der letzten Eiszeit

## Das Klima im Wandel

Schon immer in der Erdgeschichte hat sich das Klima der Erde verändert. Während vor rund 100 Mio. Jahren Dinosaurier in den heutigen Polarzonen der Erde in subtropischer Vegetation lebten und der $CO_2$-Gehalt der Atmosphäre vielfach höher war als heute, kühlte sich die Erde danach wieder ab; Warmzeiten und Kaltzeiten lösten sich ab (M3, S. 34 M2).

Diese **Klimaschwankungen** haben vielfältige natürliche Ursachen. So sind zum einen Veränderungen im Strahlungshaushalt der Erde Auslöser von Schwankungen. Zum anderen liegt eine Ursache in der sich ändernden Umlaufbahn der Erde um die Sonne (Fachbegriff: Exzentrizität). Des Weiteren taumelt die Erdachse wie ein Kreisel (Fachbegriff: Präzession). Fast 26 000 Jahre braucht es, bis die Erdachse wieder an ihrem Ausgangspunkt ist. Außerdem hat die sich leicht verändernde Neigung der Erdachse Auswirkungen auf die Solarkonstante (siehe S. 58).

Auch die Strahlungsintensität der Sonne zeigt Schwankungen. So gibt es ein Wechselspiel von relativ kühlen Sonnenflecken und weitgehend synchron auftretenden Sonnenfackeln.

Sogar plattentektonische Prozesse und damit die Land-Meer-Verteilung mit veränderter Lage der Hochgebirgszüge auf der Erde sowie Meteoriteneinschläge oder Vulkanausbrüche zeigen Auswirkungen auf das Klima.

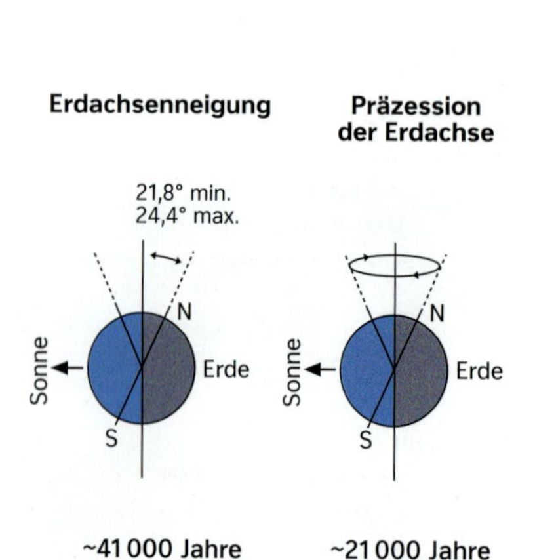


M1 Klimaschwankungen durch veränderte Erdbahnparameter

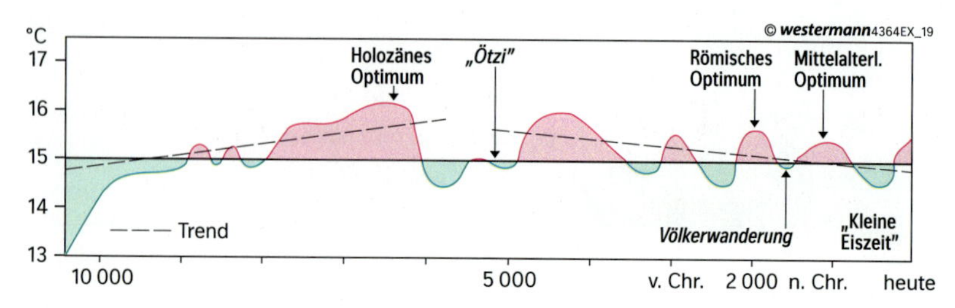


M3 Entwicklung der Erdtemperaturen in den letzten 10 000 Jahren

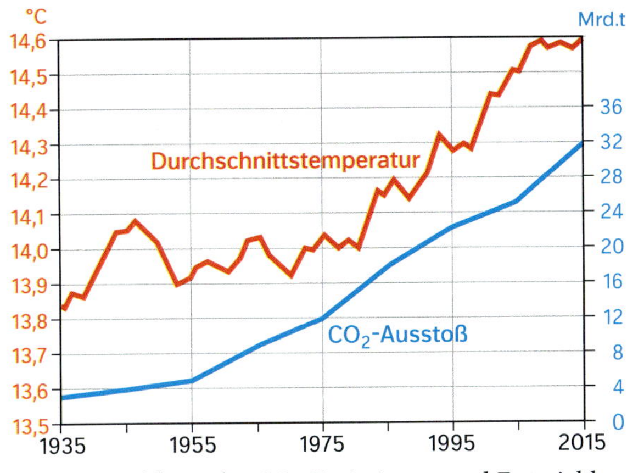


M4 Entwicklung der $CO_2$-Emissionen und Entwicklung der Temperaturen auf der Erde

M6 Chemiefabrik: Emission von Treibhausgasen in die Atmosphäre

## Anthropogen verstärkter Treibhauseffekt

Seit der Industrialisierung im 19. Jahrhundert verändert der Mensch die Atmosphäre stark: Er produziert große Mengen an Treibhausgasen, vor allem Kohlenstoffdioxid. Dies geschieht insbesondere durch die Nutzung von fossilen Energieträgern, die Ausbreitung der industriellen Produktion und die Intensivierung der Landwirtschaft infolge der wachsenden Weltbevölkerung.

Den natürlichen Treibhauseffekt (siehe S. 59), ohne den kein Leben auf unserem Planteten möglich wäre, hat der Mensch verstärkt. Er hat einen zusätzlichen **anthropogenen Treibhauseffekt** ausgelöst. Untersuchungen deuten stark darauf hin, dass aus diesem Grund die Durchschnittstemperatur der Erde ansteigt. Man spricht von einer globalen Erwärmung und vom **Klimawandel**.

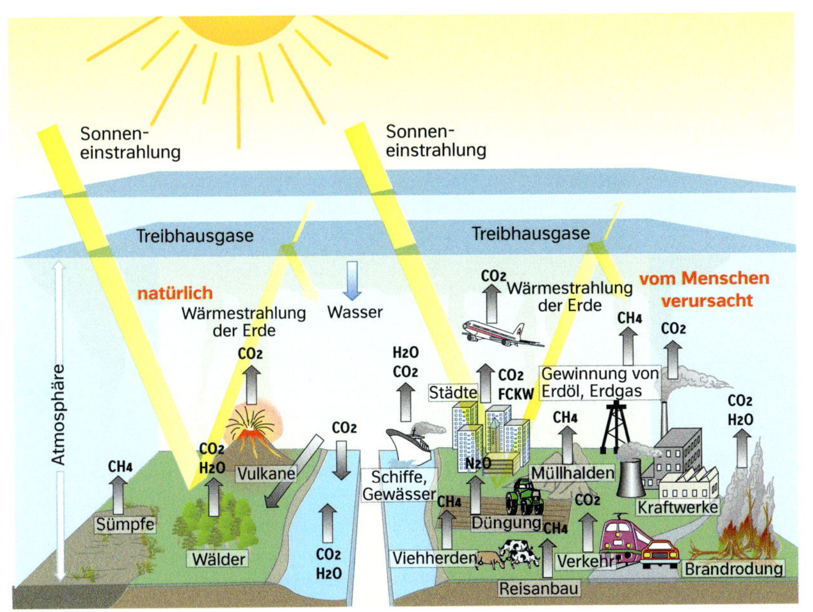


M5 Treibhaus Erde – „Treibhausanteile"

M7 Anthropogene Ursachen des Klimawandels

## Wie sieht die Zukunft aus?

Der Weltklimarat IPCC, bestehend aus dem Umweltprogramm der Vereinten Nationen und der Weltmeteorologie-Organisation (siehe auch S. 134 M2), hat sich die Aufgabe gestellt, politischen Entscheidungsträgern den Stand der wissenschaftlichen Forschung zusammenzustellen. Ihm zufolge haben in den letzten Jahrzehnten Klimaänderungen große Einflüsse auf natürliche und menschliche Systeme auf allen Kontinenten und in den Ozeanen gehabt. Unter anderem sind einige einzigartige und empfindliche Ökosysteme infolge des Klimawandels bedroht. Auch die Erträge von Weizen und Mais nehmen ab. In vielen Regionen haben geänderte Niederschläge oder Schnee- und Eisschmelzen die Wasserressourcen beeinträchtigt. Die vielfältigen Veränderungen deuten darauf hin, dass natürliche und menschliche Systeme empfindlich gegenüber einem sich wandelnden Klima reagieren.

**Klimawandel und Sachschäden**
Nach dem schweren Orkan, der am Donnerstag auch in Bonn Spuren hinterlassen hat, hat die Stadt eine erste Schadensbilanz gezogen. In Anbetracht des schweren Sturms, der über Bonn gezogen ist, ist die Stadt noch mit einem blauen Auge davon gekommen. Die Sachschäden dürften aber in die Millionen gehen.

**Klimawandel und Permafrost**
Die Dauerfrostböden Nordkanadas, Alaskas, Grönlands und Sibiriens bedecken rund ein Viertel der Erdoberfläche. Diese Böden haben etwa doppelt so viel Kohlenstoff gespeichert, wie in der Atmosphäre enthalten ist. Bei einer Klimaerwärmung von 1,5 °C könnten große Permafrost-Gebiete auftauen und riesige Mengen Treibhausgase freisetzen. Der Kohlenstoff entweicht sowohl als Kohlenstoffdioxid ($CO_2$) als auch in Form des noch stärkeren Treibhausgases Methan ($CH_4$). Das verstärkt wiederum die Erderwärmung und setzt so einen gefährlichen Dominoeffekt in Gang.

**Klimawandel und Migration**
Der Klimawandel verschlechtert die Lebensbedingungen in einigen Ländern bereits heute beträchtlich, zum Beispiel durch vermehrt auftretende Dürren. Das hat soziale und politische Unruhen zur Folge. Menschen verlassen ihre Heimat, sie werden zu Klimaflüchtlingen. Nach Angaben der Vereinten Nationen gibt es davon schon heute einige Millionen.

**Klimawandel und Gruppenkonflikte**
Es ist davon auszugehen, dass der Klimawandel zu Gruppenkonflikten führt. Abnehmende Ressourcen werden entweder dazu führen, dass zwei Gruppen um die noch verfügbaren Ressourcen konkurrieren oder, wenn zunehmende Umweltschäden auftreten, eine Gruppe dazu gezwungen wird, das eigene Territorium zu verlassen.

**Klimawandel und Artensterben**
Der Artenschwund hat dramatisch zugenommen. Als Ursachen hierfür gelten die Zerstörung der Lebensräume durch direkte menschliche Eingriffe und die Zerstörung durch den Klimawandel. Dieser bedroht Korallenriffe durch die Erwärmung des Meerwassers und dessen zunehmende Sättigung mit Kohlenstoffdioxid. Die Ozeane nehmen $CO_2$ aus der Atmosphäre auf und wandeln es in Kohlensäure um, welche die Kalkskelette der Korallen angreift.
Über den Einfluss des Klimawandels auf tropische Regenwälder wird noch diskutiert. Es deutet aber viel darauf hin, dass durch veränderte regionale Niederschläge viele Regenwälder nicht mehr existieren können. Korallenriffe und Regenwälder bilden die artenreichsten Lebensräume der Erde.

**Klimawandel und Ozeane**
Die Meere erwärmen sich weltweit durchschnittlich um 0,6 °C. Regional kühlt die Wassertemperatur aber auch ab, weil durch den Klimawandel verstärkte Winde küstennahes Oberflächenwasser hinaustreiben, das durch kaltes Meerwasser aus der Tiefe ersetzt wird.
Die Erwärmung des Meerwassers ist eine der wichtigsten Ursachen für den Anstieg des Meeresspiegels, der mittel- bis langfristig viele Inselstaaten und Küstenstädte sowie tief liegende Festlandsbereiche wie Bangladesch bedroht. Außerdem sind Auswirkungen auf Meeresströmungen wahrscheinlich.

M1 Nähere Betrachtung einiger Folgen des Klimawandels

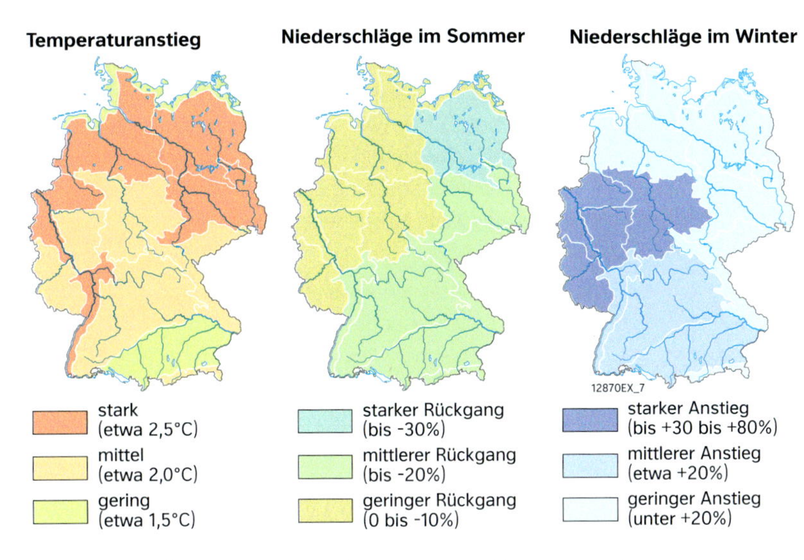


M2 Mögliche Änderungen der Temperatur und Niederschläge in Deutschland

| Betrachtetes Merkmal | Erwartete Änderungen | Verlässlichkeit der Aussage | Auswirkungen |
|---|---|---|---|
| Temperatur | 1,7 °C wärmer als 1900, Winter und Nächte wärmer | sehr hoch | früher Pflanzenaustrieb, Rückgang des Permafrost in den Alpen |
| Hitzeperioden | häufiger, stärker | sehr hoch | Gesundheitsbelastung und Stress für die Biosphäre, mehr Waldbrände |
| Alpengletscher | 60 % Flächen- und 80 % Massenverlust | sehr hoch | extreme Abfluss-schwankungen |
| Meeresspiegel-anstieg | etwa 10 cm gegenüber heute | sehr hoch | Gefährdung der Nord- und Ostseeküste |
| Niederschlag | Sommer trockener, Herbst und Winter nasser, mehr Regen als Schnee | hoch | erhöhte Überschwem-mungsgefahr |
| Trocken-bzw. Dürreperioden | häufiger | mittel | Land- und Energiewirt-schaft sowie Binnenschiff-fahrt betroffen, erhöhtes Waldbrandrisiko |
| Gewitter | intensiver | mittel | erhöhtes Risiko durch Stark-regen, Hagel, Sturmböen |
| Sturmfluten | bis zu 20 cm auf-laufend | hoch | stärkere Gefährdung der Nordseeküste |
| außertropische (Winter-) Stürme | Tendenz zu heftigeren Stürmen, veränderte Zugbahnen | unsicher | erhebliches Schadensrisiko |

M3 Erwartete Folgen des Klimawandels für Deutschland bis 2040

M4 In den österreichischen Alpen (Silvretta) 1929 und heute

## AUFGABE

**1 Erörtern Sie mögliche**
**a) ökologische,**
**b) ökonomische,**
**c) soziale**
**Auswirkungen des Klimawandels (Text, M1 – M4, Internet).**

# Tatsachen, Meinungen und Prognosen zum Klimawanc

## Klimawandel – eine Diskussion

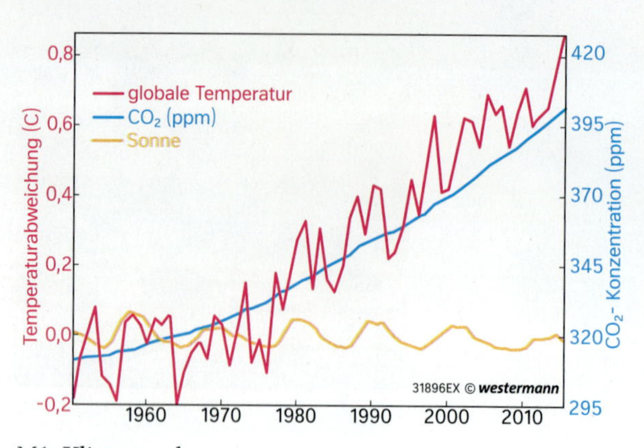


M1 Klimatrends

Seit die Möglichkeit einer menschlichen Beeinflussung des Klimas durch die Emission von Treibhausgasen (insbesondere $CO_2$) in die Diskussion gebracht worden ist, gibt es Befürworter und Gegner dieser Vorstellung. Insbesondere im letzten Jahrzehnt ist eine Vielzahl von Forschungsarbeiten in diesem Bereich durchgeführt worden. In Fachkreisen wurden **Klimaprognosen** erstellt und diskutiert. Die Weltmeteorologie-Organisation (WMO) und das Umweltprogramm der UNO (UNEP) haben das Intergovernmental Panel on Climate Change (IPCC) 1988 ins Leben gerufen. Dieser Weltklimarat fasst alle fünf bis sechs Jahre den aktuellen Stand des Wissens zum Thema Klimaänderung in einem Bericht zusammen. Dieses in der Wissenschaft einmalige und in Fachkreisen breit abgestützte Gremium hat aufgrund der zahlreichen wissenschaftlichen Arbeiten und Indizien festgestellt: „Unter Berücksichtigung der verbleibenden Unsicherheiten ist der Großteil der beobachteten Erwärmung im Verlauf der letzten 50 Jahre wahrscheinlich auf die steigenden Treibhausgaskonzentrationen zurückzuführen."
Wie die verwendeten Ausdrücke „Unsicherheiten" und „wahrscheinlich" zeigen, ist es nicht möglich, einen menschlichen Einfluss auf das Klima zu beweisen. Das Klimasystem ist viel zu komplex, als dass ein eindeutiger Beweis überhaupt möglich wäre. Ebenso wenig lässt sich jedoch beweisen, dass der Mensch keinen Einfluss auf das Klima hat. Nach heutigem Kenntnisstand aber spricht die überwiegende Zahl der Indizien für einen erheblichen Einfluss der anthropogenen Emissionen.

M2 Das Umweltbundesamt zum Thema Klimawandel

*Die Trendskeptiker:*
Sie bestreiten, dass eine Klimaerwärmung überhaupt stattfindet. Den Erwärmungstrend in den Messdaten der Wetterstationen halten sie für ein Ergebnis, das durch die Verstädterung um die Stationen herum entstanden ist („urban heat island effect").

*Die Ursachenskeptiker:*
Sie akzeptieren zwar die beobachteten Erwärmungstrends, sehen aber darin natürliche Ursachen. Die meisten Ursachenskeptiker bezweifeln nicht, dass der Mensch für den zunehmenden $CO_2$-Ausstoß verantwortlich ist, wohl aber, dass er dadurch den Erwärmungstrend verursacht. Als Ursachen für die Erwärmung sehen sie Änderungen der Sonnenaktivität und / oder der kosmischen Strahlung. Ein zweites Argument dieser Gruppe besteht in der Ansicht, dass die Reaktion des Klimasystems schwächer ausfällt, weil negative Rückkopplungen die Erwärmung abschwächen (etwa durch Bildung zusätzlicher Wolken). Einige wenige Ursachenskeptiker bestreiten sogar, dass der Mensch für den Anstieg des $CO_2$ verantwortlich ist. Ihrer Meinung nach wurde das $CO_2$ in der Atmosphäre durch natürliche Prozesse aus dem Ozean freigesetzt.

*Die Folgenskeptiker:*
Sie halten die globale Erwärmung für harmlos oder sogar für günstig. So betonen sie als mögliche positive Folgen etwa die Ausdehnung der Landwirtschaft und den einfacheren Abbau von Bodenschätzen in höheren Breitengraden sowie die eisfreie Nordostpassage im Nordpolarmeer.

M3 Klimawandel-Skeptiker und ihre Argumente

Neben den Sachargumenten, die natürlich immer im Vordergrund stehen sollten, ist zum Verständnis des Phänomens „Klimaskeptiker" auch ein Blick auf deren Hintergründe hilfreich. Die drei Archetypen der „Klimaskeptiker" sind der bezahlte Lobbyist (z. B. Vertreter der Kohleindustrie, der gegen Emissionsreduktionen kämpft), der Don Quichotte (emotional engagierter Laie, häufig Ruheständler, auch einige Journalisten sind darunter) und der exzentrische Wissenschaftler. Alle drei Gruppen agieren dabei wie Lobbyisten: Aus tausend Forschungsergebnissen werden die drei herausgesucht und präsentiert, die die eigene Position stützen – notfalls auch mit einer großzügigen Auslegung.

M4 Meinung eines deutschen Klimaforschers

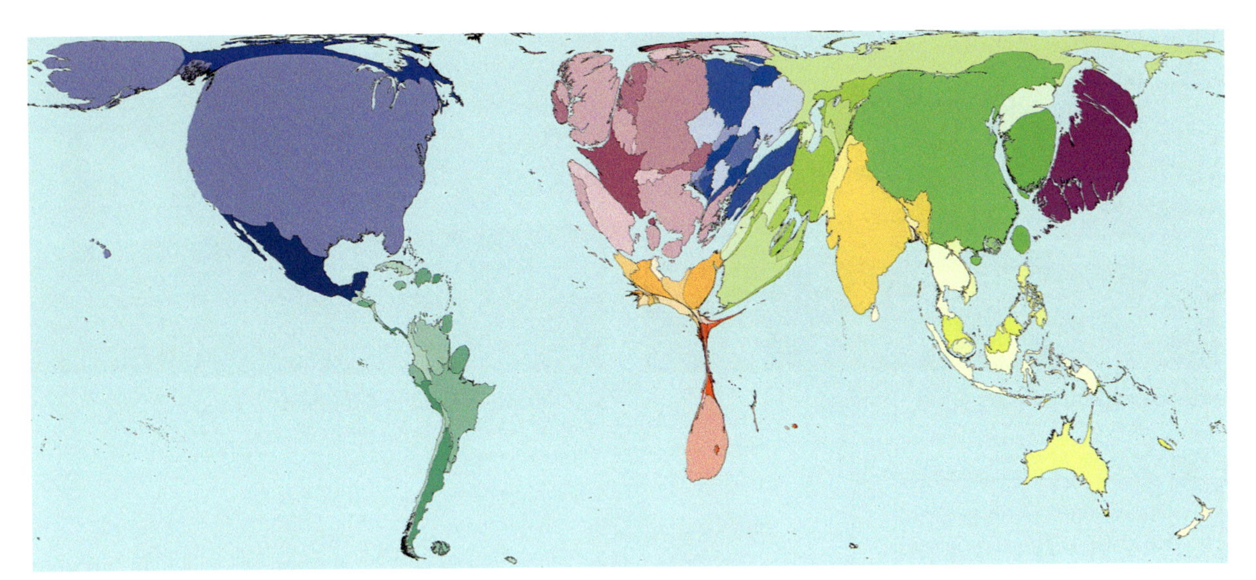

M5 Größe der Länder nach ihrem $CO_2$-Ausstoß

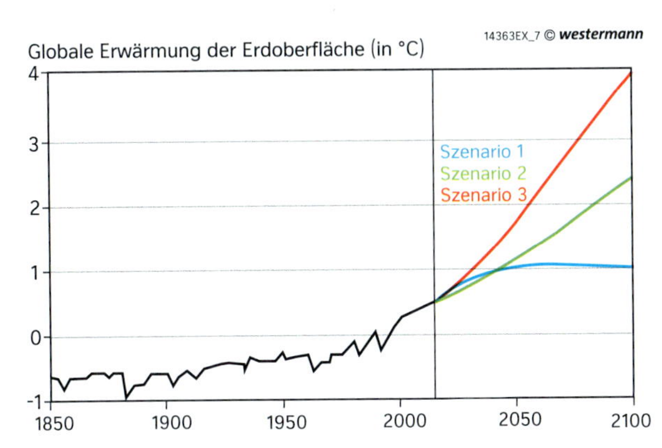


M6 Prognosen des IPCC zur Entwicklung der Durchschnittstemperatur für drei Szenarien von Treibhausgasemissionen

Obwohl es viele Möglichkeiten gibt, den eigenen $CO_2$-Fußabdruck zu verringern, haben wir angesichts des modernen Lebens in einer Wohlstandsgesellschaft das Gefühl, dass wir doch nichts bewirken können. Dennoch ist es wichtig, dass jeder dazu beiträgt, den $CO_2$-Ausstoß zu verringern. Das Treibhausgas $CO_2$ entsteht im privaten Bereich vor allem beim Heizen, Stromverbrauch, durch Mobilität, Konsumverhalten und Essgewohnheiten. Mit gezieltem und bewusstem Verhalten kann jeder seinen $CO_2$-Fußabdruck verringern und gleichzeitig sein Portemonnaie schonen.

M8 Jeder Einzelne ist wichtig!

M7 $CO_2$-Fußabdruck

## INTERNET

www.footprint-deutschland.de
http://flood.firetree.net
www.klimafolgenonline.com
www.de-ipcc.de

## INFO

### $CO_2$-Fußabdruck und ökologischer Fußabdruck

Der **$CO_2$-Fußabdruck** ist ein Maß für die Gesamtheit der Treibhausgasemissionen eines Menschen (in t/Jahr).
Der **ökologische Fußabdruck** zeigt als Maßeinheit, wie viel Fläche in Hektar (ha) verbraucht wird, um eine Person ein Jahr lang mit allen Gütern und Dienstleistungen zu versorgen.

## AUFGABEN

1 **Berechnen Sie Ihren eigenen $CO_2$-Fußabdruck (www.footprint-deutschland.de).**

2 **Entwickeln Sie einen begründeten Standpunkt zum Thema Klimawandel, indem Sie Tatsachen, Meinungen und Prognosen abwägen (M1 – M8).**

3 **Reflektieren Sie Ihr eigenes Handeln im Hinblick auf eine nachhaltige Entwicklung.**

# Kompetenz-Training (S. 100 – 135)

M1 Schmelzende Eisberge vor Grönland

M4 Kartoffelanbau in Grönland

1. Der weltweite Energiebedarf wird nach Expertenmeinungen in den nächsten 100 Jahren etwa gleich bleiben.
2. Erneuerbare Energien sind ständig verfügbar und unerschöpflich.
3. Die Erdölreserven werden in etwa 50 Jahren erschöpft sein.
4. Bei Unfällen in Atomkraftwerken sind durch den Austritt von radioaktiver Strahlung bereits Orte für einen längeren Zeitraum unbewohnbar geworden.
5. Die Nutzung der Windenergie hat nur Vorteile.
6. Für eine zukünftig nachhaltige Energieversorgung muss nur der Anteil an regenerativen Energieträgern ausgebaut werden.

M2 Thesen zur Energiewirtschaft

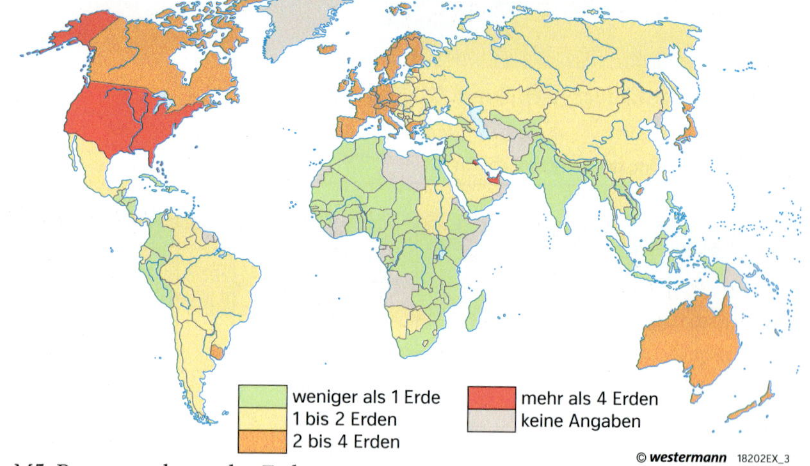


M5 Beanspruchung der Erde

| Die fünf kleinsten ökologischen Fußabdrücke (in ha/Person) | | Ökologische Fußabdrücke europäischer Staaten (in ha/Person) | | Die fünf größten ökologischen Fußabdrücke (in ha/Person) | |
|---|---|---|---|---|---|
| Bangladesch | 0,62 | Österreich | 5,31 | V.A.E. | 10,67 |
| Afghanistan | 0,62 | Deutschland | 5,09 | Dänemark | 8,26 |
| Haiti | 0,67 | Schweiz | 5,01 | Belgien | 8,00 |
| Malawi | 0,73 | Frankreich | 5,00 | USA | 7,99 |
| Pakistan | 0,76 | Italien | 4,98 | Estland | 7,87 |

M6 Übernutzung der natürlichen Ressourcen durch den Menschen

| Maßnahme | in kWh/Jahr |
|---|---|
| Raumtemperatur um 1 °C senken | 840 |
| Nachtabsenkung auf 16 °C | 700 |
| Stoßlüften statt Fensterdauerkippstellung | 1 000 |
| Hifi-Anlage, Fernseher und PC außerhalb der Nutzungszeiten vom Netz trennen | 176 |
| Halogenschreibtischlampe durch Sparlampe ersetzen (pro 10 Stunden Brenndauer pro Woche) | 50 |

M3 Mögliche Einsparungen im Haushalt

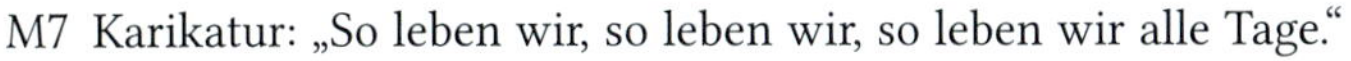
M7 Karikatur: „So leben wir, so leben wir, so leben wir alle Tage."

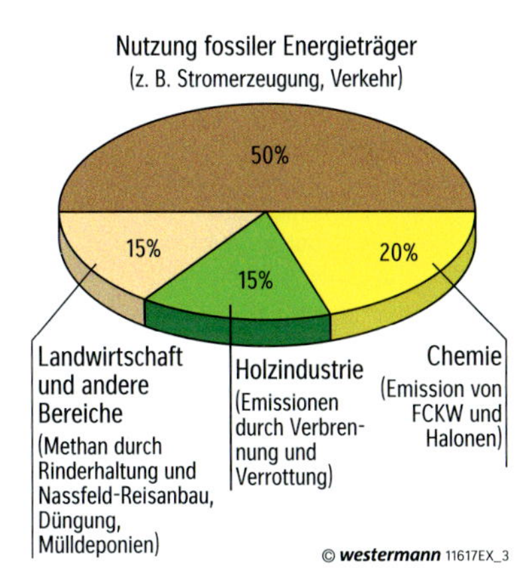


M8 Anteile am anthropogenen Treibhauseffekt

Bewerten Sie sich selbst mit dem **Ampelsystem**, das auf Seite 49 erklärt ist. Die Erläuterung der **Kompetenzen** finden Sie ebenfalls auf Seite 49.

## Grundbegriffe

Industrieraum
Verdichtungsraum
Dienstleistungszentrum
Agrarraum
Erholungsraum
Strukturwandel
primärer Wirtschaftssektor
sekundärer Wirtschaftssektor
tertiärer Wirtschaftssektor
Tertiärisierung
Disparität
Aktivraum
Passivraum
Migration
fossiler Energieträger
regenerativer Energieträger
Rohstoffreserve
Rohstoffressource
Energiewende
Energieeinsparung
Energieeffizienz
Klimaschwankung
anthropogener Treibhauseffekt
Klimawandel
Klimaprognose
$CO_2$-Fußabdruck
ökologischer Fußabdruck

### Sachkompetenz

**1** Erläutern Sie die regionalen Unterschiede bei der Entwicklung des Weltenergieverbrauchs (S. 118).

**2** Nennen Sie Beispiele für fossile und regenerative Energieträger (S. 120/121).

**3** Erklären Sie, was man unter „Ewigkeitslasten" beim Bergbau versteht (S. 121).

**4** Stellen Sie die wesentlichen Aspekte der Energiewende dar (S. 128/129).

**5** Erläutern Sie Folgen des Klimawandels in Grönland (M1, M4).

**6** Interpretieren Sie M7.

**7** Erläutern Sie den Beitrag von fossilen Energieträgern, Landwirtschaft, Holzindustrie sowie chemischer Industrie am anthropogenen Treibhauseffekt (M8).

### Orientierungskompetenz

**8** Lokalisieren Sie das Saarland in der Karte über die Vereisung Europas während der letzten Eiszeit und beschreiben Sie die damals vorherrschende Vegetation im Saarland (S. 130).

**9** Werten Sie die Karte über die Beanspruchung der Erde in M5 aus und begründen Sie die unterschiedliche Verteilung.

### Methodenkompetenz

**10** Führen Sie ein Rollenspiel durch zu Tatsachen, Meinungen und Prognosen zum Klimawandel (S. 134/135).

**11** Erstellen Sie mithilfe des Computers ein Diagramm mit den wesentlichen Aussagen in M6.

### Beurteilungs- und Handlungskompetenz

**12** Beurteilen Sie die Nutzung der Atomenergie im Sinne der Nachhaltigkeit.

**13** Prüfen Sie die Thesen zur Energiewirtschaft in M2 und nehmen Sie Stellung.

**14** Reflektieren Sie Ihr eigenes Handeln bezüglich der Einsparmöglichkeiten an Energie nach M3 und ermitteln Sie die prozentualen Einsparpotenziale im Hinblick auf den Jahresverbrauch Ihrer Familie.

# Minilexikon

**Agrarraum** (Seite 106)
Gebiet, das überwiegend landwirtschaftlich genutzt wird.

**Akkumulation** (Seite 32)
(lat. accumulare: anhäufen, aufhäufen). Ablagerung von Sedimenten, das heißt Lockermaterial wie Sand, Ton und Kies, durch Wasser, Eis und Wind. Die Akkumulation wird auch Sedimentation genannt. (→ Erosion)

**Aktivraum** (Seite 110)
Teilraum eines Staates, in dem das produzierte Wirtschaftsergebnis und der Lebensstandard der Bevölkerung im Vergleich mit dem Gesamtraum überdurchschnittlich hoch sind. Aktivräume weisen in der Regel eine hohe Bevölkerungsdichte auf. (→ Passivraum)

**Albedo** (Seite 58)
Anteil der Sonnenstrahlung, der von der Erdoberfläche reflektiert und in den Weltraum zurückgestrahlt wird. Sie kann Werte zwischen 0 und 1 annehmen und ist umso größer, je heller die Oberfläche ist.

**Altwasser** (Seite 38)
Durch Verlegung des Flusslaufs ein vom fließenden Wasser abgetrennter Flussarm, der mit stehendem Wasser gefüllt ist.

**anthropogener Treibhauseffekt** (Seite 131)
Durch die Verbrennung → fossiler Energieträger und eine veränderte Landnutzung haben die Menschen die Konzentration der Treibhausgase (z. B. $CO_2$, FCKW, $N_2O$, $CH_4$) in der Atmosphäre stark erhöht. Dies führt dazu, dass mehr Wärme in den untersten Luftschichten der Atmosphäre verbleibt als durch den → natürlichen Treibhauseffekt.

**Antizyklone** (Seite 71)
Gebiet mit hohem → Luftdruck und absinkender Luftbewegung; dreht sich aufgrund der → Corioliskraft auf der Nordhalbkugel mit dem Uhrzeigersinn, auf der Südhalbkugel gegen den Uhrzeigersinn.

**Äquinoktium** (Seite 56)
Tag-Nacht-Gleiche. Äquinoktien sind die beiden Tage im Jahr (21.03. und 23.09.), an denen die Dauer von Tag und Nacht jeweils exakt zwölf Stunden beträgt.

**arid** (Seite 80)
Geographische Räume oder Klimate, in denen die mittlere Niederschlagsmenge niedriger ist als die potenzielle Verdunstungsmenge.

**Asthenosphäre** (Seite 6)
Die zähflüssige Schicht im Erdmantel unterhalb der → Lithosphäre. Auf ihr bewegen sich die → Lithosphärenplatten.

**Atmosphäre** (Seite 54)
Gasförmige, mehrschichtige Hülle eines Himmelskörpers; speziell die bis zu 1000 km hohe Lufthülle der Erde. Sie absorbiert gefährliche Strahlungsbestandteile der Sonne und reguliert die Temperatur auf der Erde. In der untersten Schicht, der Troposphäre, spielen sich die Wettervorgänge ab. In der darüber liegenden Stratosphäre befindet sich die Ozonschicht.

**Ausgleichsküste** (Seite 42)
Der Wind und eine küstenparallele Meeresströmung trennen Buchten durch Sandtransport und Schaffung von Sandwällen vom offenen Meer ab. Eine ursprünglich stark gegliederte Küste bekommt dadurch einen gleichmäßigen, ausgeglichenen Küstenverlauf.

**$CO_2$-Fußabdruck** (Seite 135)
(engl. carbon footprint) Messgröße für die Kohlenstoffdioxid-Emissionen eines Menschen in Tonnen pro Jahr, die zum → anthropogenen Treibhauseffekt beitragen. Der $CO_2$-Fußabdruck wird auch als $CO_2$-Bilanz bezeichnet. Der Mensch kann seinen Carbon Footprint am effektivsten reduzieren, indem er weniger Auto fährt bzw. beim nächsten Autokauf ein deutlich sparsameres Modell wählt, die Temperatur im Haus um ein bis zwei Grad reduziert, sein Haus gut wärmeisoliert und seine Urlaubsziele näher an der Heimat aussucht. (→ ökologischer Fußabdruck)

**Corioliskraft** (Seite 69)
Aus der Erdrotation resultierende Scheinkraft, die u. a. Winde und Meeresströmungen auf der Nordhalbkugel nach rechts und auf der Südhalbkugel nach links ablenkt. Ihre Stärke nimmt dabei vom Äquator zu den Polen hin zu.

**Deltamündung** (Seiten 32, 42)
Mündungsgebiet eines Flusses mit mehreren Flussarmen, das sich durch ständige Ablagerungen ins Meer oder in einen See vorschiebt.

**Dienstleistungszentrum** (S. 106)
Bezeichnung für einen Raum mit einer hohen Zahl an Arbeitsplätzen im tertiären → Wirtschaftssektor, z. B. Handel, Banken, Verkehr, Tourismusgewerbe, Verwaltung, Bildungs- und Gesundheitswesen sowie freie Berufe (Ärzte, Rechtsanwälte, Architekten usw.).

**Disparität** (Seite 110)
Unausgeglichenheit der räumlichen Ausstattung von Regionen. Diese zeigt sich in einem unterschiedlichen Angebot an Arbeitsplätzen oder an unterschiedlichen Lebensbedingungen bzw. ungleichen Entwicklungsmöglichkeiten.

**Divergenzzone** (Seite 8)
Begriff aus der → Plattentektonik. In Divergenzzonen bewegen sich die → Lithosphärenplatten voneinander weg, sie driften auseinander.

**Eiszeit** (Seite 34)
Abschnitt der Erdgeschichte, in dem es durch weltweiten Rückgang der Temperaturen zum Vorrücken von → Gletschern im Norden Europas und in den Hochgebirgen kam. Die letzte Eiszeit endete vor etwa 10000 Jahren. Die Zeiträume zwischen den Eiszeiten nennt man Warmzeiten.

**endogene Kraft** (Seite 25)
(erdinnere Kraft) Sie löst Prozesse aus, die ihren Ursprung in den Bewegungen des Magmas im Erdinneren besitzen und die Entstehung von → Vulkanen, → Erdbeben und Gebirgen (→ Orogenese) zur Folge haben.

**Energieeffizienz** (Seite 128)
Die Energieeffizienz ist ein Maß für den Energieaufwand zur Erreichung eines festgelegten Nutzens.

**Energieeinsparung** (Seite 128)
Aktivitäten und Maßnahmen mit dem Ziel, den gegenwärtigen Energieverbrauch zukünftig zu verringern.

**Energiewende** (Seiten 123, 128)
Wandel von einer nicht-nachhaltigen Nutzung von überwiegend → fossilen Energieträgern und der Kernenergie zu einer nachhaltigen Energieversorgung unter verstärkter Verwendung von → regenerativen Energieträgern, der Erzielung einer besseren → Energieeffizienz und von → Energieeinsparungen.

**Erdbeben** (Seite 6)
Erschütterung der Erdoberfläche, die durch → endogene Kräfte verursacht wird. Ein Erdbeben entsteht z. B. durch die ruckartige Verschiebung der → Lithosphärenplatten (tektonisches Beben) sowie in der Folge von Vulkanismus oder Rohstoffabbau (im Saarland durch den Steinkohleabbau).

**Erholungsraum** (Seite 106)
Landschaftlich attraktiver oder klimatisch günstiger Raum für Freizeit und Erholung, oft mit speziellen Einrichtungen z. B. für Bade-, Ski- oder Kurgäste.

**Erosion** (Seite 32)
Abtragung von Boden und Gestein durch fließendes Wasser, Eis und Wind. (→ Akkumulation)

**exogene Kraft** (Seiten 25, 32)
Exogene Kräfte, z. B. Wasser, Wind und Eis, die Sonneneinstrahlung und auch der Mensch, wirken von außen auf die Erde ein und gestalten dadurch die Erdoberfläche (→ Verwitterung, → Erosion, → Akkumulation).

**Faltengebirge** (Seite 25)
Gebirge (z. B. Himalaya, Alpen, Anden), die durch Auffaltung entstanden sind, weil vor allem durch seitlichen Druck ursprünglich waagerecht liegende Gesteinsschichten aufgewölbt und verschoben wurden. (→ Plattentektonik)

**feuchtadiabatischer Prozess** (Seite 61)
Zustandsänderung einer auf- bzw. absteigenden Luftmasse unter dem Einfluss der Kondensation. Durch die Kondensation wird Energie in Form von Wärme frei. Die Luft kühlt sich um 0,5 °C je 100 m ab (feuchtadiabatischer Temperaturgradient). (→ trockenadiabatischer Prozess)

**Findling** (Seite 34)
Gesteinsblock, der von → Gletschern der → Eiszeit zum Teil über eine weite Strecke transportiert wurde. Die Findlinge Norddeutschlands stammen aus Nordeuropa.

**Fjord** (Seite 40)
Meeresarm, der weit ins Land hineinreichen kann. Er ist von einem → Gletscher der → Eiszeit als breites, U-förmiges Tal ausgeschürft worden und wurde durch den späteren Anstieg des Meeresspiegels überflutet. Der Grund eines Fjords kann mehr als 1000 m unter dem Meeresspiegel liegen.

**fossiler Energieträger** (Seite 120)
Aus der erdgeschichtlichen Vergangenheit stammender, in Lagerstätten vorkommender Energierohstoffträger. Fossile Energieträger sind z. B. Braunkohle, Steinkohle, Erdöl und Erdgas.

**Frontalzone** (Seite 69)
Grenzbereich unterschiedlichen → Luftdrucks aufgrund des verschiedenen Wärmegehaltes von äquatorialer und polarer Luft.

**glaziale Serie** (Seite 34)
Abfolge von typischen Landschaften, die in der → Eiszeit durch → Gletscher und ihre Schmelzwässer geschaffen wurden. Dazu gehören Grundmoräne, Endmoräne, Sander und Urstromtal.

**Gletscher** (Seite 34)
Eismasse, die bei niedrigen Temperaturen entsteht. Das ist heute in den Polargebieten (Arktis und Antarktis) sowie in den Hochgebirgen der Fall. Hier bildet sich der gefallene Schnee zu Gletschereis um. In den → Eiszeiten entstanden große Inlandgletscher.

**Grabenbruch** (Seite 18)
Absenkung eines Streifens der → Lithosphäre zwischen Bruchlinien, ausgelöst durch auseinander driftende Kontinentalplatten.

**Gradientkraft** (Seite 65)
Jene Kraft, die Luftmassen von hohem zu tiefem Druck in Bewegung setzt. Der entstehende Wind wird als Gradientwind bezeichnet.

**Haff** (Seite 42)
Ehemalige Meeresbucht, die an einer → Ausgleichsküste durch eine → Nehrung vom Meer fast abgeschnitten ist.

**Hitzetief** (Seite 65)
Thermisch bedingtes Tiefdruckgebiet in der untersten Troposphäre, das durch das Aufsteigen stark und in der Regel langanhaltend erwärmter Luft entsteht.

**Hoodoo** (Seite 45)
Turmartiges durch → Erosion herausgearbeitetes Sedimentgestein. Hoodoos sind im Westen der USA anzutreffen.

**Hot Spot** (Seiten 28, 46)
(„heißer Fleck") Ein lokal begrenzter, relativ heißer Bereich in der → Asthenosphäre im Erdmantel, der in der darüberliegenden ozeanischen → Lithosphäre Vulkanismus hervorruft; z. B. sind so die Hawaii-Inseln im Zentrum der Pazifischen Platte entstanden.

**humid** (Seite 80)
In humiden Klimaten fällt mehr Niederschlag als verdunsten kann.

**Industrieraum** (Seite 106)
Stark von der Industrie geprägte räumliche Einheit mit einer industriellen Erwerbsstruktur.

**innertropische Konvergenzzone (ITC)** (Seite 73)
Die äquatoriale Tiefdruckrinne wird auch als ITC bezeichnet. In dieser Zone der inneren Tropen treffen die → Passate der Nord- und Südhalbkugel zusammen (sie konvergieren).

**Inversion** (Seite 63)
Temperaturumkehr in der → Atmosphäre, bei der die normale Schichtung von kalter über warmer Luft umgedreht ist und die warme Luftschicht die kalte wie ein Deckel am Aufsteigen hindert. Dies führt zu guter Fernsicht in den Hochlagen und Dunst bzw. Smog in den Tieflagen.

**Isobare** (Seite 64)
Linie gleichen, auf ein gemeinsames Bezugsniveau (Meereshöhe) reduzierten Luftdrucks.

**Jahreszeitenklima** (Seite 57)
→ Klima, für dessen Ausprägung tägliche Schwankungen der → Klimaelemente von geringerer Bedeutung sind als die jahreszeitlichen Veränderungen. (→ Tageszeitenklima)

**Jetstream** (Seite 69)
Zone orkanartiger Winde in der oberen Troposphäre im Bereich der planetarischen → Frontalzone, wo sie durch starke Luftdruckgefälle hervorgerufen wird.

**Kältehoch** (Seite 65)
Winterliches kontinentales Hochdruckgebiet, das durch andauerndes Absinken abgekühlter Luft entsteht.

**Kliff** (Seite 41)
Steiler Küstenabschnitt, der durch die Brandung des Meeres geformt wird.

**Klima** (Seite 53)
Das Klima beschreibt die für einen Ort typischen Zustände der erdnahen → Atmosphäre. Meteorologen beobachten die Vorgänge beim → Wetter und der → Witterung, sammeln Klimadaten und bestimmen die Durchschnittswerte im langjährigen Mittel (mindestens 30 Jahre). Beeinflusst wird das Klima nicht nur von der Breitenlage, sondern auch von der Höhenlage, der Entfernung vom Meer und der Lage zu Gebirgen. (→ Klimafaktoren)

**Klimadiagramm** (Seite 53)
Beim Klimadiagramm werden die langjährigen Durchschnittswerte der Monatsmitteltemperaturen in roten Kurven und die langjährigen monatlichen Niederschlagssummen in blauen Säulen dargestellt zur vereinfachten, aber übersichtlichen Erfassung eines bestimmten Klimas. Klimadiagramme eignen sich vor allem für den Vergleich verschiedener Klimate.

**Klimaelement** (Seite 53)
Messbare meteorologische Erscheinung in der erdnahen → Atmosphäre (Troposphäre): Temperatur, Niederschlag, Verdunstung, Bewölkung, Luftfeuchte, Luftdruck, Wind, Strahlung u.a. Klimaelemente beeinflussen die Zugehörigkeit eines Gebietes zu einer bestimmten Klimazone.

**Klimafaktor** (Seite 53)
Eigenschaft eines Raumes, die das → Klima beeinflusst, z. B. Breitenlage, Höhenlage, Lage zum Meer, Relief, Bodenbedeckung und Siedlungsdichte.

**Klimaklassifikation** (effektiv, genetisch) (Seite 84)
Sie gliedert die atmosphärischen Verhältnisse durch eine Zusammenfassung der Klimaerscheinungen. Die effektive Klimaklassifikation wird durch die Kombination von Werten einzelner → Klimaelemente (Temperatur, Niederschlag) ermittelt. Die genetische Klimaklassifikation gliedert nach der Ursache, das heißt nach der allgemeinen Zirkulation der Atmosphäre und ihren planetarischen Luftmassenbewegungen.

**Klimaprognose** (Seite 134)
Vorhersage der möglichen Entwicklung des Klimas eines Raumes oder der gesamten Erde unter Berücksichtigung verschiedener Faktoren (z. B. Erhöhung der Temperatur um mehr als 2 °C).

**Klimaschwankung** (Seite 130)
Einerseits werden unter Klimaschwankungen Klimaveränderungen verstanden, die nur wenige Jahrzehnte andauern. Andererseits meinen Klimaschwankungen im Gegensatz zum → Klimawandel natürlich verursachte Änderungen des Klimas, z. B. durch veränderte Strahlung der Sonne, Prozesse der → Plattentektonik oder Vulkanausbrüche.

**Klimawandel** (Seite 131)
Zum einen bezeichnet der Begriff allgemein die Veränderung des Klimas. Zum anderen werden unter Klimawandel die durch den Menschen verursachten Veränderungen des Klimas verstanden: die globale Erwärmung, veränderte Niederschläge und die Zunahme von Wetterextremen.

**Kollision** (von Lithosphärenplatten) (Seite 24)
In der → Plattentektonik der Zusammenstoß zweier Kontinentalplatten, der zur Auffaltung von Gebirgen (Himalaya, Alpen) führt.

**Kontinentalverschiebung** (Seite 8)
(auch Kontinentaldrift) Die von Alfred Wegener 1911 angenommene langsame Verschiebung der Kontinente. Später erkannte man, dass sich nicht die Kontinente, sondern die → Lithosphärenplatten bewegen. (→ Plattentektonik)

**Konvektion** (Seite 63)
Vertikale Bewegung von Luftmassen, verursacht durch Erwärmung.

**Konvergenzzone** (Seite 8)
Begriff aus der → Plattentektonik. In Konvergenzzonen bewegen sich die → Lithosphärenplatten aufeinander zu. Dabei findet entweder entlang einer → Subduktionszone ein Abtauchen (Subduktion) der schwereren ozeanischen unter die leichtere kontinentale Platte statt oder es erfolgt eine Kollision zweier kontinentaler Platten, bei der Faltungen an den → Plattengrenzen stattfinden.

**latente Wärme** (Seite 59)
Bei Änderungen des Aggregatzustands der Luft wird eine „verborgene" Wärmemenge aufgenommen oder abgegeben.

**Leeseite** (Seite 62)
Die windabgewandte Seite.

**Lithosphäre** (Seite 6)
Gesteinshülle der Erde. Zur Lithosphäre gehören die Erdkruste und der obere, feste Teil des Erdmantels.

**Lithosphärenplatte** (Seite 8)
Die → Lithosphäre besteht aus großen und kleinen Platten, die sich auf der → Asthenosphäre bewegen. Platten driften voneinander weg (divergieren), aufeinander zu (konvergieren) oder schieben sich aneinander vorbei.

**Luftdruck** (Seite 64)
Der Luftdruck ist das Gewicht, mit der die Luftsäule auf die Erdoberfläche drückt. Er wird mit einem Barometer gemessen und in Hektopascal (hPa) angegeben. In einer bestimmten Höhe ist der Luftdruck in alle Richtungen gleich groß.

**Luvseite** (Seite 62)
Die dem Wind zugewandte Seite.

**Mäander** (Seite 36)
Schlinge, die Bäche und Flüsse bei mäßiger Fließgeschwindigkeit ausbilden. Typisch für einen Mäander sind Prall- und Gleithang.

**Maar** (Seite 18)
Einsenkung, die durch eine vulkanische Explosion entstanden ist. Solche runden vulkanischen Explosionstrichter gibt es z. B. in der Eifel und in der Schwäbischen Alb. Maare haben sich häufig mit Wasser gefüllt.

**Migration** (Seite 110)
Wanderung von Menschen oder Gruppen mit dem Ziel eines längerfristigen Wohnsitzwechsels.

**Mittelmeerklima** (Seite 90)
Ein Klima mit trockenen heißen Sommern und zum Teil niederschlagsreichen, milden Wintern. Von der Entstehung her handelt es sich um eine alternierende Klimazone, welche im Sommer unter dem Einfluss des subtropischen Hochdruckgürtels und im Winter unter dem Einfluss der Westwindzirkulation steht.

**Mittelozeanischer Rücken** (Seite 10)
Langgestreckte Erhebung, die in den Ozeanen an den → Plattengrenzen vorkommt. Driften zwei → Lithosphärenplatten auseinander, steigt Magma aus dem Erdinneren auf und erstarrt zu untermeerischen Gebirgen, den Mittelozeanischen Rücken. Mit einer Gesamtlänge von rund 70000 km bilden sie die größten zusammenhängenden Gebirgssysteme der Erde.

**Naturkatastrophe** (Seite 12)
Naturereignis, das vielen Menschen Schaden zufügt, wie z. B. ein → Erdbeben, ein → Vulkanausbruch, ein Wirbelsturm, eine Überschwemmung oder Dürre. Wenn große Zerstörungen und Menschenleben zu beklagen sind, wird das Naturereignis zur Naturkatastrophe.

**natürlicher Treibhauseffekt** (Seiten 59, 131)
Treibhausgase (z. B. $CO_2$, FCKW, $N_2O$, $CH_4$) bilden eine natürliche Schutzschicht um die Erde, die die kurzwelligen Sonnenstrahlen weitgehend zur Erdoberfläche durchlässt, aber die langwellige Rückstrahlung von der Erde absorbiert bzw. einen Teil davon wieder als Wärmestrahlung zum Erdboden zurückwirft. So werden die untersten Luftschichten der → Atmosphäre erwärmt. (→ anthropogener Treibhauseffekt)

**Nehrung** (Seite 42)
Schmaler Strandstreifen, der durch Verfrachtung von Sand durch einen überwiegend küstenparallel wehenden Wind entsteht und flache Buchten (→ Haff) vom Meer abtrennt.

**ökologischer Fußabdruck** (Seite 135)
Der ökologische Fußabdruck zeigt, wie viel Fläche in Hektar (ha) verbraucht wird, um eine Person ein Jahr lang mit allen Gütern und Dienstleistungen zu versorgen. Diesem Flächenverbrauch steht die Fähigkeit der Umwelt gegenüber, Belastungen auszuhalten. Wenn der ökologische Fußabdruck in einem betrachteten Raum die Belastbarkeit der natürlichen Umwelt überschreitet, leben die Menschen dort nicht nachhaltig. (→ $CO_2$-Fußabdruck)

**Orogenese** (Seite 25)
(Gebirgsbildung; griech. oros: Berg, genesis: Entstehung) Gebirge werden aufgefaltet infolge des Abtauchens (Subduktion) einer ozeanischen → Lithosphärenplatte unter eine kontinentale Lithosphärenplatte (z. B. Anden) sowie der → Kollision zweier kontinentaler Platten (z. B. Himalaya).

**Passat** (Seite 74)
Der durch das Gefälle des → Luftdrucks vom subtropischen Hochdruckgürtel zum Äquator in Gang gesetzte konstante Nordostwind (Nordhalbkugel) bzw. Südostwind (Südhalbkugel).

**Passivraum** (Seite 110)
Teilraum eines Staates, der im Vergleich zum Gesamtraum nur geringe wirtschaftliche Aktivitäten entwickelt, Stagnation oder Rückgang der Wirtschaftsleistung zeigt, infrastrukturell schwach ausgestattet ist und häufig auch einen Bevölkerungsrückgang aufweist. (→ Aktivraum)

**Plattengrenze** (Seite 8)
Der Rand der → Lithosphärenplatte (→ Plattentektonik). An den Plattengrenzen kommt es häufig zu → Erdbeben und → Vulkanen.

**Plattentektonik** (Seite 8)
Lehre über den Aufbau der Gesteinshülle der Erde (→ Lithosphäre), die aus der Erdkruste und dem festen oberen Teil des Erdmantels besteht. Die Lithosphäre ist in einzelne Platten zerbrochen, die sich auf der → Asthenosphäre bewegen.

**polarer Ostwind** (Seite 74)
Bodennah aus dem polaren Kältehoch ausströmende Luft, die in Richtung des subpolaren Tiefdruckgürtels fließt.

**polares Hoch** (Seite 73)
Beständiges Hochdruckgebiet über den Polen in der unteren Troposphäre, das durch absinkende Kaltluft entsteht.

**Polarkreis** (Seite 57)
Die Polarkreise sind die beiden Breitenkreise auf rund 66,5° nördlicher und südlicher Breite. Sie begrenzen die Polarzonen.

**primärer Wirtschaftssektor** (Seite 108)
→ Wirtschaftssektor

**regenerativer Energieträger** (Seite 120)
(erneuerbarer Energieträger) Im Gegensatz zu den → fossilen Energieträgern sind dies Energieträger, die unerschöpflich zur Verfügung stehen wie Sonne, Wind, Wasser, Bioenergie oder Geothermie (Erdwärme). Durch ihre Nutzung können der $CO_2$-Ausstoß und damit der → anthropogene Treibhauseffekt reduziert werden.

**Regenschatten** (Seite 62)
Erscheinung geringerer Niederschläge auf der der Hauptwindrichtung abgewandten Seite von Bergen, Höhenzügen und Gebirgen.

**relative Feuchte** (Seite 60)
Sie drückt das Verhältnis aus zwischen der in der Luft enthaltenen Wasserdampfmenge und jener, die bei gegebener Temperatur maximal möglich ist.

**Richterskala** (Seite 12)
Eine nach ihrem Erfinder Charles Francis Richter benannte Messskala, die bei einem → Erdbeben die Stärke der Erschütterung angibt.

**Rohstoffreserve** (S.121)
Bezeichnung für die Rohstoffe, die gegenwärtig zugänglich und wirtschaftlich abbaubar sind. (→ Rohstoffressource)

**Rohstoffressource** (S.121)
Bezeichnung für die Rohstoffe, bei denen weitere Vorratsmengen vermutet werden als die gegenwärtig zugänglichen und abbaubaren. (→ Rohstoffreserve)

**Sandsturm** (Seite 44)
Trockener, heftiger Wind in einem → ariden Raum, der feinstes Bodenmaterial abträgt (Winderosion), transportiert und oft erst nach vielen hundert Kilometern irgendwo ablagert.

**Schalenbau der Erde** (Seite 6)
Modell vom Aufbau der Erde. Die Hauptunterteilungen sind Erdkruste, Erdmantel und Erdkern. Unterscheidungskriterien sind z. B. die Mächtigkeit, die Zusammensetzung und die Temperatur.

**Schäre** (Seite 40)
Schären sind kleine Inseln (Rundhöcker) vor den Küsten Nordeuropas, die während der → Eiszeit vom Eis abgeschliffen wurden und später teilweise vom Meer überflutet wurden.

**Schichtvulkan** (Seite 14)
Meist kegelförmiger → Vulkan mit steilen Flanken. Er besteht aus abwechselnden Lava- und Ascheschichten (z. B. Ätna).

**Schildvulkan** (Seite 14)
→ Vulkan mit flachen, weit auslaufenden Flanken. Er entsteht durch Ausströmen dünnflüssiger Lava (z. B. Mauna Loa auf Hawaii).

**Seamount** (Seite 28)
Berg im Meer, der sich vom Meeresboden bis zu 4000 m erheben kann, aber den Meeresspiegel nicht erreicht. Seamounts sind in der Regel untermeerische → Vulkane.

**Seebeben** (Seite 22)
→ Erdbeben, dessen Herd unter einem Meeresgebiet liegt.

**Seitenerosion** (Seite 36)
Abtragung des Gesteins und der Lockersedimente (z. B. Kies oder Sand) am Ufer eines Flusses. Seitenerosion ist am Unterlauf eines Flusses und bei träge fließenden Flüssen besonders ausgeprägt und führt zu einer Verbreiterung des Flussbettes. (→ Tiefenerosion)

**sekundärer Wirtschaftssektor** (Seite 108)
→ Wirtschaftssektor

**solare Klimazone** (Seite 57)
Die solaren Klimazonen sind in etwa breitenkreisparallel verlaufende Zonen, die aufgrund der unterschiedlichen Beleuchtungsverhältnisse im Jahresverlauf unterteilt werden. Man unterscheidet eine tropische Zone, zwei Zonen der Mittelbreiten und zwei Polarzonen.

**Solarkonstante** (Seiten 58, 130)
Der Mittelwert der Strahlungsenergie der Sonne auf 1 km² Erdoberfläche beträgt 340 Watt und wird als Solarkonstante bezeichnet. Die tatsächliche Einstrahlung ändert sich mit der Entfernung zu den Polen und der leicht veränderten Neigung der Erdachse.

**Steigungsregen** (Seite 62)
Niederschläge an Gebirgen, die durch aufsteigende, feuchte Luftmassen verursacht werden, deren Wasserdampf durch die adiabatische Abkühlung kondensiert und ganz oder teilweise ausregnet.

**Strukturwandel** (Seite 108)
Veränderung in der Struktur eines Raumes (z. B. Wirtschaftsstruktur) oder eines Betriebes (Betriebsstruktur). Von Bedeutung ist vor allem der Wandel der Wirtschaftsstruktur, z. B. von einer Monostruktur zu einer Diversifizierung oder von einer Branche zur anderen.

**Subduktionszone** (Seite 10)
(Verschluckungszone; lat. sub: unter, ducere: führen). An einer → Plattengrenze sinken Teile der → Lithosphäre in den zähflüssigen Erdmantel ab. Dabei entstehen Tiefseegräben, → Vulkane und → Erdbeben.

**subpolare Tiefdruckrinne** (Seite 72)
Lockere Aneinanderreihung dynamisch entstandener Tiefdruckzellen bei etwa 60° nördlicher und südlicher Breite.

**subtropischer Hochdruckgürtel** (Seite 71)
Lockere Aneinanderreihung dynamisch entstandener Hochdruckgebiete bei etwa 35° nördlicher und südliche Breite.

**Tageszeitenklima** (Seite 57)
→ Klima, für dessen Ausprägung tägliche Schwankungen der → Klimaelemente von höherer Bedeutung sind als die jahreszeitlichen Veränderungen. (→ Jahreszeitenklima)

**Taupunkt** (Seite 60)
Der Punkt, an dem eine feuchte Luftmasse komplett gesättigt ist, also eine relative Luftfeuchte von 100 % aufweist.

**tertiärer Wirtschaftssektor** (Seite 108)
→ Wirtschaftssektor

**Tertiärisierung** (Seite 108)
Ein Funktionswandel von Räumen, die nicht mehr vorrangig industriell, sondern von Dienstleistungen geprägt sind. Damit verbunden ist der Prozess der Verlagerung von Arbeitsplätzen vom sekundären in den tertiären → Wirtschaftssektor.

**Tiefenerosion** (Seite 36)
Abtragung des Gesteins und der Lockersedimente (z. B. Kies oder Sand) am Grund eines Flusses. Tiefenerosion ist am Oberlauf eines Flusses und bei schnell fließenden Flüssen besonders ausgeprägt und führt zu einer Vertiefung des Flussbettes. (→ Seitenerosion)

**Treibhauseffekt** (Seiten 59, 131)
Unterschieden werden der → natürliche Treibhauseffekt und der → anthropogene Treibhauseffekt.

**trockenadiabatischer Prozess** (Seite 61)
Zustandsänderung einer auf- bzw. absteigenden Luftmasse. Die trockene aufsteigende Luft kühlt sich um 1 °C je 100 m ab (trockenadiabatischer Temperaturgradient). (→ feuchtadiabatischer Prozess)

**Tsunami** (Seite 22)
Extrem hohe Welle von großer Zerstörungskraft, die am Meeresboden z. B. durch ein → Seebeben ausgelöst wird.

**Verdichtungsraum** (Seite 106)
Gebiet mit hoher Einwohnerdichte, einem großen Angebot an Arbeitsplätzen und einem gut ausgebauten Verkehrsnetz. Der Begriff wird teilweise gleichbedeutend verwendet mit Ballungsraum oder Agglomeration. In Deutschland wurde 1968 ein Verdichtungsraum bestimmt durch eine Mindesteinwohnerzahl von 150 000 und eine Mindestfläche von 100 km².

**Verwitterung** (Seite 32)
Zerfall von Gesteinen unter Einwirkung physikalischer und chemischer Kräfte (Frost, Hitze, Wasser). Die Verwitterung ist die Voraussetzung für die → Erosion und beeinflusst damit wesentlich die Formung der Erdoberfläche, außerdem lockert sie diese und ermöglicht somit die Bodenbildung.

**Vulkan** (Seite 6)
Kegel- oder schildförmige Erhebung, die durch den Austritt von Magma, Asche, Gesteinsbrocken und Gasen aus dem Erdinneren entsteht. (→ Schichtvulkan, → Schildvulkan)

**Wendekreis** (Seite 56)
Bezeichnung für die beiden Breitenkreise, über denen die Sonne einmal im Jahr senkrecht steht. Sie liegen bei etwa 23,5° nördlicher und südlicher Breite.

**Westwindzone** (Seite 69)
Sie umfasst eine globale atmosphärische Windströmung, die durch Boden- und Höhenwinde aus Westen besteht (Westwindzirkulation). Diese kommt in den Mittelbreiten zwischen 30° und 60° auf der Nord- und der Südhalbkugel vor.

**Wetter** (Seite 53)
Das Wetter ist der augenblickliche Zustand der → Atmosphäre in einem bestimmten Gebiet. Zu den beobachtbaren und messbaren Erscheinungen des Wetters gehören u. a. die Wetterelemente → Luftdruck, Wind, Bewölkung, Niederschlag und Temperatur.

**Wirtschaftssektor** (Seite 108)
Wirtschaftsbereich, in dem ähnliche Wirtschaftszweige zusammengefasst sind. Unterschieden werden der primäre Sektor (Land- und Forstwirtschaft, Bergbau: Gewinnung von Rohstoffen), der sekundäre Sektor (Industrie, Handwerk und Baugewerbe) sowie der tertiäre Sektor (Dienstleistungen).

**Witterung** (Seite 53)
Typische Abfolge von Wetterzuständen (u. a. hinsichtlich Niederschlag und Temperatur). Hierdurch kann z. B. eine Jahreszeit charakterisiert werden.

**Zenit** (Seite 56)
Gedachter Himmelspunkt, der sich senkrecht über dem Beobachtungspunkt auf der Erdoberfläche befindet.

**Zenitalregen** (Seite 76)
Oberbegriff für heftige Regenfälle in den Tropen, die jeweils nach dem Sonnenhöchststand (Zenit) einsetzen.

**Zyklone** (Seite 72)
Dynamisches Tiefdruckgebiet, das zwischen 45° und 60° nördlicher oder südlicher Breite entsteht und mit der Westwinddrift nach Osten zieht.

# Aufgabenstellungen – richtig verstehen und lösen

## Kompetenzen

Kompetenzen sind Fähigkeiten, die man zum Beispiel in der Schule erwirbt und ständig weiterentwickelt. Kompetenzen kann man in den unterschiedlichsten Lebenssituationen nutzen.
In Tests und Kursarbeiten werden die Kompetenzen überprüft. Innerhalb dieser Leistungsüberprüfungen haben die Arbeitsaufträge und Aufgaben unterschiedliche Schwierigkeitsgrade.

Dabei unterscheidet man drei Anforderungsbereiche:

## Anforderungsbereiche

Der Anforderungsbereich I (AFB I; Reproduktion) umfasst das Wiedergeben und Beschreiben von fachspezifischen Sachverhalten aus einem abgegrenzten Gebiet und im gelernten Zusammenhang unter reproduktivem Benutzen eingeübter Arbeitstechniken und Verfahrensweisen. Dies erfordert vor allem Reproduktionsleistungen.

Der Anforderungsbereich II (AFB II; Reorganisation und Transfer) umfasst das selbstständige Erklären, Bearbeiten und Ordnen bekannter fachspezifischer Inhalte und das angemessene Anwenden gelernter Inhalte, Methoden und Verfahren auf andere Sachverhalte.
Dies erfordert vor allem Reorganisations- und Transferleistungen.

Der Anforderungsbereich III (AFB III; Reflexion und Problemlösung) umfasst den selbstständigen, reflexiven Umgang mit neuen Problemstellungen, den eingesetzten Methoden sowie Verfahren und gewonnenen Erkenntnissen, um zu Begründungen, Deutungen, Folgerungen, Beurteilungen und Handlungsoptionen zu gelangen. Dies erfordert vor allem Leistungen der Reflexion und Problemlösung.

Den Anforderungsbereichen sind bestimmte Operatoren zugeordnet, das heißt klare, eindeutige Arbeitsanweisungen:

## Operatoren

| **Anforderungsbereich I:** | |
|---|---|
| nennen | Unkommentierte Entnahme von Informationen aus einem vorgegebenen Material oder Auflistung von Kenntnissen ohne Materialvorgaben |
| beschreiben/ darstellen/ auswerten | Zusammenhängende strukturierte und fachsprachlich angemessene Wiedergabe von Informationen und Sachverhalten, auch von Tabellen, bildlichen Darstellungen und Grafiken |
| zusammenfassen | Reduktion von Sachverhalten auf wesentliche Aspekte und deren strukturierte und unkommentierte Wiedergabe |
| zuordnen | Einordnung eines Sachverhaltes in einen Zusammenhang |

| Anforderungsbereich II: | |
|---|---|
| charakterisieren/ herausarbeiten | Beschreibung von Sachverhalten in ihren Eigenarten und Zusammenfassung dieser unter einem bestimmten Gesichtspunkt |
| erstellen | Produktorientierte Bearbeitung von Aufgabenstellungen, z. B. in einem Diagramm, einer Faustskizze oder einem Wirkungsgeflecht |
| erklären/ erläutern | Darstellung von Ursachen und Begründungszusammenhängen bestimmter Strukturen und Prozesse; bei „erläutern" Verdeutlichung durch zusätzliche Informationen und Beispiele |
| analysieren | Systematische Auswertung von Materialien, Herausarbeitung von Charakteristika und Darstellung von Beziehungszusammenhängen |
| interpretieren | Darstellung von Sinnzusammenhängen aus vorgegebenem Material |
| vergleichen | Herausarbeitung und Darstellung von Gemeinsamkeiten, Ähnlichkeiten und Unterschieden nach bestimmten Gesichtspunkten |
| begründen | Angabe von Ursachen für einen Sachverhalt und/oder Stützung von Aussagen durch Argumente oder Belege |

| Anforderungsbereich III: | |
|---|---|
| entwickeln | Erstellung von Lösungsmodellen, Positionen, Einschätzungen, Strategien u. a. zu einem Sachverhalt oder einer vorgegebenen Problemstellung |
| beurteilen | Prüfung von Sachverhalten, Prozessen und Thesen, um kriterienorientiert zu einer sachlich fundierten Einschätzung zu gelangen |
| bewerten/ Stellung nehmen | Siehe „beurteilen", aber zusätzlich mit Reflexion individueller Wertmaßstäbe, die zu einem begründeten Werturteil führen |
| prüfen/ überprüfen | Inhalte, Sachverhalte, Vermutungen oder Hypothesen auf der Grundlage eigener Kenntnisse oder mithilfe zusätzlicher Materialien auf ihre sachliche Richtigkeit bzw. auf ihre innere Logik hin untersuchen |
| erörtern/ diskutieren | Reflektierte, in der Regel kontroverse Auseinandersetzung zu einer vorgegebenen Problemstellung führen und zu einem abschließenden, begründeten Urteil gelangen |

# Bildquellen

A1PIX - Your Photo Today, Ottobrunn: 4 M1 (Hans Strand); Adam Opel GmbH, Rüsselsheim: 108 Bild 4; adpic Bildagentur, Bonn: 44 M3 (Maranso GmbH); akg-images, Berlin: 8 oben Mitte; Anders, Uwe, Destedt: 64 M2; Astrofoto, Sörth: 102 M2 (NASA); Bricks, W., Erfurt: 40 M3; Bubel, R., Kirkel: 97 M4; CNH Deutschland GmbH, Heilbronn: 108 Bild 2; ddp images, Hamburg: 120 M1 (Stefan Simonsen); Deutsche Post DHL Group, Bonn: 108 Bild 4; Diercke Globus online: 16 M1, 16 M2, 38 M1, 39 M2, 43 M5; DLR Deutsches Zentrum für Luft- und Raumfahrt, Oberpfaffenhofen: 28 M1 (National Geophysical Data Center/NGDC, University of Maryland, Global Land Cover Facility/GLCF, United States Geological Survey/USGS); Döpke, G., Osnabrück: 37 M5, 37 M6; dreamstime.com, Brentwood: 89 M3 (Robert Paul Van Beets); ESA/ESOC, Darmstadt: 53 M5; Europäische Kommission, Brussels: 129 M5; fotolia.com, New York: 10 M1 B (T. Linack), 19 M6 (RalfenByte), 20 M3 (bbsferrari), 21 M6 links Mitte (anoli), 21 M6 links unten (maho), 40 M1 (schepers_photography), 41 M5 (muehle), 42 M1 (Felix Horstmann), 45 M7, 48 M4, 48 M7 (Conny Hagen), 63 M3 a (Stefan Thiermayer), 81 M5 (Paulista), 105 M5 (Santje), 106 M2 (beatuerk), 106 M4 (DeVice), 108 Bild 1 (Gernot Krautberger), 109 M6 oben (contrastwerkstatt), 109 M6 unten (contrastwerkstatt ), 111 M7 (stefan welz), 119 M5 rechts oben (B. Wylezich), 122 M2 (VRD), 127 M3 (Kara), 129 M4 links (Durrer); Fraport AG, Frankfurt/Main: 111 M5 Mitte; FTI Touristik, München: 46 M2; Gehrke, Mahlberg: 63 M3 c; Gerber, W., Leipzig: 32 M2; Gesellschaft für ökologische Forschung e.V., München: 133 M4 oben, 133 M4 unten; Getty Images, München: 13 M4, 136 M4 (Peter Essick); Global Nature Fund, Radolfzell: 97 M6 (GOB/Gerald Hau); Haus der Geschichte, Bonn: 137 M7 (Jupp Wolter); Herbert, Ch. W., USA-Tucson: 12 M2; iStockphoto.com, Calgary: Titel (Sze Fei Wong), 12 M1 (Simon Watkinson), 20 M1 (bbsferrari), 25 M6 (isoft), 29 M5 (mikeuk), 33 M5 rechts (vuk8691), 41 M7 (RicoK69), 46 M3 (SteveAllenPhoto), 47 M6 (mamadela), 54 M1 (Pali Rao), 66 M2 (dwryan), 75 M5 links (Dmitry Chulov), 75 M5 rechts (Bartosz Hadyniak), 88 M2 (Syldavia), 93 M5 (Alfonso Cacciola), 93 M7 (sassy1902), 95 M9 (oticki), 105 M6 (next999), 106 M1 (golero), 106 M3 (Freeartist), 113 M3 (chris-stein), 131 M7 (Alan Crawford), 135 M7 (ChrisSteer), 136 M1 (Brendan Delany); Junge, B., Wolfenbüttel: 33 M4; Klohn, W., Vechta: 95 M5; Krämer, T., Heiligenwald: 115 M3; KTB, Windischeschenbach: 6 M1; Landesamt für Geologie und Bergwesen Sachsen-Anhalt, Halle: 34 M1; Marx, H., Andernach: 119 M6; Mauritius, Mittenwald: 10 M1 A (Alamy), 25 M4 (Glöckner), 31 M1 (Photononstop); Mühr, B. - Der Karlsruher Wolkenatlas/ www.wolkenatlas.de, Karlsruhe: 62 M2, 68 M1 oben; NASA, Houston/Texas: 51 M1, 56 M1, 68 M1 unten; NOAA - National Oceanic & Atmospheric Administration, Washington: 72 M2, 74 M1 (RedAndr); OKAPIA, Frankfurt/M.: 10 M1 C, 33 M5 links (NAS/Calvin Larsen), 47 M4 (Faulkner); Panther Media GmbH (panthermedia.net), München: 21 M6 rechts unten (serenethos); Picture-Alliance, Frankfurt/M.: 22 M2 links (Google GeoEye), 22 M2 rechts (Google GeoEye), 26 M1 (epa Nordfoto), 92 M1 (Okapia/Wothe), 94 M3 links (epa/Handout), 94 M3 rechts, 108 Bild 3; Presse- und Informationsamt der Bundesregierung - Bundesbildstelle, Berlin: 128 M2 oben links, 128 M2 unten rechts; REpower Systems SE, Hamburg: 127 M7; Reuters, Berlin: 22 M1 (Ho New); RWE AG, Konzernpresse/www.rweimages.com, Essen: 124 M2; Schlosser, K., Kiel: 47 M5; Schulze, W., Kreiensen: 129 M4 rechts; Shutterstock.com, New York: 17 M3 (luigi nifosi), 17 M4 (villorejo), 21 M6 links oben (Ti Santi), 37 M4 (clearlens), 44 M1, 89 M4 (Jose Ramiro), 89 M5 (vallefrias), 89 M6 (Alexander Tihonov), 104 M3 (mato), 117 M1 (Reinhard Tiburzy), 118 M2 (wavebreakmedia), 119 M5 links (lightpoet), 119 M5 rechts unten (Calek); Soldner, C., Dentlein: 21 M6 rechts oben; Stephan, T., Munderkingen: 15 M4; Strohbach, D., Berlin: 95 M8; Tegen, Hambühren: 63 M3 b; Töppner, G., Rostock: 63 M3 d; Weidner, W., Altußheim: 99 M7; Weltkulturerbe Völklinger Hütte, Völklingen: 100 M1 (Gerhard Kassner); Wendorf, M., Hannover: 92 M4, 95 M6; www.worldmapper.org © SASI Group (University of Sheffield) and Mark Newman (University of Michigan), Sheffield: 135 M5.

Das Buch enthält Beiträge von: Matthias Baumann, Thomas Bauske, Ulrich Brameier, Andreas Bremm, Joachim Dietz, Gisbert Döpke, Rainer Ellmann, Erik Elvenich, Hendrik Förster, Peter Gaffga, Guido Hoffmeister, Stefan Junker, Norma Kreuzberger, Wolfgang Latz, Cornelia Linde, Tina Ludwig, Evelin Mederle, Anja Mevs, Jürgen Nebel, Cornelius Peter, Notburga Protze, Lars Schmoll, Stephan Schuler, Silke Weiß.

Online-Schlüssel
318P-R1SE-WRYH

Erde
Landhöhen (in Meter)
über 1500
1000 - 1500
500 - 1000
200 - 500
0 - 200
unter 0
Meerestiefen (in Meter)
0 - 200
200 - 2000
2000 - 4000
4000 - 6000
6000 - 8000
über 8000
① - ⑫ Gebirge
a – p Flüsse
A – C Ozeane
60 Städte
0 500 1000 1500 km
V.
W.
Ch.
N.Y.
S.F.
L.A.
N.O.
Mi.
Ha.
M.-S.
P.-S.
Bo.
Q.
Bel.
Li.
L.P.
R.d.J.
Sa.
B.A.
P.A.
Lo.
Ma.
L.
Ni.
Mon.
a
b
A
B
①
②
③
⑥
4EX_1 © westermann